Kulturdifferenz in Fachtextsortenkonventionen

Leipziger Studien zur angewandten Linguistik und Translatologie

Herausgegeben von Peter A. Schmitt

Band 4

PETER LANG

Frankfurt am Main · Berlin · Bern · Bruxelles · New York · Oxford · Wien

**Brigitte Horn-Helf**

# Kulturdifferenz in Fachtextsortenkonventionen

## Analyse und Translation

Ein Lehr- und Arbeitsbuch

PETER LANG
Internationaler Verlag der Wissenschaften

**Bibliografische Information der Deutschen Nationalbibliothek**
Die Deutsche Nationalbibliothek verzeichnet diese Publikation in der Deutschen Nationalbibliografie; detaillierte bibliografische Daten sind im Internet über <http://www.d-nb.de> abrufbar.

Umschlagentwurf:
Peter A. Schmitt und Thomas Richter

ISSN 1862-7056
ISBN 978-3-631-57411-9



www.peterlang.de

*Prof. Dr. Karl-Heinz Stoll*

*gewidmet*

*zum 65. Geburtstag*

*und*

*zum Dank für so vieles.*

# Vorwort

Dieser Band stellt einen Auszug aus meiner Habilitationsschrift dar, die 2006 von der Philologischen Fakultät der Universität Leipzig angenommen wurde. In Umfang und Konzept ist diese Kurzfassung auf die Bedürfnisse der Übersetzungsdidaktik abgestimmt, und sie verdankt ihre Existenz der Weitsicht von Herrn Prof. Dr. Klaus-Dieter Baumann, der die Idee dazu entwickelte, lange, bevor ich mir in meinen eigenen Seminaren der Dringlichkeit bewusst wurde.

Seit nunmehr zwei Jahrzehnten besteht das Postulat der Übersetzungstheorie, dass Textsortenkonventionen der Zielkultur zu beachten seien. Im Laufe der Zeit hat dieses Postulat weiter an Bedeutung und Aktualität gewonnen: die neue DIN EN 15038 verlangt von der Übersetzungspraxis ggf. auch die Anwendung eigener Stilrichtlinien, die nur die Didaktik den zukünftigen PraktikerInnen vermitteln kann.

Mit dem Brückenschlag von der Wissenschaft zur Praxis stellt dieser Band der Übersetzungsdidaktik ein Instrumentarium zur Verfügung, dessen Praxisbezug Studierende in der Tat außerordentlich schätzen.

Der Band besteht aus einem eher theoretischen Teil, dem Lehrbuch, und einem praxisorientierten Teil, dem Arbeitsbuch (CD):

Kapitel 1 ist den für die Translation zentralen Themen „Kultur“ und „Kulturdifferenz“ gewidmet, denn auch für die Übersetzungspraxis gilt, was Hofstede (2001: V) als im globalen Management notwendig erachtet: „Kulturelle Differenzen sind jedoch durchaus vorhersehbar (…), aber dazu müssen sie zuerst erkannt und danach ‚gemanaged’ werden (…).“

Um das Erkennen von Kulturdifferenz geht es in Kapitel 2. Für den Kontext des Übersetzens ist Kulturdifferenz vor allem dort relevant, wo sie in Textsortenkonventionen zum Ausdruck kommt. Zur Ermittlung dieser pragmatischen Differenz sind entsprechende Analysekriterien erforderlich, die an Beispielen beschrieben werden. Dazu werden Ergebnisse vorgestellt, die aus kontrastiven Analysen fachinterner und -externer Anleitungen unterschiedlicher makro- und mikrokultureller Provenienz gewonnen wurden (die Relevanz dieser Textsorten, insbesondere der fachinternen Varianten, für die Praxis (interkultureller) technischer Kommunikation kann nicht hoch genug eingeschätzt werden).

Diese Ergebnisse werden in Diagrammen präsentiert, die Kulturdifferenz in einer anwendungsorientierten Weise offenbaren: zum einen sind die unterschiedlichen Präferenzen auf einen Blick zu erkennen, und zum anderen lassen sich daran die zur Lokalisierung notwendigen translatorischen Maßnahmen ganz unmittelbar ablesen. Ein dritter Vorteil dieser Kontrastierung, der gerade in der Didaktik nicht verschenkt werden sollte, sind Zweifel an der Allgemeingültigkeit pauschalierter Ausführungen (z.B. zu Stilen und Diskursstrategien), die schnell zur Stereotypie entarten. Es ist eine für Studierende wichtige Erkenntnis, dass die Analyse von Fakten Pauschalurteile grundlegend erschüttert und relativiert.

Kapitel 3 (das Arbeitsbuch) fordert das Lehrbuch zum „Praxistest". In Beispielaufgaben wird die praktische Umsetzung der Analyseergebnisse demonstriert bzw. die Notwendigkeit ihrer Unterlassung diskutiert. Wegen des im Vergleich zu den synoptischen Diagrammen in Kapitel 2 geringeren Umfangs konnten hier die Ergebnisse zu britischen und US-amerikanischen Anleitungen separiert werden. An jeden Merkmalkomplex schließen sich Übungsaufgaben an, die zur selbständigen Ableitung von Lokalisierungsmaßnahmen und zur Überprüfung der Ausführungen zum sprachlichen Handeln bestimmter Makrokulturen anregen sollen. Das Arbeitsbuch eignet sich sowohl zum Einsatz in Lehrveranstaltungen als auch zum Selbststudium.

Eine Forschungsarbeit, die sich dem Thema „Kulturdifferenz" widmet, kommt nicht ohne „interkulturelle" Unterstützung aus: So hat Herr Alexander M. Nemenov bei zweifellos ausgedehnten Suchaktionen in Moskau die Anleitungen für meine vier russischen Analysekorpora beschafft. Herr Martin Forrestal hat mir die britischen Anleitungen für Hausgeräte überlassen (Vergleichbares war damals im Internet noch nicht verfügbar). Der Hilfsbereitschaft der beiden Herren ist es daher zu verdanken, dass die Textkorpora für die Habilitationsschrift den geplanten Umfang erreicht haben. Da ich ihnen dort – mangels Vorwort – meinen Dank nicht abstatten konnte, sei dies hier nachgeholt.

Herrn Prof. Dr. Peter A. Schmitt danke ich für die Begeisterung, mit der er diesen Band in seine Reihe aufgenommen hat, und bei Frau Martina Polster vom Verlag Peter Lang bedanke ich mich für die aufmerksame Begleitung seines Werdens.

Juni 2007 Brigitte Horn-Helf

# Inhaltsverzeichnis

**Abkürzungsverzeichnis** 16

**Abbildungs- und Tabellenverzeichnis** 17

**1 THEORETISCHE GRUNDLAGEN** 19

**1.1 Kultur – Allgemeines** 19

**1.2 Hierarchie kultureller Spezifik** 20
1.2.1 Universalia 22
1.2.2 Kulturkreis 23
1.2.2.1 „Der Westen“ 23
1.2.2.2 „Terranglia“ 24
1.2.3 Makrokultur: Das Kulturmodell von HOFSTEDE 26
1.2.3.1 Maskulinität vs. Femininität 28
1.2.3.2 Unsicherheitsvermeidung 30
1.2.3.3 Langzeit- vs. Kurzzeitorientierung 31
1.2.3.4 Individualismus vs. Kollektivismus 32
1.2.3.5 Machtdistanz 33
1.2.4 Mikrokultur 34
1.2.5 Unternehmenskultur (HOFSTEDE) 35
1.2.6 Interkultur (MAURITZ) und interkulturelle Kommunikation 37

**1.3 Kulturspezifik und Kulturdifferenz im sprachlichen Handeln** 40
1.3.1 Konventionen – Allgemeines 40
1.3.1.1 Sprachliche Konventionen 40
1.3.1.2 Texttradition – Textsortenkonventionen 41
1.3.1.3 Fachtextsortenkonventionen 41
1.3.2 Konventionen wissenschaftlichen Denkens und Schreibens 42
1.3.2.1 Intellektuelle Stile „der Wissenschaften“ (GALTUNG) 43
1.3.2.2 Konventionen von „Wissenschaftstexten“ (CLYNE) 47
1.3.3 Konventionen der Textsorte „Aufsatz“/Denkstile (KAPLAN) 50
1.3.4 Konventionalisierte Diskursstrategien der Alltagskommunikation (HOUSE) 51
1.3.4.1 Directness – Indirectness 52
1.3.4.2 Orientation towards Writer – Orientation towards Reader 53
1.3.4.3 Focus on Content – Interpersonal Focus 54
1.3.4.4 Explicitness – Implicitness 55
1.3.4.5 Ad-hoc Formulation – Use of Verbal Routines 56

| | | |
|---|---|---|
| **1.4** | **Technische Mikrokulturen und ihre Textsorten** | **57** |
| 1.4.1 | Entwicklung der Mikrokulturen | 57 |
| 1.4.1.1 | Mikrokulturen im 18. und 19. Jh. | 57 |
| 1.4.1.2 | Mikrokulturen im 20. Jh. | 58 |
| 1.4.2 | Entwicklung der Textsorten | 60 |
| 1.4.3 | Anleitungen: Anwenderfach- bzw. Vermittlungstexte | 62 |
| 1.4.3.1 | Pragmatische Aspekte der fachinternen Anleitung | 63 |
| 1.4.3.2 | Pragmatische Aspekte der fachexternen Anleitung | 64 |
| 1.4.3.3 | Beschreibung der Analysekorpora | 65 |
| **2** | **FACHTEXTSORTENKONVENTIONEN: ANALYSEKRITERIEN UND -ERGEBNISSE** | **67** |
| **2.1** | **Übersetzungsrelevanz von Textsortenkonventionen** | **67** |
| 2.1.1 | Das theoretische Postulat | 67 |
| 2.1.2 | Bedingungen für die praktische Umsetzung | 69 |
| 2.1.3 | Erscheinungsformen von Textsortenkonventionen | 71 |
| **2.2** | **Merkmalkomplex: Deklarationen** | **73** |
| 2.2.1 | Deklaration der Gesamttexte | 73 |
| 2.2.2 | Deklaration von Teiltexten (TT): Bezeichnungsprinzipien | 75 |
| 2.2.3 | Deklaration von Tabellen | 79 |
| **2.3** | **Merkmalkomplex: Einschubtexte** | **80** |
| 2.3.1 | Deklaration von Einschubtexten | 80 |
| 2.3.1.1 | Klassifikation der Signalwörter | 82 |
| 2.3.1.2 | Klassifikation der Signalwortverwendung | 82 |
| 2.3.2 | Gestaltung von Warnhinweisen: Analyseergebnisse | 85 |
| **2.4** | **Merkmalkomplex: Sprechhandlungen** | **86** |
| 2.4.1 | Klassifikationsmöglichkeiten | 86 |
| 2.4.2 | Distribution | 89 |
| 2.4.3 | Analysemodus | 90 |
| 2.4.3.1 | „Repräsentativa u.a.“ | 92 |
| 2.4.3.2 | „Direktiva“ | 92 |
| | 2.4.3.2.1 Äußerungsformen für Instruktionen | 93 |
| | 2.4.3.2.2 Äußerungsformen für Empfehlungen | 94 |
| | 2.4.3.2.3 Verbformen in Direktiva: Analyseergebnisse | 95 |
| **2.5** | **Merkmalkomplex: Stilistische Aspekte** | **96** |
| 2.5.1 | Passivgehalt | 96 |
| 2.5.1.1 | Auszählmodus für deutsche und englische Texte | 98 |
| 2.5.1.2 | Besonderheiten der Auszählung russischer Texte | 99 |
| 2.5.2 | Personeneinbezug | 101 |
| 2.5.2.1 | Adressateneinbezug | 101 |
| 2.5.2.2 | Sendereinbezug | 102 |

2.5.2.3 Einbezug Dritter 103
2.5.2.4 Besonderheiten russischer Anleitungen (MB) 103
2.5.3 Parenthesen 105
2.5.3.1 Markierung 105
2.5.3.2 Umfang 106
2.5.3.3 Inhalt 107
2.5.3.4 Parenthesendichte: Analyseergebnisse 109
2.5.4 Intertextualität: Bezug intertextueller Verweise 110

**2.6 Merkmalkomplex: Syntax 112**
2.6.1 Satzkomplexität 112
2.6.1.1 Diachroner Aspekt 113
2.6.1.2 Klassifikationsunterschiede 114
2.6.1.2.1 Der einfache Satz 114
2.6.1.2.2 Grundformen des komplexen Satzes: Satzverbindung/Satzgefüge 116
2.6.1.2.3 Komplexere Strukturen 118
2.6.1.3 Komplexitätsgrad 119
2.6.1.3.1 Ermittlung des Komplexitätsgrades 119
2.6.1.3.2 Konstitution des Komplexitätsgrades: Analyseergebnisse 121
2.6.1.3.3 Dichte hypotaktischer Konstituenten: Analyseergebnisse 122
2.6.1.4 Klassifikation komplexer Satztypen 122
2.6.2 Syntaktische Kompression 125
2.6.2.1 Partizipial- und Adverbialpartizipialkonstruktionen 125
2.6.2.2 Infinitivkonstruktionen 129
2.6.2.3 Erweiterte postponierte Attribute 130
2.6.2.4 Erweiterte pränominale Attribute 131
2.6.3 Syntaktische Kondensation 134
2.6.3.1 Struktur von Präpositionalgruppen: Analyse und Formalisierung 135
2.6.3.2 Kondensation von Adverbialsätzen 138
2.6.3.2.1 Bedingungen 138
2.6.3.2.2 Umkehrprobe: Dekondensation adverbialer PräpG 139
2.6.3.2.3 Semantische Vagheit adverbialer PräpG 140
2.6.3.2.4 Kondensate aus Adverbialsätzen 142
2.6.3.2.5 Elliptische Kondensation adverbialer Kondensate 145
2.6.3.3 Kondensation von Relativsätzen 146
2.6.3.3.1 Bedingungen 146
2.6.3.3.2 Umkehrprobe: Dekondensation attributiver PräpG 147
2.6.3.3.3 Kondensate aus Relativsätzen 148
2.6.3.4 Non-Kondensate mit funktionaler Präposition 151
2.6.4 Hierarchie syntaktischer Reduktion 152
2.6.4.1 Adverbiale Beziehungen – Ausdrucksformen (Präferenzen) 152
2.6.4.1.1 Finalität 153
2.6.4.1.2 Kausalität/Konsekutivität 153
2.6.4.1.3 Konditionalität 154

| | | |
|---|---|---|
| 2.6.4.1.4 | Modalität | 155 |
| 2.6.4.1.5 | Temporalität – Gleichzeitigkeit | 155 |
| 2.6.4.1.6 | Temporalität – Vorzeitigkeit | 156 |
| 2.6.4.1.7 | Temporalität – Nachzeitigkeit | 157 |
| 2.6.4.2 | Attributive Beziehungen – Ausdrucksformen (Präferenzen) | 157 |
| **2.7** | **Merkmalkomplex: Typographie** | **159** |
| 2.7.1 | Variation im Schriftschnitt | 159 |
| 2.7.1.1 | Strukturierungsfunktion | 160 |
| 2.7.1.2 | Emphatische Funktion | 161 |
| 2.7.2 | Anführungszeichen | 163 |
| 2.7.2.1 | Konventionelle Funktion | 163 |
| 2.7.2.2 | Modalisierende Funktion | 164 |
| 2.7.2.3 | Gliederungsmittel auf den unteren Textebenen | 166 |
| **2.8** | **Merkmalkomplex: Textkomposition** | **169** |
| 2.8.1 | Prinzipien und Themen der Textkomposition | 169 |
| 2.8.2 | Komposition der Gesamttexte | 169 |
| 2.8.3 | Komposition instruktiver TT | 172 |
| 2.8.4 | Komposition deskriptiver TT | 175 |
| 2.8.5 | Komposition instruktiv-deskriptiver Misch-TT | 178 |
| 2.8.6 | Komposition „sonstiger“ Misch-TT | 182 |
| **2.9** | **Merkmalkomplex: Makrostruktur** | **185** |
| 2.9.1 | Sequenzierung deklarierter TT | 186 |
| 2.9.1.1 | Allgemeines | 186 |
| 2.9.1.2 | Analysemodus – Prototypen | 187 |
| 2.9.2 | Position des TT „Technische Daten“: Analyseergebnisse | 189 |
| 2.9.3 | Position des TT „Sicherheit“: Analyseergebnisse | 190 |
| 2.9.4 | Position des Inhaltsverzeichnisses: Analyseergebnisse | 190 |
| **2.10** | **Merkmalkomplex: Thematische Konstituenten** | **191** |
| 2.10.1 | Thematischer Bestand | 192 |
| 2.10.1.1 | Themen des Haupttextes | 192 |
| 2.10.1.2 | Themen der Auxiliartexte | 192 |
| 2.10.2 | Formen der Themenbehandlung | 193 |
| 2.10.2.1 | Thema „Konstruktion“: Analyseergebnisse | 194 |
| 2.10.2.2 | Thema „Sicherheit“: Analyseergebnisse | 195 |
| 2.10.2.3 | Thema „Garantiebedingungen“: Analyseergebnisse | 196 |
| **2.11** | **Merkmalkomplex: Abbildungen in der Text-Bild-Gemeinschaft** | **196** |
| 2.11.1 | Flächenverteilung | 197 |
| 2.11.2 | Deklaration | 199 |
| 2.11.3 | Formale Gliederung und inhaltliche Segmentierung | 200 |
| 2.11.3.1 | Formale Gliederung ohne Segmentierung | 200 |
| 2.11.3.2 | Segmentierung ohne formale Gliederung | 201 |

2.11.3.3 Formale Gliederung mit Segmentierung 202
2.11.4 Qualitativ-funktionale Aspekte 204
2.11.4.1 Darstellungsformen 205
2.11.4.2 Abbildungsfunktionen 209
2.11.4.3 Text-Bild-Bezug 214
2.11.4.3.1 Textueller Bezug: Verweise 214
2.11.4.3.2 Thematischer Bezug 215
2.11.5 Sequenzierung und Platzierung 219
2.11.5.1 Sequenzierung 219
2.11.5.2 Platzierung 221

## Arbeitsbuch (CD)

**3 TRANSLATORISCHE BEHANDLUNG DER PRÄFERENZEN: BEISPIEL- UND ÜBUNGSAUFGABEN 225**

**3.1 Translatorische Behandlung der Deklarationen 225**
3.1.1 Deklaration von Anleitungen 225
3.1.2 Deklaration von Teiltexten (TT): Bezeichnungsprinzipien 226
3.1.3 Deklaration von Tabellen 227
3.1.4 Übungsaufgaben (zu Abschnitt 2.2) 228

**3.2 Translatorische Behandlung der Einschubtexte 229**
3.2.1 Deklaration von Einschubtexten 229
3.2.2 Gestaltung von Warnhinweisen 230
3.2.3 Übungsaufgaben (zu Abschnitt 2.3) 231

**3.3 Translatorische Behandlung der Sprechhandlungen 232**
3.3.1 Äußerungsformen für Instruktionen 232
3.3.2 Äußerungsformen für Empfehlungen 233
3.3.3 Verbformen in Direktiva 234
3.3.4 Übungsaufgaben (zu Abschnitt 2.4) 235

**3.4 Translatorische Behandlung stilistischer Aspekte 236**
3.4.1 Passivgehalt 236
3.4.2 Personeneinbezug 237
3.4.3 Parenthesen 238
3.4.3.1 Markierung 238
3.4.3.2 Umfang 239
3.4.3.3 Inhalt 240
3.4.3.4 Parenthesendichte 241
3.4.4 Bezug intertextueller Verweise 242
3.4.5 Übungsaufgaben (zu Abschnitt 2.5) 243

| | | |
|---|---|---|
| **3.5** | **Translatorische Behandlung der Syntax** | **245** |
| 3.5.1 | Satzkomplexität | 245 |
| 3.5.1.1 | Komplexitätsgrad | 245 |
| 3.5.1.2 | Konstitution des Komplexitätsgrades | 246 |
| 3.5.1.3 | Dichte hypotaktischer Konstituenten | 247 |
| 3.5.1.4 | Komplexe Satztypen | 248 |
| 3.5.2 | Ausdruck adverbialer Beziehungen | 249 |
| 3.5.2.1 | Finalität | 249 |
| 3.5.2.2 | Kausalität/Konsekutivität | 250 |
| 3.5.2.3 | Konditionalität | 251 |
| 3.5.2.4 | Modalität | 252 |
| 3.5.2.5 | Temporalität – Gleichzeitigkeit | 253 |
| 3.5.2.6 | Temporalität – Vorzeitigkeit | 254 |
| 3.5.2.7 | Temporalität – Nachzeitigkeit | 255 |
| 3.5.3 | Ausdruck attributiver Beziehungen | 256 |
| 3.5.4 | Übungsaufgaben (zu Abschnitt 2.6) | 257 |
| **3.6** | **Translatorische Behandlung typographischer Merkmale** | **259** |
| 3.6.1 | Variation im Schriftschnitt | 259 |
| 3.6.2 | Anführungszeichen | 260 |
| 3.6.3 | Gliederungsmittel auf den unteren Textebenen | 262 |
| 3.6.4 | Übungsaufgaben (zu Abschnitt 2.7) | 263 |
| **3.7** | **Translatorische Behandlung der Textkomposition** | **264** |
| 3.7.1 | TT-Typenverteilung | 264 |
| 3.7.2 | Komposition instruktiver TT | 266 |
| 3.7.3 | Komposition deskriptiver TT | 268 |
| 3.7.4 | Komposition instruktiv-deskriptiver Misch-TT | 269 |
| 3.7.5 | Komposition „sonstiger" Misch-TT | 272 |
| 3.7.6 | Übungsaufgaben (zu Abschnitt 2.8) | 274 |
| **3.8** | **Translatorische Behandlung der Makrostruktur** | **276** |
| 3.8.1 | Position des TT „Technische Daten" | 277 |
| 3.8.2 | Position des TT „Sicherheit" | 278 |
| 3.8.3 | Position des Inhaltsverzeichnisses | 279 |
| 3.8.4 | Übungsaufgaben (zu Abschnitt 2.9) | 280 |
| **3.9** | **Translatorische Behandlung thematischer Konstituenten** | **282** |
| 3.9.1 | Formen der Themenbehandlung | 282 |
| 3.9.1.1 | Thema „Konstruktion" | 282 |
| 3.9.1.2 | Thema „Sicherheit" | 284 |
| 3.9.1.3 | Thema „Garantiebedingungen" | 286 |
| 3.9.2 | Übungsaufgaben (zu Abschnitt 2.10) | 287 |
| **3.10** | **Translatorische Behandlung der Abbildungen** | **288** |
| 3.10.1 | Flächenverteilung | 288 |
| 3.10.2 | Deklaration | 289 |

3.10.3 Segmentierung 290
3.10.4 Qualitativ-funktionale Aspekte 291
3.10.4.1 Darstellungsformen 291
3.10.4.2 Abbildungsfunktionen 292
3.10.4.3 Text-Bild-Bezug 293
3.10.5 Sequenzierung und Platzierung 294
3.10.5.1 Sequenzierung 294
3.10.5.2 Platzierung 295
3.10.6 Übungsaufgaben (zu Abschnitt 2.11) 299

**Literaturverzeichnis** **300**

**Stichwortverzeichnis** **312**

# Abkürzungsverzeichnis

| | |
|---|---|
| A | Abstraktum/Abstrakta |
| Adj. | Adjektiv/e, Adjektiv- |
| Adv. | Adverb/ien, Adverbial- |
| Adv.-Part. | Adverbialpartizip/ien |
| Adv.-PartK | Adverbialpartizipialkonstruktion/en |
| AG | Akademiegrammatik |
| AK | Ausgangskultur, ausgangskulturell |
| AT | Ausgangstext/e |
| AZ | Anführungszeichen |
| D E | deutsche Anleitungen für Gebrauchselektronik |
| D GB | deutsche Anleitungen für Industrie-Mess- und -Analysegeräte |
| D H | deutsche Anleitungen für Hausgeräte |
| D MB | deutsche Anleitungen für Industriemaschinen |
| E [A] | amerikanisches Englisch |
| E [B] | britisches Englisch |
| E E | englische Anleitungen für Gebrauchselektronik |
| E GB | englische Anleitungen für Industrie-Mess- und -Analysegeräte |
| E H | englische Anleitungen für Hausgeräte |
| E MB | englische Anleitungen für Industriemaschinen |
| FN | Fußnote |
| GB | Gerätebau |
| HS | Hauptsatz/-sätze |
| Inf. | Infinitiv/e, Infinitiv- |
| InfK | Infinitivkonstruktion/en |
| K | Konkretum/Konkreta |
| Konj. | Konjunktion/en, Konjunktional- |
| KoV | Komplexverfahren |
| KV | Kommunikationsverfahren |
| MB | Maschinenbau |
| NS | Nebensatz/-sätze |
| OD | ohne eigene Deklaration |
| Part. | Partizip/ien, Partizipial- |
| PartK | Partizipialkonstruktion/en |
| Präp. | Präposition/en |
| PräpG | Präpositionalgruppe/n |
| R E | russische Anleitungen für Gebrauchselektronik |
| R GB | russische Anleitungen für Industrie-Mess- und -Analysegeräte |
| R H | russische Anleitungen für Hausgeräte |
| R MB | russische Anleitungen für Industriemaschinen |
| SG | Satzgefüge |
| SV | Satzverbindung/en |
| TT | Teiltext/e |
| UV | Unsicherheitsvermeidung |
| V | Verb |
| VA | Verbalabstraktum/-abstrakta |
| ZK | Zielkultur/en, zielkulturell |
| ZT | Zieltext/e |

# Abbildungs- und Tabellenverzeichnis


| | | |
|---|---|---|
| Abb. 1.1: | Hierarchie kultureller Spezifik | 21 |
| Abb. 2.1: | Deklaration der Anleitungen – Präferenzen | 74 |
| Abb. 2.2: | Bezeichnungsprinzipien in TT-Deklarationen – Präferenzen | 79 |
| Abb. 2.3: | Deklaration der Tabellen – Präferenzen | 80 |
| Abb. 2.4: | Verwendung der Signalwörter | 84 |
| Abb. 2.5: | Gestaltung von Warnhinweisen – Präferenzen | 85 |
| Abb. 2.6: | Äußerungsformen für Instruktionen – Präferenzen | 94 |
| Abb. 2.7: | Äußerungsformen für Empfehlungen – Präferenzen | 95 |
| Abb. 2.8: | Verbformen in Instruktionen/Empfehlungen – Präferenzen | 95 |
| Abb. 2.9: | Passivgehalt in Fachzeitschriftenartikeln | 97 |
| Abb. 2.10: | Passivgehalt in Anleitungen | 101 |
| Abb. 2.11: | Personeneinbezug – Präferenzen | 104 |
| Abb. 2.12: | Markierung von Parenthesen – Präferenzen | 106 |
| Abb. 2.13: | Umfang von Parenthesen – Präferenzen | 107 |
| Abb. 2.14: | Inhalt der Parenthesen – Präferenzen | 109 |
| Abb. 2.15: | Parenthesendichte | 110 |
| Abb. 2.16: | Bezug intertextueller Verweise – Präferenzen | 111 |
| Abb. 2.17: | Komplexitätsgrad | 121 |
| Abb. 2.18: | Konstitution des Komplexitätsgrades | 121 |
| Abb. 2.19: | Dichte hypotaktischer Konstituenten | 122 |
| Abb. 2.20: | Konstitution und Frequenz komplexer Satztypen – Präferenzen | 124 |
| Abb. 2.21: | Strukturen bzw. Inhalte pränominaler Attribute – Präferenzen | 134 |
| Abb. 2.22: | Ausdruck finaler Beziehungen – Präferenzen | 153 |
| Abb. 2.23: | Ausdruck kausaler/konsekutiver Beziehungen – Präferenzen | 154 |
| Abb. 2.24: | Ausdruck konditionaler Beziehungen – Präferenzen | 154 |
| Abb. 2.25: | Ausdruck modaler Beziehungen – Präferenzen | 155 |
| Abb. 2.26: | Ausdruck von Gleichzeitigkeit – Präferenzen | 156 |
| Abb. 2.27: | Ausdruck von Vorzeitigkeit – Präferenzen | 156 |
| Abb. 2.28: | Ausdruck von Nachzeitigkeit – Präferenzen | 157 |
| Abb. 2.29: | Ausdruck attributiver Beziehungen – Präferenzen | 158 |
| Abb. 2.30: | Markierung durch Druckvariation – Präferenzen | 162 |
| Abb. 2.31: | Markierung durch Anführungszeichen – Präferenzen | 166 |
| Abb. 2.32: | Gliederungsmittel auf den unteren Textebenen – Präferenzen | 168 |
| Abb. 2.33: | TT-Typenverteilung in den Korpora – Präferenzen | 172 |
| Abb. 2.34: | Komposition instruktiver TT – Präferenzen | 175 |
| Abb. 2.35: | Komposition deskriptiver TT – Präferenzen | 178 |
| Abb. 2.36: | Prinzipien in instruktiv-deskriptiven Misch-TT – Präferenzen | 181 |
| Abb. 2.37: | Themen in instruktiv-deskriptiven Misch-TT – Präferenzen | 182 |
| Abb. 2.38: | Konstituenten „sonstiger“ Misch-TT – Präferenzen | 185 |
| Abb. 2.39: | Position des TT „Technische Daten“ – Präferenzen | 189 |
| Abb. 2.40: | Position des TT „Sicherheit“ – Präferenzen | 190 |
| Abb. 2.41: | Position des Inhaltsverzeichnisses – Präferenzen | 191 |
| Abb. 2.42: | Nonverbale Konstruktionsbeschreibung (Waschtrockner) | 194 |
| Abb. 2.43: | Behandlung des Themas „Konstruktion“ – Präferenzen | 194 |
| Abb. 2.44: | Behandlung des Themas „Sicherheit“ – Präferenzen | 195 |
| Abb. 2.45: | Behandlung von Garantiebedingungen – Präferenzen | 196 |
| Abb. 2.46: | Flächenverteilung in der Text-Bild-Gemeinschaft | 198 |

Abb. 2.47: Deklaration von Abbildungen – Präferenzen 199
Abb. 2.48: Maßbild mit 2 Ansichten (Diaphragm Pump) 200
Abb. 2.49: Funktionsschema (Wälzkolbenpumpe, 2 Ausführungen) 201
Abb. 2.50: Leistungsdiagramm (Vakuumpumpe, 2 Ausführungen) 201
Abb. 2.51: Segmentierung mit Legende (Vakuummeter) 202
Abb. 2.52: Draufsicht mit Detail und Legende (Вагоноопрокидыватель) 202
Abb. 2.53: Segmentierung ohne Legende (Belt Conveyor) 203
Abb. 2.54: Segmentierung mit Bildtexten (Fan) 203
Abb. 2.55: Segmentierung der Abbildungen – Präferenzen 204
Abb. 2.56: Foto (Belt Conveyor) 205
Abb. 2.57: Bild (Mini Cassette Recorder) 206
Abb. 2.58: Technische Zeichnungen (Maßbild: Turbomolekularpumpe/ Schnitt: Датчик силоизмерительный тензорезисторный) 206
Abb. 2.59: Explosionsbild (Vakuumpumpe) 207
Abb. 2.60: Skizze (Einbauherd) 207
Abb. 2.61: Schema (Motorschaltbild: Rührwerk) 208
Abb. 2.62: Diagramm (Flowmeter) 209
Abb. 2.63: Darstellungsformen – Präferenzen 209
Abb. 2.64: Komplementäre Abbildung (Linienschreiber) 211
Abb. 2.65: Illustrative Abbildung (Einbauherd) 211
Abb. 2.66: Autonome Abbildungen (Linienschreiber) 212
Abb. 2.67: Isolierte Abbildung (Mikrowellenherd) 213
Abb. 2.68: Abbildungsfunktionen – Präferenzen 213
Abb. 2.69: Eingerückte Abbildung I (Organizer) 215
Abb. 2.70: Eingerückte Abbildung II (Fan) 215
Abb. 2.71: Vorangestellte Abbildungen (Персональный компьютер/Staubsauger) 216
Abb. 2.72: Angefügte Abbildung (Cooker) 216
Abb. 2.73: Abbildungen als separate TT (Temperaturschreiber/Staubsauger) 217
Abb. 2.74: Distanzierte Abbildung (Радиоприемник) 217
Abb. 2.75: Abbildung mit textexternem Bezug (пылесос) 218
Abb. 2.76: Text-Bild-Bezug – Präferenzen 218
Abb. 2.77: Sequenzierung der Abbildungen 221
Abb. 2.78: Platzierung der Abbildungen – Präferenzen 223

Tab. 1.1: Maskulinität vs. Femininität 28
Tab. 1.2: Unsicherheitsvermeidung 30
Tab. 1.3: Langzeit- vs. Kurzzeitorientierung 31
Tab. 1.4: Individualismus vs. Kollektivismus 32
Tab. 1.5: Machtdistanz 33
Tab. 1.6: Die intellektuellen Stile der Hegemonialsysteme 46

Tab. 2.1: Signalwörter und Signalbedeutung 82
Tab. 2.2: Signalwörter und ihre Variationen 82
Tab. 2.3: Verteilung finiter Verbformen auf verschiedene Sprechhandlungen 91
Tab. 2.4: Sprechhandlungsdichte (Anzahl je 100 Sätze) 92
Tab. 2.5: Äußerungsformen für Instruktionen in direktiven Texten 93
Tab. 2.6: Nebensatzfrequenz (GÖPFERICH) 113

Tab. 3.1: Prototypische Makrostrukturen (Betriebsanleitung MB) im Vergleich 281

Willst Du gewinnen der Menschen Gunst,
so mußt du lernen die saure Kunst,
zu sprechen stets mit feiner List,
wie andern der Schnabel gewachsen ist
(BLUMENTHAL, aus: *Buch der Sprüche*).[1]

# 1 THEORETISCHE GRUNDLAGEN

## 1.1 Kultur – Allgemeines

Zum Begriff „Kultur“ gibt es zahlreiche Definitionen, die sich zwar in ihrer Konkretheit bzw. ihrem Detaillierungsgrad unterscheiden, im Grunde jedoch einen gemeinsamen Tenor haben, der sich mit der Definition bei HANSEN (2000: 39) ganz allgemein so zusammenfassen lässt: „Kultur umfaßt Standardisierungen, die in Kollektiven gelten“. Analog – und ebenso allgemein – könnte man auch formulieren: Kultur umfasst die „mentalen Programme“ bzw. die „mentale Software“ eines Kollektivs (HOFSTEDE 2001: 2 bzw. 3). Andere Definitionen sprechen konkrete Arten von Standardisierung an, lassen jedoch die Art des „Kollektivs“ gleichermaßen unbestimmt, z.B.:

> Darunter wollen wir hier ein traditionelles, gemeinschaftliches ‚Gedankengut‘ verstehen: die Gesamtheit der in einer ‚Gemeinschaft‘ überlieferten und dieser Gemeinschaft eigenen Ideen, Meinungen und Vorstellungen in bezug auf die Wirklichkeit (COSERIU 1988b: 282, FN 23).

> Culture is seen here as a group's dominant and learned sets of habits, as the totality of its non-biological inheritance involving presuppositions, values and preferences (HOUSE 1997: 70).

Standardisierungen sind unterschiedlich verbindlich. Aus den graduellen Unterschieden in ihrer Verbindlichkeit resultiert eine hierarchieähnliche Ordnung. An der Spitze stehen z.B. Sitte, Moral und Gesetz, deren Missachtung mit Sanktionen belegt wird. Unterhalb sind Werte und Konventionen angesiedelt, zu den weniger wichtigen gehören z.B. Gewohnheiten und Bräuche (vgl. HANSEN 2000: 149). Als „für den Prozeß der sozialen Organisation“ wesentlich nennt MAURITZ (1996: 35) u.a. Glaubenssätze und Werte.

Bei Glaubenssätzen handelt es sich um Postulate, deren Realität von den Angehörigen einer Kultur als gegeben und endgültig akzeptiert ist. „Werte oder Werthaltungen“ sind „Konzeptionen des Wünschenswerten“ (MAURITZ 1996: 43) bzw. „Gefühle mit einer Orientierung zum Plus- oder zum Minuspol hin“ (HOFSTEDE 2001: 9). Sie ordnen sich gemäß ihrer relativen Bedeutung in ein Wertesystem ein, das in der Regel erlernt und tradiert wird.

---

1 Zitiert nach PUNTSCH (1986: 711).

KALVERKÄMPER (1995: 139) teilt die konstitutiven Merkmale von Kultur in zwei Gruppen auf. Die für diesen Kontext relevante Aufzählung zum *homo sociologicus* beginnt er mit dem dritten Faktor, der nach HANSEN (2000: 42) neben Standardisierung und Kollektivität zur Kultur gehört: mit der Kommunikation, die eine (die wichtigste?) Form sozialen Handelns darstellt. Insofern ist das Handeln mit Sprache zwingend eine Manifestation von Wertvorstellungen, die auch in diesem Bereich „normative Orientierungshilfen für handelnde Personen und Organisationen" geben (MAURITZ 1996: 50, FN 190).

In den oben zitierten Definitionen lassen die Begriffe „Kollektiv"/„Gemeinschaft"/ „group" alle Interpretationsmöglichkeiten offen. Zwar ist in der Regel die Nationalkultur[2] gemeint, es gibt jedoch noch andere „Kollektive":

> Every culture, subculture and subgroup provides its members with rules of behavior, or what are called **rules** and **norms**. (…) In communication studies, it is assumed that behavior is governed by socially agreed-on norms or by one's individual guidelines for behavior ( JANDT 1995: 16).

Bei der Diskussion über Kultur ist daher im Hinblick auf das „Kollektiv" eine Präzisierung notwendig, wie bei GÖHRING (1998: 112) empfohlen:

> Bei der Verwendung des Ausdrucks *Kultur* sollte man sich jeweils einen Indikator hinzudenken: ‚Kultur' kann auf recht unterschiedlichen Abstraktionsebenen angesiedelt sein – etwa Menschheitskultur, westliche Kultur, französische Kultur, bretonische Kultur, Kultur eines Dorfes, eines Berufsstandes, einer Familie oder eines Individuums (Idiokultur).

Die Vorstellung hierarchischer Ebenen, die dem Zitat von GÖHRING zugrunde liegt, vermittelt einen Eindruck von den kulturellen Einflüssen, die bis in die Idiokultur hineinreichen: die Kultur des beruflichen Umfeldes (z.B. eines Unternehmens), des weiteren sozialen Umfeldes (z.B. einer Stadt), der Region (z.B. eines Bundeslandes, Bundesstaates etc.), des Kulturkreises (z.B. der Slavia).

Jede Ebene repräsentiert ein kulturelles Konglomerat aus eigenen Konstituenten und solchen, die sie mit den übergeordneten Ebenen teilt. Deshalb ist im Rahmen wissenschaftlicher Forschungsarbeit zwingend die Ebene zu definieren, auf der Ergebnisse gewonnen werden.

## 1.2 Hierarchie kultureller Spezifik

Kulturelle Merkmale werden – wie in 1.1 skizziert – auf verschiedenen Ebenen von Kultur gefunden. Jede Form von Kulturspezifik steht daher in besonderer Korrelation zu einer dieser Ebenen, sie zeigt sich bei kontrastiver Betrachtung eines Faktums in verschiedenen Kulturen, denn *„kulturelle Phänomene werden erst durch Vergleich zu ‚Kulturspezifika'"* (WITTE 2000: 99). Zwangsläufig dient die eigene Kultur dabei als „Vergleichsnormal": das aus der eigenen Kultur Bekannte gilt so

---

[2] Vgl. z.B. JANDT (1995: 6-7): "Think of culture as everything you would need to know and do so as not to stand out as a 'stranger' in a foreign land".

lange unhinterfragt als „normal", bis sich die Möglichkeit eines Vergleichs bietet. Dieser kann bei jedem der Strukturmerkmale nach MALETZKE (1996) ansetzen, zu denen auch die Sprache gehört, ebenso bei jeder makrokulturellen Dimension nach HOFSTEDE (vgl. 1.2.3). Zum Strukturmerkmal „Sprache" können wiederum Sprachsystem oder Sprachverwendung betrachtet werden.

In der Sprachverwendung ist Kulturspezifik schwieriger zu fassen als in den Sprachsystemen, die in Grammatiken kodifiziert sind. Konventionen sprachlichen Handelns sind selten kodifiziert[3] und entziehen sich daher einem schnellen Zugriff. Zudem sind ihre möglichen Erscheinungsformen ungleich vielfältiger, selbst wenn sich das Forschungsinteresse – wie bisher zumeist – auf makrokulturelle Spezifik richtet (bzw. auf das, was mangels Differenzierung als solche erscheint). Diese Vielfalt multipliziert sich bereits beim Blick auf unterscheidbare Mikrokulturen, die Konsequenzen für die Ebene der Unternehmenskulturen sind kaum mehr absehbar.

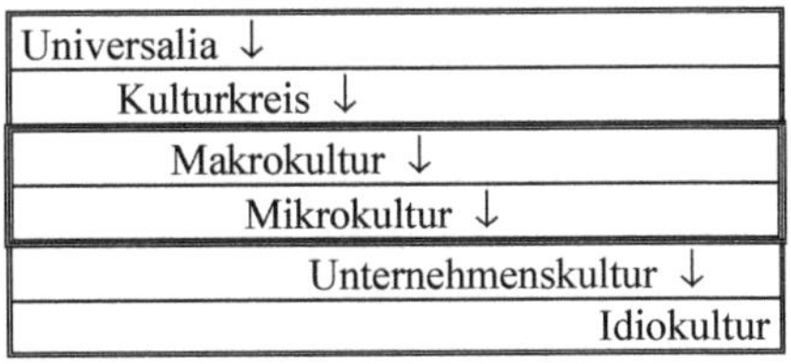


**Abb. 1.1: Hierarchie kultureller Spezifik**

Abb. 1.1 zeigt die markantesten Ebenen kultureller Spezifik, u.a. den Bereich, dem das Forschungsinteresse der Kulturwissenschaft gilt. Diese befasst sich nach HANSEN (2000: 39) „weder mit dem Individuellen noch dem Anthropologischen, dem Gattungsüblichen, sondern mit dem, was dazwischen liegt". Die Pfeile in der Hierarchie sollen andeuten, dass jede Ebene eigene Merkmale und – vermittelt über die jeweils übergeordnete – solche aller superordinierten Ebenen integriert.

Hervorgehoben sind die analyserelevanten Ebenen von Makro- und Mikrokultur, d.h. von National- und fachlichen Kulturen. Die Analysetexte wurden in jeweils verschiedenen Unternehmenskulturen produziert, deren Werte und Konventionen ebenfalls in die Textkorpora hineinwirken. Da ein Sender in der Regel nur mit einem einzigen Text repräsentiert ist, eignen sich die Korpora nicht zur Analyse von Unternehmenskonventionen. Vergleichbarkeit besteht erst auf der mikrokulturellen Ebene durch Textselektion im Hinblick auf den Kommunikationsgegenstand. Im makrokulturellen Rahmen ist sie ebenfalls gegeben, weil Texte definierter mikrokultureller Provenienz kontrastiert werden. Der (westliche) Kulturkreis wird mit seinen Einflüs-

[3] Vgl. z.B. HANSEN (2000: 51) zu sprachlichen Konventionen: „Aus der willkürlichen Verbindung zwischen Bedeutungsträger und Bedeutung ergibt sich die Notwendigkeit, diese Verbindung innerhalb der Benutzergemeinschaft zu verabreden; eine solche Verabredung, die, wie wir noch sehen werden, oft genug unterschwellig und unbewußt erfolgt, macht aber das Wesen der Standardisierung aus".

sen in den deutschen und englischen Korpora vermutlich auch reflektiert. Diese lassen sich jedoch nicht identifizieren, weil z.B. Texte einer zweiten slavischen Kultur nicht in diesen Vergleich einbezogen werden können.

Um den Hintergrund der Analyseergebnisse etwas zu beleben, werden die in Abb. 1.1 ausgewiesenen Ebenen, mit Ausnahme der Idiokultur, zuvor kurz beschrieben.

### 1.2.1 Universalia

Grundsätzlich ist es sinnvoll, kulturelle Universalia als Ebene des Allgemeinmenschlichen zu verstehen, wie von MAURITZ (1996: 19) vorgeschlagen:

> Für die Auffassung von Kultur als ideationales System bedeutet dies, daß ihre Bestandteile aus einem ,Universum' von objektiven Ideen geschöpft werden. Welt 3 [nach POPPER] ist keine bestimmte Kultur, sondern der Vorrat an gedanklichen (Vor-)Leistungen der gesamten Menschheit. Aus diesem entnimmt und entwickelt eine Gruppe von Menschen die von ihnen präferierten Ideen.

Damit fallen sie aus dem Betätigungsfeld der Kulturwissenschaft heraus (s.o.). Jedoch hat das Interesse an der „Universalität" sprachlicher Phänomene ein eigenes Forschungsfeld (die Universalienforschung) hervorgebracht. In diesem Zusammenhang ist Universalität nach COSERIU (1988a: 235) zu verstehen als:

> *historische* (oder *empirische*) *Allgemeinheit.* Das ist die Universalität der Eigenschaften, die man tatsächlich in allen Sprachen oder wenigstens in allen uns bekannten Sprachen feststellt. Dabei ist auch möglich, daß sie sich lediglich in der Mehrzahl der bekannten Sprachen feststellen lassen.

Es scheint Uneinigkeit darüber zu bestehen, wann ein Merkmal als Universale bezeichnet werden kann. Der Begriff „Universalia", der sich im Sinne der Universalienforschung auf Phänomene menschlicher Sprache schlechthin bezieht, wird offenbar auch in Kontexten verwendet, die weit unterhalb „der Menschheitskultur" (s.o.) angesiedelt sind.

So kritisiert z.B. GLÄSER (1992: 85) zu Recht, dass SCHWANZER (1981) „als ,formale Universalien aller deutschen Wissenschafts- und Fachsprachen' bestimmte Wortbildungsmuster; als ,substantielle Universalien' dagegen Sachbezogenheit, Eindeutigkeit, Klarheit, Effizienz und Ökonomie" bezeichnet. Hier ist die Rede von „deutschen Universalia" (eine *contradictio in adjecto*!), die, falls diese Wortbildungsmuster tatsächlich mikrokulturübergreifend gebräuchlich sind, richtiger als makrokulturelles – auf deutsche Fachsprachen (Terminusbildung?) beschränktes – Faktum zu beschreiben wären.

Das Defizit bei SCHWANZER liegt eindeutig in einer unzureichenden Abstraktion der Kriterien, denn bei den als Universalia akzeptierten Fakten handelt es sich nach COSERIU (1988a: 237) um „generische Universalien, d.h. sehr allgemeine Eigenschaften ohne jede Spezifität, was die ,Fakten' angeht". Als Beispiele nennt er: „jede Sprache muß Ausdruck und Inhalt haben, jede Sprache impliziert eine grammatische Organisation, jede Sprache verändert sich im Laufe ihrer Geschichte usw.".

KOČERGINA (1991: 145) nennt weitere: alle Sprachen haben Vokale und Konsonanten, alle Sprachen haben Pronomina usw.

WIERZBICKA (1991: 454) kritisiert dagegen das fortgesetzte Bestreben, gemeinsame Merkmale der britischen und amerikanischen (der „angloamerikanischen“[4]) Kultur zu Universalia zu erklären:

Above all, complex terms of the kind usually employed in studies of linguistic interaction are derived from English (academic English), and don't have exact counterparts in other languages of the world. As a result, the description of human interaction carried out by means of such labels is usually remarkably ethnocentric (anglocentric). This is in keeping with the general anglocentric bias of mainstream modern pragmatics, which developed largely under the influence of British and American philosophers of language, who drew their examples almost exclusively from English and who postulated all sorts of 'universal maxims' or 'universal principles' of human interaction on the basis of Anglo-Saxon or Anglo-American cultural norms and expectations.

### 1.2.2 Kulturkreis

In 1.1 wurden bereits mehrere „kulturelle Kollektive“ innerhalb der Makrokultur erwähnt. Darüber hinaus können gemeinsame Werte und/oder eine gemeinsame Sprache oder auch die Gemeinsamkeiten verwandter Sprachen mehrere Makrokulturen zu einem „Kulturkreis“ verbinden. DIETRICH (1997: 10) nennt z.B.: „‚die westliche Welt', die ‚Romania'[5], ‚das Abendland'“. Diese Auswahl zeigt, nach welch unterschiedlichen Kriterien sich ein Kulturkreis konstituieren kann. Überschneidungen sind daher unvermeidlich, d.h. eine Makrokultur kann (und wird wohl in der Regel) verschiedenen Kulturkreisen angehören.

#### 1.2.2.1 „Der Westen“

Der Kulturkreis der „westlichen Welt“ verdankt seine Bezeichnung einer geographischen Lokalisierung, die von einer eurozentristischen Sichtweise bestimmt ist und daher aus jeder anderen Perspektive recht willkürlich anmuten muss:

In der Literatur über Völker und Kulturen ist oft die Rede vom ‚Westen'. Gemeint ist damit offensichtlich ein Kulturkreis, der sich irgendwie von anderen Kulturkreisen unterscheidet. (...) Was nun Westen und Osten im konkreten Fall bedeutet, hängt vom jeweiligen Standort des Betrachters ab. Doch gibt es seit langem die stillschweigende Übereinkunft, daß die Europäer sich als Westen verstehen und daß mit Osten der Bereich gemeint ist, der – irgendwo daran angrenzend – nach Osten hin liegt. (...) In aller Regel rechnet man heute Nordamerika dazu (wobei freilich von Kalifornien aus gesehen der ‚Ferne Osten' im Westen liegt (MALETZKE 1996: 38).

---

4 Diese Subsumierung von zwei Kulturen ist allgemein üblich, wird aber selten durch tatsächliche Gemeinsamkeiten gestützt, zumeist werden solche nur unterstellt. Daher stehen entsprechende Bezeichnungen hier unter Vorbehalt.

5 Ein vergleichbarer Kulturkreis ist die Slavia (vgl. z.B. PANZER [Hrsg.] 2000), in der die verschiedenen slavischen Sprachen gesprochen werden.

Wenn sich „die Europäer“ als Westen verstehen (s.o.), so ist offensichtlich ein Teil des „Ostens“ gerade dabei, sich in den „Westen“ (verstanden als EU) zu integrieren. Die Adäquatheit dieser Bezeichnung relativiert sich daher um ein Weiteres. Ähnlich ist es aus dieser Sicht um den Kulturkreis des Abendlandes bestellt, den MALETZKE (1996: 39) noch als „weitgehend deckungsgleich“ mit dem der westlichen Welt ansieht, weil er sich über gemeinsame Grundwerte definiert: „das vierfache Erbe griechischen Denkens, römischen Rechts, germanischer Gesellschaftsvorstellungen und christlichen Glaubens“. Selbst wenn bislang neue EU-Länder diese Werte teilen, steht bereits fest, dass ein Teil des „Morgenlandes“ mit dem muslimischen Glauben als neuem Grundwert demnächst in Europa (im „Westen“) Einzug halten wird. Eine ursprüngliche Deckungsgleichheit ist auch hier im Schwinden begriffen.

#### 1.2.2.2 „Terranglia“

Ein Kulturkreis, der sich mit seinen Einflüssen in vielen Makro- und Mikrokulturen bemerkbar macht, ist „Terranglia“, die englischsprachige Welt[6] nach der Definition von STOLL (1997: 410), denn „Englisch ist die multikulturelle Sprache par excellence“ (STOLL 1999: 17).

Zum „Englischen“ der zahlreichen Kulturen in Terranglia formuliert SNELL-HORNBY (1997: 281) eine wichtige Differenzierung, die häufig übersehen wird:

> Firstly, there is the lingua franca that has largely lost track of its original cultural identity – its idioms, its hidden connotations, its grammatical subtleties – and has become a reduced, standardized form of language made to serve the specific purpose of supra-cultural communication, as in international air-traffic on the one hand and scientific conferences on the other. Then there are the many individual varieties of English, by and large mutually intelligible, but yet each an expression of a specific cultural identity with its own idioms, metaphors and cultural allusions (as for example British English as demonstrated by any leading article in the *Daily Mail*).

Die Fachsprachen der internationalen Kommunikation sind vor allem amerikanisch beeinflusst (Mikrokulturen: Luftfahrt, Raumfahrt, etc.). Inwieweit das auch für wissenschaftliche Mikrokulturen gilt, ist schwierig zu beurteilen. Als *lingua franca* zur interkulturellen Verständigung der WissenschaftlerInnen kommt aber mit Sicherheit nur das Englische als jeweilige Fremdsprache in Frage.

Die makrokulturelle Vielfalt in Terranglia geht mit einer territorialen Ausdehnung über mehrere Kontinente einher, sie ist daher erheblich größer als in anderen Kulturkreisen. Und so gibt es nach SMITH (1987: 2) hier – auch zwischen Kulturen mit Muttersprache „Englisch“ – genügend Anlässe für Missverständnisse:

> Communication problems like this are not limited to interaction involving non-native speakers. They also occur frequently between native English speakers who do not share the same culture – between English people and Americans, for example, or between Americans and Australians. (…)

---

[6] STOLL (1999: 15) skizziert die Dimensionen dieses Kulturkreises, den das Englische dominiert: „Es wird in rund 60 Ländern täglich benutzt von 340 Millionen native speakers sowie 3-400 Millionen Zweitsprachlern. Insgesamt ‚können' 1 ½ - 2 Milliarden Menschen diese Megasprache“.

most American men, in ordinary business or social intercourse, are inclined to let their achievements and position speak for them. The 'average Australian', however, wants to probe the American's wit and resilience. While the American is seeking a topic to chat about, the Australian is seeking a partner to spar with. Thus the American finds the Australian intrusive, and the Australian finds the American boring.

Das ist nur zu verständlich, da – um mit GALTUNG (1997a: 119) zu formulieren – die „gemeinsame" Sprache keinen Zweifel zulässt an der Überzeugung, dass man „einer Geistesart" ist.

Neben den verschiedenen „englischen" Muttersprachen finden sich in Terranglia historisch erklärbare „englische" Amtssprachen in Kulturen, deren eigene Sprachen als Substrate zu einer spezifischen Prägung der Superstratsprache Englisch geführt haben. Bei einer Untersuchung der Kulturspezifik von Personenstandsurkunden aus verschiedenen Teilen Terranglias stellt HORN-HELF (1999b: 354) zwei unterschiedliche Orientierungen fest, die eine grobe Differenzierung zwischen „British" und „American" Terranglia nahe legen:

Aufgrund der historischen Fakten ist bekannt, daß Großbritannien als Vorbild für Ghana gelten kann, während sich die Philippinen in *Terranglia* am Vorbild USA orientiert haben. Diese wenigen Beispiele zum Rechts- und Verwaltungssystem einerseits und zu den Textsortenkonventionen andererseits sollten zeigen, daß zum jeweiligen Vorbild zahlreiche Parallelen bestehen und daß diese selbst bis in die Details hineinreichen.

Abgesehen von solchen historisch begründeten britischen und amerikanischen Einflüssen auf Rechts- und Verwaltungssysteme und ihre Textsorten in Terranglia, sind weltweit Einflüsse spürbar, die u.a. die Verbreitung technischer Produkte begleiten. Ganze Mikrokulturen (primär amerikanischer Provenienz) wurden inzwischen in viele Kulturen innerhalb/außerhalb dieses Kulturkreises importiert, mit den Produkten zumeist auch die Fachsprachen (einschließlich der Terminologien).

Die Reaktionen der „Empfänger"-Kulturen sind unterschiedlich: Sie nehmen die Überschwemmung ihres „Alltags- und Fachdiskurs(es)" durch die „Amerikanisierungswelle" (WILSS 2002: 145) widerstandslos hin, oder sie bauen sprachpolitische „Dämme", um ihr Einhalt zu gebieten.

Zur ersten Gruppe gehören zwangsläufig die Kulturen mit „englischer" Muttersprache. Hier wäre die Schaffung eigener Parallelterminologie sicher keine sinnvolle – und angesichts des Innovationstempos wohl auch keine praktikable – Lösung. Entsprechend dramatisch sind nach STOLL (1999: 16) die Folgen für das britische (wie vermutlich auch für das australische und kanadische) Englisch:

Das britische Englisch wird in noch viel stärkerem Umfang als das Deutsche oder Französische von einer Flut von Amerikanismen überschwemmt, nicht nur im auffälligen Bereich des modernen *lifestyle*, sondern auch und vor allem in den Fachsprachen. Während sich in den getrennt entwickelten ‚alten' Technologien Eisenbahn und Automobil im britischen und amerikanischen Englisch zahlreiche verschiedene Lexeme herausbildeten, übernehmen die Briten bei Neuheiten in Medizin, Wirtschaft, Kommunikation, Medien, Raumfahrt und Computern nicht nur das *know-how* (zusammen mit eben diesem Wort), sondern auch die in Amerika geprägte Terminologie.

Die deutsche Sprache war und ist dem Ansturm der Amerikanismen im Gefolge der Computertechnik und anderer Disziplinen nicht weniger „schutzlos" ausgeliefert. Abgesehen davon, dass der gemeinsame Import von Technologie und Terminologie eine bequeme Form der Terminusbildung ist, wird er auch dem Faktor Zeit in diesem Gefüge am besten gerecht. Für das Russische kam die „Flut" (der Amerikanismen) mit noch größerer Wucht, „praktisch über Nacht" (PFANDL 2002: 129), da hier gleichzeitig der Bereich „lifestyle" importiert wurde. Ein Versuch eigener Benennungsbildung hätte an den Massen neuer Designate scheitern müssen.

In Frankreich versucht man, diese „Überschwemmung" durch sprachpolitische Maßnahmen zu verhindern, „denn dort gehören Politik und Sprachpolitik seit einem halben Jahrtausend mehr oder weniger eng zusammen" (KUBARTH 2002: 181). Dass es dabei primär um die Abwehr amerikanischer[7] Einflüsse geht, belegt die bei KUBARTH (2002: 191) referierte Einschätzung, die diesem Vorgehen einen Mangel an Systematik und Weitblick bescheinigt:

> So bemerkt der Bonner Romanist Christian Schmitt in seinem Aufsatz ‚Französisch: Sprache und Gesetzgebung' (1990:370f.) ein doppeltes Manko: Der Gesetzgeber kümmere sich weder um ein theoretisches Fundament für seine Eingriffe noch um die Analyse der Auswirkungen dieser Eingriffe auf die Praxis; deshalb erscheinen diese ‚wie hektische Reaktionen auf noch nicht klar erfasste Probleme und Fragestellungen, teilweise aber auch wie vorschnelle Lösungen eines ***‚faux problème'***'.

Island wehrt entsprechende fremdkulturelle Einflüsse ebenfalls dadurch ab, dass es in seine Sprache „alle moderne, auch technische (bis hin zu Computer-) Terminologie ohne Fremdwörter adaptiert" (PANZER 2000: 11).

Vor diesem Hintergrund fragt sich ZEMSKAJA, ob man auch die russische Sprache schützen müsste. Sie bezweifelt es: nach ihrer Ansicht betrifft der vielbeklagte Sprach„verfall" nicht das russische Sprachsystem, sondern allein eine korrekturbedürftige Sprachverwendung (vgl. 2000: 46). WILSS (2003: 3) kommt analog zu dem Schluss, dass die „Verwilderung" der deutschen Sprache nicht nur der „Amerikanisierungswelle" (s.o.) anzulasten, sondern auch auf „eine miserable Sprachmoral" zurückzuführen ist.

### 1.2.3 Makrokultur: Das Kulturmodell von HOFSTEDE

Bei der Diskussion von Kulturspezifik beziehen sich AutorInnen ganz selbstverständlich auf die Nationalkultur, d.h. auf „eine von Staatsgrenzen eingerahmte ‚Makro-Kultur'" (SCHMITT 1999: 157). Die Formulierung bei MAURITZ (1996: 31) zielt in die gleiche Richtung: „Häufig wird unter nationaler Kultur die Kultur eines **Nationalstaates**, also eines soziokulturell und politisch einheitlichen Gebildes, ver-

---

[7] Vgl. auch JANDT (1995: 129): "The use of a language in a new culture introduces that language's culture. Thus English is viewed as the language of oppression by Blacks in South Africa and resistance to the use of English is strong in other countries because it is believed that with the use of English comes the United States culture".

standen". Die Debatte um das Thema „Leitkultur" in Deutschland zeigt jedoch, wie bedenklich das Kriterium soziokultureller Einheitlichkeit im Hinblick auf eine Nationalkultur ist, denn im Grunde geht es dabei lediglich um die Mehrheitskultur innerhalb eines politischen Staatsgebietes. Der Begriff der „Makrokultur" impliziert daher eine (unvermeidlich vereinfachende) Orientierung auf die dominierende Mehrheitskultur und ihre Sprache.

Die Makrokultur in diesem Sinne ist generell nicht nur besonders interessant für Kulturvergleiche, sondern auch erheblich anfälliger für Stereotypie als andere. Während sie u.a. die Einflüsse eines bzw. mehrerer Kulturkreise(s) reflektiert, beeinflusst sie selbst[8] die Folgeebenen (z.B. Mikro-, Unternehmens-, Idiokultur).

Kulturelle Dimensionen, die im Rahmen von Beschreibungsmodellen formuliert werden, zeigen im Allgemeinen eine klare national- bzw. makrokulturelle Orientierung. MALETZKE (1996) charakterisiert seine Klassifikation wie folgt:

Die Kategorien, in denen sich Kulturen voneinander abheben und die in ihrer strukturierten Gesamtheit das spezifische Profil einer Kultur bilden, nennen wir ‚Strukturmerkmale' (42).

Seine Matrix für ein „Kulturprofil" weist qualitativ sehr unterschiedliche Merkmale auf, u.a.: Nationalcharakter: Basispersönlichkeit; Sprache; Nonverbale Kommunikation; Wertorientierungen; Verhaltensmuster: Sitten, Normen, Rollen; Soziale Gruppierungen und Beziehungen (ebd.). Dem Merkmal „Sprache" (im Sinne von verbaler Kommunikation) fällt eindeutig eine zentrale Rolle beim Ausdruck der übrigen zu. Ein solches, wenngleich geringeres, Potenzial könnte man dem Merkmal „Verhaltensmuster" zuschreiben, sofern sich diese ausschließlich in „nicht-sprachlichem" Handeln ausdrücken. Da die übrigen Merkmale einer Analyse nur über Sprache und Verhaltensmuster zugänglich sind, geht es bei der Untersuchung der Vorstellungen bzw. Wertorientierungen, die eine Kultur in ihrem Verhalten/Handeln reflektiert, zumeist auch um sprachliches Handeln.

Ebenfalls makrokulturell ausgerichtet sind die kulturellen Dimensionen nach HOFSTEDE (1980 bzw. 2001). Sie ermöglichen zwar nicht den Entwurf eines „Kulturprofils", erlauben jedoch gezielte Einblicke in einzelne Merkmale, z.B. Nationalcharakter, kulturelle Werte, Verhaltensmuster und soziale Beziehungen.

Die ursprünglichen Ergebnisse zu diesen Dimensionen stammen aus Umfragen bei IBM-Mitarbeitern aus über 50 Nationen, einige Kommentare wurden bei HOFSTEDE (2001) aktualisiert. Die Gestaltung der Befragungs- und Auswertungsmodalitäten dürfte mikrokulturelle (d.h. durch den fachlichen Hintergrund verursachte) Verzerrungen weitgehend ausschließen (vgl. „Forschungsmethoden", 366-384).

---

[8] Darin liegt nach MAURITZ (1996: 73) ihre besondere Bedeutung: „Besonders relevant sind die Kulturstandards auf Gesellschafts- oder Länderebene, weil sich diese Ideen auch auf allen niedrigeren Ebenen sozialer Organisation wiederfinden und dort subkulturelle Ideen prägen".

### 1.2.3.1 Maskulinität vs. Femininität

Bei dieser Dimension, die bei MALETZKE (s.o.) zum Strukturmerkmal „Verhaltensmuster: Sitten, Normen, Rollen" gehört, geht es nach HOFSTEDE (2001: 110) darum, „ob Bestimmtheit oder Bescheidenheit im Verhalten wünschenswert ist". In einer maskulinen Kultur wird Bescheidenheit eher als Schwäche interpretiert, während man sich in einer femininen Kultur „mit übertrieben bestimmtem Auftreten und dem Bemühen, überall der erste zu sein, (...) sehr schnell lächerlich [macht]" (HOFSTEDE 2001: 124-125).

Das folgende Urteil legt für die deutsche Kultur die Annahme eines hohen Maskulinitätswertes nahe:

> Man mag von den Deutschen sagen, was man will,
> und ich bin geneigt, das Härteste von ihnen zu sagen.
> Aber sie sind jedenfalls ein männliches Volk
> (PAUL ERNST, aus: *Der Nobelpreis*).[9]

HOFSTEDES Ergebnisse (vgl. Tab. 1.1) bestätigen diese Annahme durchaus: danach ist die deutsche – wie auch die britische – eine ausgesprochen maskuline Kultur.

| **Platzierung** (1: max. Maskulinität 53: max. Femininität) | **Auswahl aus 53 Kulturen** (50 Ländern + 3 Regionen) |
|---|---|
| (1) | Japan |
| (9/10) | Großbritannien/BR Deutschland |
| (15) | USA |
| (35/36) | Frankreich/Iran |
| (47/50/52/53) | Skandinavische Länder |

**Tab. 1.1: Maskulinität vs. Femininität**
(vgl. auch HOFSTEDE 1997: 84, Table 4.1)

Unterschiede bei dieser Dimension finden ebenfalls ihren Niederschlag in politischen Prioritäten, z.B.:

1) Belohnung der Starken gegenüber Solidarität mit den Schwachen
2) Wirtschaftswachstum gegenüber Umweltschutz
3) Rüstungsausgaben gegenüber Hilfe für die armen Länder (HOFSTEDE 2001: 138).

Während seine Ergebnisse die Mehrheitskultur in den Vereinigten Staaten als recht maskulin erscheinen lassen, entdeckt HOFSTEDE (2001: 142) an der russischen Kultur feminine Züge. Diese Einschätzung bestätigt sich bei KUTZ, der Bescheidenheit und Mitgefühl für die Schwachen als traditionelle Werte der russischen Kultur hervorhebt. Dagegen galten „Selbstsicherheit und das Bestreben, den eigenen Status zu unterstreichen, in Russland niemals als Eigenschaften eines gebildeten Menschen" (2002: 148). Eher maskuline Wesenszüge sind demgegenüber fehlendes Umweltbe-

[9] Zitiert nach PUNTSCH (1986: 899).

wusstsein (d.h. „verschwenderischer Umgang mit Ressourcen") und der von BAUMGART/JÄNECKE (2000: 63) beobachtete „Maximalismus" (eine „‚Alles-oder-Nichts-Strategie' bei Verhandlungen").

Aus den politischen Prioritäten (s.o.) folgt, dass maskuline Kulturen eine Leistungsgesellschaft anstreben, während feminine Kulturen einen Wohlfahrtsstaat bevorzugen. Eine Leistungsgesellschaft ist im Allgemeinen erfolgsorientiert und misst ihren Erfolg am erarbeiteten Wohlstand. Die folgenden Zitate zum Thema „Erfolg/Materialismus" stützen die Feststellungen bei MALETZKE (1996: 113), stehen jedoch im Widerspruch zu den Ergebnissen gemäß Tab. 1.1: die amerikanische Kultur erscheint deutlich maskuliner als die britische. Zudem wird eine weitere Facette des Bedeutungszuwachses maskuliner Werte in der traditionell eher femininen russischen Kultur sichtbar.

**Beispiel: Einstellung zu Erfolg/Materialismus**

Nach Möglichkeit immer zu den Gewinnern zu gehören – das ist ein zentraler Aspekt im Seelenhaushalt der **Amerikaner**. Der Football-Trainer Vince Lombardi hat es einmal kurz und bündig so zusammengefaßt: „Zu gewinnen ist beileibe nicht alles im Leben. Es ist bloß das einzige, worauf es ankommt". – Amerikaner beurteilen alles nach dem Geldwert, denn das Geld macht alles quantifizierbar (FAUL 1998: 16 bzw. 39).

Ganz anders als ihre Cousins jenseits des Atlantiks hegen die **Engländer** gegenüber dem Erfolg ein angeborenes Mißtrauen, und Geld wird mit Geringschätzung betrachtet. Diese Haltung unterstreicht man gerne mit einem mißverstandenen Bibelzitat, das wie eine Tatsachenbehauptung in den Raum gestellt wird: ‚Geld ist die Wurzel allen Übels'. Gemeint ist damit immer das Geld der anderen. – Und wie bei allen englischen Sportarten ist es eben wichtiger, das Spiel mitzuspielen, als zu gewinnen (MIALL 1998: 37 bzw. 27).

Gesundheit, Erfolg und Wohlstand soll man nicht zur Schau stellen. Die ‚neuen' **Russen** sind u. a. in dieser Beziehung Traditionsbrecher (…) und werden deswegen gern in Witzen verspottet. (…) Misstrauen gegenüber Reichtum, Erfolg, Leistung und Glück ist weit verbreitet. Den reicheren – u. a. auch einfach erfolgreicheren – Russen werden beinahe automatisch Verbindungen zur Mafia nachgesagt (KUTZ 2002: 148, sinngemäß auch GUSSEJNOV 1996: 68).

Typischerweise nennen die jüngsten Russen als ihre Präferenzen nicht Politik oder Kultur, sondern in erster Linie das *Busineß*, wobei die Maßstäbe hier vor allem hohe Einkommen und das eigene Unternehmen sind (GUDKOV/DUBIN 1996: 83).

Interaktionen zwischen Angehörigen von Kulturen mit stark divergierendem Maskulinitätsindex sind, ungeachtet persönlicher Sympathien, zwangsläufig problematisch. LIST/WAGNER (1992: 217) berichten aus Interviews, dass z.B. „die professionelle Tüchtigkeit der Deutschen" und „die Lockerheit ihrer dänischen Kollegen" nicht ohne weiteres in Einklang zu bringen sind. Das liegt u.a. an der Differenz zwischen einer recht maskulinen und einer ausgesprochen femininen Kultur (vgl. Tab. 1.1). Mit dem hohen Maskulinitätsindex der deutschen Kultur korreliert ein eher aufgabenorientierter Stil (vgl. 1.2.6), der den Dänen möglicherweise weniger liegt. Um solche Kontakte für dänische Geschäftsleute reibungsloser zu gestalten, reicht es nach Auffassung von LIST/WAGNER (1992: 225) daher auch nicht, „einen Geschäftsknigge zu vermitteln, daß man die Zipfelmütze und das Duzen ablegt (...) und den mausgrauen Anzug anzieht".

### 1.2.3.2 Unsicherheitsvermeidung

Unter Unsicherheitsvermeidung (UV) versteht HOFSTEDE (2001: 158) den „*Grad, in dem die Mitglieder einer Kultur sich durch ungewisse oder unbekannte Situationen bedroht fühlen*".

Tab. 1.2 zeigt u.a. das Wesen der „kulturellen Kluft" (HOFSTEDE 2001: 161) zwischen Deutschland und Großbritannien, die sich im Wesentlichen auf die Differenz bei dieser Dimension zurückführen lässt.

| **Platzierung** (1: max. UV/53: min. UV) | **Auswahl aus 53 Kulturen** (50 Ländern + 3 Regionen) |
|---|---|
| (2) | Portugal |
| (7) | Japan |
| (10/15) | Frankreich/Spanien u.a. |
| (23) | Italien |
| (29) | BR Deutschland |
| (43) | USA |
| (47/48) | Großbritannien/Irland |
| (49/50) | Schweden/Hongkong |
| (51) | Dänemark |

**Tab. 1.2: Unsicherheitsvermeidung**
(vgl. auch HOFSTEDE 1997: 113, Table 5.1)

Das Maß, in dem eine Kultur den Ausdruck von Emotionen akzeptiert, ist ein Hinweis auf ihr Angstniveau bzw. ihr Streben nach UV, denn „ängstlichere Kulturen sind tendenziell ausdrucksstärkere Kulturen" (HOFSTEDE 2001: 162). Die folgenden Zitate zur Akzeptanz von Emotionen bestätigen die geringen UV-Werte für die USA und Großbritannien gemäß Tab. 1.2. Im Gegensatz dazu wäre für die russische Kultur eine starke – im Vergleich zur deutschen Kultur eher stärkere – Tendenz zur UV anzunehmen. Diese Annahme wird insgesamt gestützt durch die folgende Feststellung bei HOFSTEDE (2001: 87):

Die Reihenfolge der Länder nach dem UVI-Punktwert in Tabelle 5.1 hängt in gewissem Maße mit der jeweils vorherrschenden Religion zusammen. Länder mit orthodoxem und römisch-katholischem Christentum erreichen hohe Punktwerte (mit Ausnahme der Philippinen und Irlands). Jüdische und islamische Länder haben tendenziell mittlere Werte, Länder des protestantischen Christentums niedrige Werte.

**Beispiel: Akzeptanz von Emotionen**

Stets auf der Gewinnerseite zu stehen, ist für die **Amerikaner** überaus wichtig, denn es gibt ihnen ein gutes Gefühl, und nur gute Gefühle sind echt amerikanische Gefühle. – Depressiv zu sein gilt als nicht besonders attraktiv, und deshalb vermeidet man es tunlichst, seinen Seelenzustand in der Öffentlichkeit nach außen zu kehren (FAUL 1998: 17 bzw. 21).
Beyond these qualities we should also at least list: individualism, restless energy; pragmatism; a tendency towards brashness or boastfulness; this-worldliness; a preference for the concrete; and a certain discomfort in coping with aesthetic and emotional expression (INKELES 1989: 163-164).

Zu weit zu gehen heißt für die **Engländer** unter anderem, zu viele Gefühle zeigen, sich betrinken, in der Öffentlichkeit über Geld reden, zweideutige Witze reißen und laut über sie zu lachen. – Angemessenes Benehmen besteht für die Engländer darin, in jeder Situation eine gewisse Gleichgültigkeit zur Schau zu stellen, auch wenn man innerlich am Kochen ist (MIALL 1998: 18 bzw. 19).

Dem **russischen** Volkscharakter ist die Fähigkeit zu großen, ungebändigten Gefühlen, zu starker Emotionalität[10] eigen. Gefühle, wie Freude, Trauer, Zustimmung oder Ablehnung werden offener und direkter gezeigt als in den meisten westeuropäischen Kulturen, was Ausländer nicht selten irritiert (BAUMGART/JÄNECKE 2000: 64).

### 1.2.3.3 Langzeit- vs. Kurzzeitorientierung

Die Dimension der Langzeit- vs. Kurzzeitorientierung, „die mit Tugend zu tun hat", ist die „östliche" Alternative zur „westlichen" Dimension der Unsicherheitsvermeidung, „die mit der Wahrheit zu tun hat" (HOFSTEDE 2001: 245). Einige seiner Ergebnisse sind in Tab. 1.3 zusammengestellt.

| **Platzierung**<br>(1: max. Langzeitorientierung<br>23: max. Kurzzeitorientierung) | **Auswahl aus 23 Kulturen** |
|---|---|
| (1/2/3/4/5) | China/Hongkong/Taiwan/Japan/Südkorea |
| (14) | BR Deutschland |
| (15) | Australien |
| (17) | USA |
| (18) | Großbritannien |
| (20) | Kanada |

**Tab. 1.3: Langzeit- vs. Kurzzeitorientierung**
(vgl. auch HOFSTEDE 1997: 166, Table 7.1)

Eine der Tugenden, die eine Langzeitorientierung zum Ausdruck bringen, ist Sparsamkeit, die nach HOFSTEDE in Kulturen mit ausgeprägter Kurzzeitorientierung keinen besonderen Stellenwert hat. Der Bericht bei INKELES (1989: 169) bestätigt diesen Befund in einem multikulturellen Vergleich:

> Americans once accumulated to save and invest. Today the consumption ethic has replaced the Protestant Ethic. The annual personal saving rate of Americans, expressed as a proportion of disposable income, is a mere 6 percent, less than half that in Germany and Holland, possibly only a third that in Japan. In the United States the checking account, the credit card, and the installment loan now largely overshadow the savings book. The 'put away' society has become the 'throw away' society. (…) We must be struck, therefore, to find that in the 1970s almost half the American people identified themselves as the kind who do not plan ahead, but instead merely live from day to day.

Auch in Geschäftsbeziehungen ist diese Kulturdifferenz erkennbar. So sehen z.B. japanische Unternehmen ein Engagement als mittel- bis langfristige Investition (10

---

[10] APRESJAN hat bei seiner Untersuchung sogar festgestellt, dass „schwache Gefühle" als Antonym zu „starken Gefühlen" in der russischen Sprache nicht vorgesehen sind (vgl. 1995: 54).

Jahre und mehr), während amerikanische eher kurzfristige Erfolge (Monat/Quartal) anstreben (vgl. MAURITZ 1996: 249 bzw. JANDT 1995: 218).

### 1.2.3.4 Individualismus vs. Kollektivismus

Wesentliche Aspekte des Strukturmerkmals „Soziale Gruppierungen und Beziehungen" sind Hierarchie und Status. Kulturdifferenz lässt sich zum einen an der Bedeutung ablesen, die dem Status beigemessen wird, und zum anderen an den Kriterien, die Status begründen. In der japanischen Kultur gilt z.B. „eine sehr rigide Rangordnung", „die insbesondere dem Prinzip der Seniorität folgt" (MALETZKE 1996: 103). In Ländern mit hohem Individualitätsindex, z.B. in den USA, spielen dagegen sog. „Statussymbole" eine entscheidende Rolle:

> In individualist cultures such as the United States, for example, (...) you tend to define people by what they have done, their accomplishments, what kind of car they drive, or where they live. – The class structure that the United States has places strong emphasis on status-defining boundaries of power, money, and involvement in influential social circles. This contrasts sharply with the French, who define class boundaries based more on intelligence, cosmopolitanism, and refinements (JANDT 1995: 193 bzw. 226).

Die Kriterien, die den Franzosen besonders wichtig sind (s.o.), haben durchaus eine Parallele in der russischen Kultur. Hier kommt (kam?) es auf persönliche Bildung an, denn – wie KUTZ (2002: 148) betont – „das Kulturniveau wird an der Anzahl gelesener Bücher[11] gemessen (‚belesener Mensch')".

In der Rangordnung der Individualisten (Tab. 1.4) liegen die wichtigsten Kulturen mit englischer Muttersprache an der Spitze (hier wird *ich* – auch jenseits aller Metaphorik – „großgeschrieben"). Die Einschätzung, dass Unabhängigkeit und Individualität vor allem in den USA hohe Werte sind, wird von vielen geteilt (vgl. z.B. INKELES 1989: 163, WIERZBICKA 1991: 91, JANDT 1995: 223).

| **Platzierung**<br>(1: max. Individualismus<br>53: max. Kollektivismus) | **Auswahl aus 53 Kulturen**<br>(50 Ländern + 3 Regionen) |
|---|---|
| (1/2/3) | USA/Australien/Großbritannien |
| (4/5) | Kanada/Niederlande |
| (10/11) | Frankreich/Schweden |
| (15) | BR Deutschland |
| (22/23) | Japan/Argentinien |
| (49-53) | Mittel- und Südamerika |

**Tab. 1.4: Individualismus vs. Kollektivismus**
(vgl. auch HOFSTEDE 1997: 53, Table 3.1)

[11] Die Wahl der Bücher ist dabei durchaus nicht beliebig, Belesenheit in diesem Sinne setzt vor allem die Rezeption der russischsprachigen „Weltliteratur" voraus. ARCHANGELSKIJ (1996: 174) spricht daher auch von einer „quasireligiösen Rolle der russischen Klassiker".

Während „die Menschen des westlichen Kulturkreises" demnach Individualität favorisieren, herrscht nach MALETZKE (1996: 104) in fernöstlichen Kulturen und auch in Russland die Orientierung auf das Kollektiv vor. UFIMCEVA (1993: 160) referiert die Auffassung von BERDJAEV (1990) zur Gruppenorientierung der Russen, die exakt der Definition bei HOFSTEDE (2001: 65) entspricht: es geht nicht um „die Macht des Staates gegenüber dem Individuum", sondern um „die Macht der Gruppe":

> Bei uns fehlt fast völlig der Individualismus, der für die europäische Geschichte und den europäischen Humanismus kennzeichnend war (Berdjaev 1990: 141). Das Kollektiv wird verstanden als ‚Familie, Klasse, Gemeinschaft', d.h. als jede reale Sozialgruppe, in deren Rahmen das Leben eines konkreten Individuums vor sich geht, nicht aber als Gesellschaft in ihrer Ganzheit.

Möglicherweise war die Wertschätzung der Russen für Individualität nur vorübergehend unterdrückt und konnte deshalb so schnell wieder aufleben: RATHMAYR (1993: 35-36) bezeichnet Individualismus und Individualität als „Leitbilder der Perestrojka". Individualismus hat seine Schattenseiten, das wissen auch Kulturen, in denen er ein hohes Gut ist, und diese fallen während eines forcierten Kulturwandels besonders (unangenehm) auf. BAUMGART/JÄNECKE (2000: 61) beobachten im Gefolge der Perestrojka die Entstehung einer „Ellbogengesellschaft", auch PFANDL (2002: 134) berichtet vom Rückgang der an sich typisch russischen Solidarität:

> Damit zitiere ich eine angesehene Moskauer Linguistin, die sich mir gegenüber 1999 in einem privaten Gespräch darüber beklagte, dass Antworten wie *Eto vaša problema* (*Das ist ihr* [sic] *Problem*) (vgl. engl. *That's your problem!*) von dem Umsichgreifen einer egoistisch-individualistischen Lebenseinstellung zeugten, die der russischen Mentalität bisher fremd gewesen wäre [sic].

Für die russische Kultur ist daher eine höchst widersprüchliche Kombination aus traditionellem Kollektivismus und fortschreitendem Individualismus anzunehmen.

### 1.2.3.5 Machtdistanz

Diese Dimension drückt nach HOFSTEDE (2001: 27) „die emotionale Distanz aus, die zwischen Mitarbeitern und Vorgesetzten herrscht". Im Allgemeinen ist die Machtdistanz in stärker kollektivistischen Kulturen größer, in Kulturen mit höherem Individualismusindex dagegen geringer. Ausnahmen sind vor allem Frankreich und andere romanische Länder in Europa (vgl. HOFSTEDE 2001: 72 bzw. 74).

| **Platzierung**<br>(1: max. Machtdistanz<br>53: min. Machtdistanz) | **Auswahl aus 53 Kulturen**<br>(50 Ländern + 3 Regionen) |
|---|---|
| (15/16) | Frankreich/Hong Kong |
| (33) | Japan |
| (38) | USA |
| (42/44) | BR Deutschland/Großbritannien/Costa Rica |
| (46/47/48/51) | Skandinavische Länder (51 – Dänemark) |

**Tab. 1.5: Machtdistanz**
(vgl. auch HOFSTEDE 1997: 26, Table 2.1)

Offensichtlich ist auch diese Dimension keine statische Größe. Während HOFSTEDE in Deutschland eine im Vergleich zu den USA geringere Machtdistanz festgestellt hat (vgl. Tab. 1.5), scheint HEINES Beurteilung dafür zu sprechen, dass die Machtdistanz zu seiner Zeit (1797-1856) erheblich größer war als in den USA:

> Manchmal kommt mir in den Sinn
> Nach Amerika zu segeln,
> Nach dem großen Freiheitsstall,
> Der bewohnt von Gleichheitsflegeln –
> (aus: *Romanzero* „Jetzt wohin?").[12]

HOFSTEDE hat den Eindruck, dass sich die Unterschiede in der Machtdistanz u.a. historisch erklären lassen: danach ist große Machtdistanz eine Folgeerscheinung zentralistischer Herrschaftsformen, während geringe Machtdistanz mit ehemals dezentralen Herrschaftsformen korreliert. Als Beispiele nennt er das Römische Reich einerseits und die germanischen Stammesgebiete andererseits, die gleichzeitig die historischen Verbreitungsgebiete romanischer und germanischer Sprachen repräsentieren (vgl. 2001: 57).

Die ursprünglichen Umfrageergebnisse von HOFSTEDE enthalten keine Werte für die UdSSR. Angesichts einer kollektivistisch zu nennenden Gesellschaft (vgl. 1.2.3.4) wäre für den Zentralstaat UdSSR und die Russische Föderation ebenfalls große soziale Distanz anzunehmen. BAUMGART/JÄNECKE (2000: 62) würden sich dem jedoch nicht anschließen:

> Der traditionell egalitäre Grundcharakter der russischen Gesellschaft hat das bereits erwähnte starke Solidaritäts- und Gemeinschaftsgefühl hervorgebracht. Die Fähigkeit und Bereitschaft zum Teilen – wenn es sein muß auch den letzten Rubel oder das letzte Stück Brot – gehört zu den wohl herausragendsten Eigenschaften des russischen Volkscharakters.

Hier könnte die historische Begründung (s.o.) greifen: Geht man in der Geschichte weiter zurück, so zeigen sich schon zu Zeiten der Kiewer Rus' und später in den russischen Fürstentümern Parallelen zu den germanischen Stammesgebieten, wenngleich die territoriale Ausdehnung ganz andere Dimensionen hatte.

### 1.2.4 Mikrokultur

In Abb. 1.1 ist die Ebene der Mikrokultur zwischen denen von Makro- und Unternehmenskultur ausgewiesen. SCHMITT (1999: 157) fasst alle Kulturen unterhalb der makrokulturellen Ebene (auch Unternehmens-, Familien- und Idiokulturen) als Mikrokulturen auf, mit Ausnahme der Idiokultur werden diese bei MAURITZ (1996: 67) „Subkulturen" genannt. Die „englische Entsprechung" *subculture* lässt sich offenbar nicht so neutral verwenden. Sie ist, wie *co-culture*, nach Ansicht von JANDT (1995: 14) auf die Bezeichnung ethnischer Soziokulturen der USA festgelegt. Da er beide für nicht adäquat hält, zieht er die Formulierung „cultures within cultures" vor. Auch

---

[12] Zitiert nach HEINE (1994: 469).

fachliche Mikro- und Unternehmenskulturen (vgl. 1.2.5) lassen sich als „cultures within cultures“ verstehen.

„Mikrokultur“ im Sinne dieser Arbeit ist eine fachlich determinierte Soziokultur, die dem „Bereich“ bei ALBRECHT (1992: 66-67) entspricht:

Die *Zone* entspricht dem Geltungsbereich einer Sprache, der *Bereich* dem Kreis von Menschen (nicht notwendigerweise Sprecher einer Sprache), denen ein durch ein bestimmtes Wort bezeichneter Gegenstand oder Sachverhalt bekannt ist. Der *Bereich* der Gegenstände und Sachverhalte, mit denen sich die ‚exakten', ‚internationalen' Wissenschaften beschäftigen, wird also durch einen Kreis von Fachleuten gebildet, die einerseits vielen Sprachgemeinschaften, andererseits innerhalb derselben nur einer kleinen Minderheit angehören.

Als Mikrokulturen werden hier technische Disziplinen angesehen, Fächer nach der Definition bei BAUMANN (1992: 145):

Unter einem F a c h soll im weiteren ein relativ selbständiger Tätigkeitsbereich verstanden werden, welcher sich innerhalb der wissenschaftlichen Tätigkeit im Prozeß der zunehmenden Arbeitsteilung herauskristallisiert hat. Folglich ist ein Fach durch spezifische (Forschungs-)Gegenstände, -Methoden bzw. Begriffe gekennzeichnet.

Soziokulturen (z.B. Alters-, Interessen- und Berufsgruppen) haben eigene (unterschiedlich stark ausgeprägte) Soziolekte. Die Fachsprachen der verschiedenen wissenschaftlichen und technischen Disziplinen sind Subkultursprachen im Sinne von MALETZKE (1996: 75), d.h. „für den Außenstehenden gänzlich unverständlich“. Das ist richtig und eine notwendige Konsequenz der disziplinären Spezialisierung „in einer arbeitsteiligen Welt“, denn die fachliche Sprachverwendung ist nach BALLSTAEDT (1999: 110) u.a. Ausdruck der „mentalen Gemeinsamkeiten innerhalb einer disziplinären Gruppe“, z.B. von „Wissen, Wertungen und Handlungsbereitschaften, die in der disziplinären Sozialisation erworben wurden“.

### 1.2.5 Unternehmenskultur (HOFSTEDE)

Unternehmenskultur ist ein ganz eigenes und im höchsten Maße detailträchtiges Forschungsobjekt, das hier zwar skizziert, im Rahmen der Textanalysen jedoch nicht bearbeitet werden kann. Auf der Ebene der Unternehmenskultur sind unterschiedliche Einflüsse wirksam: die der Makrokultur, die der Mikrokultur (des Faches) sowie der eigenen Kultur des jeweiligen Unternehmens (vgl. Abb. 1.1).

Die in 1.1 referierte Vorstellung hierarchischer Ebenen lässt die Annahme, dass sich auf der Ebene der Unternehmenskultur auch makrokulturell determinierte Wertorientierungen manifestieren, durchaus einleuchtend erscheinen:

Geschäftsleute mit internationaler Erfahrung bestätigen schon seit längerem, daß, auch unter sonst gleichen Umständen, in französischen Organisationsformen *mehr* die Autorität gestärkt wird, bei der deutschen *mehr* Wert auf Strukturierung gelegt wird und daß man bei der englischen *mehr* auf eine *spontane* Problemlösung setzt (HOFSTEDE 2001: 203).

Die abweichenden Verhaltensweisen korrelieren nach HOFSTEDES Beobachtung mit verschiedenen Kombinationen seiner Dimensionen „Machtdistanz“ und „Unsicherheitsvermeidung“, die für den Bereich der Unternehmenskultur makrokulturtypische implizite Organisationsmodelle ergeben:

Große Machtdistanz + große Unsicherheitsvermeidung:
Das implizite Organisationsmodell der Franzosen: ‚eine Pyramide von Menschen': der geschäftsführende Direktor (in Frankreich P.D.G = Président Directeur-Général genannt) steht an der Spitze der Pyramide und jede nachgeordnete Ebene hat den ihr zustehenden Platz darunter.

Geringe Machtdistanz + große Unsicherheitsvermeidung:
Die Idealvorstellung bei den Deutschen: die einer ‚gut geölten Maschine', bei der ein Einschreiten des Vorgesetzten nur in außergewöhnlichen Fällen erfolgt und die täglichen Probleme durch die allgemeinen Regeln beigelegt werden können.

Große Machtdistanz + geringe Unsicherheitsvermeidung:
Asiatische und afrikanische Länder: die ‚(Groß-)Familie', in welcher der Inhaber-Geschäftsführer der allmächtige (Groß-)Vater ist.

Geringe Machtdistanz + geringe Unsicherheitsvermeidung:
Das Organisationsmodell der Engländer: ‚ein Wochenmarkt', auf dem weder Hierarchie noch Vorschriften herrschen, sondern wo es sich aus der Situation ganz klar ergibt, was passieren wird (2001: 201-204).

Für global tätige Unternehmen kann die kulturelle Vielfalt zum Problem werden. MAURITZ (1996: 193) berichtet, dass daher „multinationale Konzerne die Lösung des Problems in der Schaffung einer weltumspannenden, organisationalen ‚supra-culture' [sehen], die nationalkulturelle Unterschiede überdecken soll“. Seiner Ansicht nach geschieht das über Praktiken, durch die Unternehmenskulturen generell geprägt werden. Sicherlich sind die Praktiken eines Unternehmens aber auch Ausdruck seiner kulturellen Werte:

One popular business buzzword of the 1980s was **corporate culture**. It has been defined as “the way we do things around here”, or the set of values, goals, and priorities encouraged through the policies and procedures of the organization (JANDT 1995: 352).

Dimensionen, die von Angehörigen der Organisation wahrgenommene Praktiken widerspiegeln, sind nach HOFSTEDE (2001: 269-271), z.B.:

- personenorientiert – aufgabenorientiert (Interesse für Menschen bzw. Interesse für die Erledigung der Arbeit),
- organisationsgebunden – professionell (Mitarbeiter leiten ihre Identität weitgehend aus der Organisation ab bzw. identifizieren sich mit ihrer Art von Arbeit).

Auch diese Dimensionen lassen makrokulturelle Werte durchscheinen (vgl. 1.2.3). Hinter der Opposition „Personen- vs. Aufgabenorientierung“ könnten z.B. Makrokulturen mit femininen bzw. maskulinen Werten stehen. Analog könnte man vermuten, dass sich Menschen in individualistischen Kulturen eher mit der Aufgabe als mit dem Unternehmen identifizieren.[13]

Werte und Praktiken einer Organisation kommen auch in der Unternehmenskommunikation (als Teil der Unternehmenskultur) zum Ausdruck. Die ideelle Basis, früher häufig als „Unternehmensphilosophie“ formuliert, wird zum Teil expliziert, wenn

[13] Vgl. dazu auch HOFSTEDE (2001: 270): „Den organisationsgebundenen Kulturtyp assoziiert man häufig mit japanischen Firmen“.

sich Unternehmen im Internet vorstellen. Im Allgemeinen ist dabei die Basis sehr breit angelegt, so dass sich Hinweise auf viele Dimensionen finden ließen. Der jeweilige Stellenwert ist von der „Philosophie" her kaum zu beurteilen, weil die Praktiken nur „vor Ort" an ihr gemessen werden können, z.B.:

Titel: Unternehmenskultur

Der Erfolg des Verlagshauses Gruner + Jahr basiert auf seiner Vision, seinen Werten und Zielen. Darin bekennt sich Gruner + Jahr zu einer fördernden und fordernden Unternehmenskultur, deren wesentlicher Bestandteil die Mitarbeiterinnen und Mitarbeiter sind.

Diese „fördernde + fordernde Unternehmenskultur" legt eine Kombination von Mitarbeiter- und Aufgabenorientierung nahe. Die Praktiken sollten geeignet sein, dieses Bekenntnis im Geschäftsbetrieb intern und extern zum Ausdruck zu bringen.

Titel: Arbeitsplätze mit Identität

Unsere Mitarbeiter[14] bezeichnen sich selbst als ‚Boschler'. Darauf sind wir stolz. Weil es für ein hohes Maß an Identifikation mit dem Unternehmen spricht. (…) Bosch ist ein Unternehmen, das mit der Zeit geht und Prozesse und Gewohnheiten nicht zuletzt durch die Kultur der ständigen Verbesserung laufend auf den Prüfstand stellt.

Auffällig ist – bereits am Titel – der hohe Wert, der der Identifikation der MitarbeiterInnen mit dem Unternehmen beigemessen wird. Die „Kultur der ständigen Verbesserung" deutet auf eine Prozessorientierung hin, deren Optimierung ein wesentliches Ziel zu sein scheint.

Titel: Leidenschaft für Perfektion

Es ist nun mal die Leidenschaft unserer Ingenieure, Ihnen in allen Bereichen das Beste zu bieten, was Technik und Design unserer Zeit überhaupt möglich machen. Und in vielen Dingen sogar der Zeit voraus zu sein. Wir nennen es ‚Perfekt in Form und Funktion'. Willkommen bei AEG.

Im Gegensatz zu den ersten beiden Ausschnitten, deren Adressaten potenzielle BewerberInnen sind, richtet sich der dritte Ausschnitt an potenzielle KundInnen. Daher steht auch die Aufgabenorientierung des Unternehmens im Vordergrund.

### 1.2.6 Interkultur (Mauritz) und interkulturelle Kommunikation

Das primäre Merkmal der Interkultur ist die Kontaktsituation zwischen Angehörigen verschiedener (Makro-)Kulturen, d.h. „face-to-face interaction" (Jandt 1995: 39). Die Interkultur ist daher insbesondere die Situation, in der authentische Verhaltensweisen einer anderen Kultur beobachtet werden können. Die Tatsache, dass sich dabei unterschiedliche Verhaltensweisen zeigen, hat Mauritz (1996: 234) zur Formulierung von drei Interaktionsstilen veranlasst:

---

14 Zu den Praktiken gehört offenbar auch das Bemühen um eine diskriminierungsfreie Sprache. Die Startseite enthält den Hinweis: „Der Einfachheit halber werden auf den folgenden Seiten maskuline Formulierungen verwendet. Die Aussagen beziehen sich jedoch selbstverständlich auf Frauen und Männer".

- aufgabenorientierter Stil (Präferenz für Grundregeln, die eine in bezug auf Zeit, Geld und Mühe möglichst effiziente und produktive Erledigung der Aufgabe ermöglichen. Die Interaktion wird sehr professionell angegangen, reines ‚Geplauder', bürokratische Formalien sowie unnötige Verzögerungen werden als äußerst störend empfunden. Dieser Stil ist z.B. typisch für Amerikaner, in geringerem Maße für Deutsche).
- traditionsorientierter Stil (Normativ vorgegebene und historisch verwendete Regeln. Kommunikatoren beachten diese Regeln, selbst wenn sie sich auf die Ergebnisse der Interaktion nachteilig auswirken. Dieser Stil ist typisch für den Mittleren Osten, Fernost sowie für Großbritannien[15]).
- menschenorientierter Stil (Präferenz für Grundregeln, die sich an den persönlichen Interessen und den Erwartungen der beteiligten Personen orientieren. Er ist typisch für Lateinamerika, Teile von Afrika und romanische Länder).

Diese Differenzierung basiert auf Vergleichen von Verhaltensweisen in der Kontaktsituation, die MAURITZ in Arbeiten zur „Interkulturellen Kommunikation" gefunden hat (vgl. 1996: 230). Die Priorität der Aufgabe führt in der Interaktion zum „aufgabenorientierten Stil", der hohe Wert, den kollektivistisch orientierte Kulturen persönlichen Beziehungen beimessen, findet seinen Ausdruck dagegen im „menschenorientierten Stil". Letzteren bevorzugen auch die Russen (noch), denn „die menschliche Komponente" (BAUMGART/JÄNECKE 2000: 126) ist ihnen wichtiger als Angehörigen westeuropäischer Kulturen (offensichtlich mit Ausnahme der romanischen Kulturen). MALETZKE (1996: 107) beschreibt mögliche Probleme einer Interaktion zwischen Interaktanten mit abweichender Stilorientierung:

> Kulturell überformt ist schließlich auch die Art und Weise, wie man in einem Gespräch *‚zur Sache' kommt.* Europäer[16] und Nordamerikaner pflegen es dabei eher eilig zu haben, ein Verhalten, das Japaner, Araber und auch viele Afrikaner als rüde und unhöflich empfinden. Menschen dieser Kulturen halten es vielmehr für angemessener, erst einmal eine gute persönliche Beziehung zu ihrem Partner aufzubauen; sie nehmen sich Zeit für eine längere Periode des Sich-Kennenlernens und gehen erst danach zum ‚Eigentlichen' über. Den europäischen und nordamerikanischen Partnern erscheint dieses Vorgehen als Zeitverschwendung.

SMITH (1987: 2) skizziert den Verlauf einer solchen Interaktion zwischen britischen und japanischen Geschäftsleuten. Er geht davon aus, dass sich die Briten schon nach den ersten Sätzen der japanischen Seite über deren Irrelevanz[17] beklagen und die Gesprächsführung an sich ziehen werden. Die Japaner ihrerseits werden dieses Verhalten als „rüde und unhöflich" empfinden (s.o.). Es liegt auf der Hand, dass die Interaktion an dieser Kulturdifferenz scheitern kann.

Wenn die fremde Kultur unzureichend bekannt ist, stehen zur Interpretation fremdkulturellen Verhaltens nur die eigenkulturellen Maßstäbe zur Verfügung. Missverständnisse und Konflikte durch Fehlinterpretation der „gegenseitigen kulturinadä-

---

[15] Vgl. auch CLYNE (1987a: 78): "(...) non-adherence to Anglo-Saxon meeting rules is seen as an indication of totalitarian behaviour".

[16] MAURITZ würde Angehörige der romanischen Kulturen vermutlich von dieser Pauschalierung ausnehmen.

[17] „Irrelevanz" scheint die „britische Standardbeschwerde" über fremdkulturelles Sprech- und Schreibverhalten zu sein. Vgl. auch NEWMARK (1991: 106) zu Aufsätzen deutscher WissenschaftlerInnen.

quaten Verhaltensäußerungen“ (WITTE 1998: 346) sind daher unvermeidlich. Auch wenn die Interaktionspartner Wissen über die jeweils fremde Kultur mitbringen, sind Missverständnisse nicht auszuschließen, falls der Partner den „Andersartigkeitserwartungen“ (WITTE 2000: 150) nicht entspricht. Wie komplex der Hintergrund für Fehlinterpretationen – und wie unkalkulierbar damit das Verhalten in der Interkultur – sein kann, berichtet GÜNTHNER (2001: 310):

> Zum anderen wird deutlich, dass in interkulturellen Kontexten keineswegs nur die eigenen kulturellen Höflichkeitskonventionen verfolgt werden, sondern Strategien auftreten, die dem komplexen Zusammenspiel aus Vorwissen, Erwartungen und Anpassung an vermeintliche Fremdkonventionen entstammen.

Dennoch kann die Interkultur[18] durchaus zu einer Bindeglied-Situation werden, in die „die Ideen der beteiligten Kulturen einfließen und in der die Beteiligten neue, beziehungsspezifische kulturelle Ideen schaffen“ (MAURITZ 1996: 6). Wenn die Beteiligten Stereotype loslassen und der jeweils fremden Kultur mit wachsendem Verständnis begegnen, wird auch eine erfolgreiche Kooperation möglich.

Nach Vorstellung von MAURITZ (1996) haben die Beteiligten offenbar keine „rein sprachlichen“ Verständigungsprobleme. Mit keinem Wort erwähnt er professionelle Unterstützung durch DolmetscherInnen, die gleichzeitig die „rein kulturellen“ Probleme der Interkultur lösen könnten. Stattdessen empfiehlt er verschiedene „Rollen mit beziehungsförderndem Charakter“ (155-157):

- einen ‚interkulturellen Übersetzer' (diese Beratungsfunktion soll „erfahrene[n] Teilnehmer[n] übertragen werden“).
- einen ‚intercultural facilitator' (dieser „unterstützt den kulturellen Übertragungsprozeß und den Wandel der Geschäftsbeziehung“).
- einen ‚Gatekeeper' („eine Person im Kommunikationsprozeß, die eine Nachricht vom Sender empfängt und die Informationen an den Empfänger weiterleitet. (...) Der Gatekeeper ist somit ein Kommunikationspromotor zwischen Organisation und Umwelt, der (...) nur für den Fluß des Informationsinputs in die und des -outputs aus der Organisation [zuständig ist]“).

Diese Charakteristiken lassen an Deutlichkeit nichts zu wünschen übrig. MAURITZ fehlt zwar die Querverbindung zur Translationspraxis, die die Praxis interkultureller Verhandlungsführung durchaus herzustellen weiß. Dennoch liefert die Notwendigkeit dieser „Rollen“ eine vollkommene Rechtfertigung für die Einschätzung, dass Translation – auch außerhalb einer „face-to-face”-Situation – eine Form interkultureller Kommunikation darstellt.

Kulturelle Dimensionen von Makro-, Mikro- und Unternehmenskultur (vgl. 1.2.3 – 1.2.5) zeigen sich im Rahmen technischer Kommunikation überwiegend in der Situation des Verhandlungsdolmetschens, bei dem die kulturellen Barrieren am Ver-

---

[18] Die englische Bezeichnung *Third Culture* macht deutlich, dass die Beteiligten aus beiden Kulturen in der Interkultur „Neuland“ betreten: „Der Begriff der ‚**Third Culture**' war geboren und bezeichnete ‘[...] the behaviour patterns created, shared and learned by men of different societies who are in the process of relating their societies, or sections thereof, to each other'. Useem, Useem und Donoghue (1963), S. 169“ (MAURITZ 1996: 92).

handlungstisch quasi nebenbei zu überwinden sind. Eher wenige scheinen ihren Niederschlag in den Textsortenkonventionen von Fachtexten zu finden (vgl. 1.3).

HANSEN (2000: 317) sieht interkulturelle Kommunikation durchaus nicht auf den Kontakt zwischen Angehörigen verschiedener Makrokulturen beschränkt, sie kann auch auf mikrokultureller Ebene angesiedelt sein:

> Da die in diesem Buch entwickelte Kulturtheorie die Beschränkung des Begriffs Kultur auf Nationalkulturen oder sonstige Gebilde, die man für ethnisch hält, aufgehoben hat, taucht sofort die Frage auf, wo Interkulturalität beginnt. Ob an der kollektiven oder der nationalstaatlichen Grenze.

Aus dieser Perspektive erscheint die sog. „interfachliche" Kommunikation (zwischen Fachleuten verschiedener Fächer) als ihrem Wesen nach auch interkulturell.

## 1.3 Kulturspezifik und Kulturdifferenz im sprachlichen Handeln

### 1.3.1 Konventionen – Allgemeines

Konventionen sind nach MAURITZ (1996: 47, Abb.1-7: Basistypen von Normen) „Normen, die eine kollektive Bewertung von Verhalten[19] (im Sinne von was sein sollte oder nicht sein sollte), aber *keine* Sanktionierung nicht-konformen Verhaltens beinhalten". Für sprachliches Handeln sind u.a. sprachliche Konventionen relevant, die den Bezug zwischen sprachlichen Zeichen und ihrer Bedeutung regeln.

Andere Konventionen, die sog. Textsortenkonventionen, haben den Zweck, die Textproduktion für wiederkehrende Kommunikationssituationen zu standardisieren:

> Through the repetitions of messages with equal participant constellation and interaction situations as well as messages become conventionalised and hence a strong link is formed between situation and message type or rather between situation and the actual realisation of the subtype of message as exemplified in the traditional text categories (SAGER et al. 1980: 109).

Dank ihrer Konventionalisierung erleichtern Textsorten, vor allem im fachlichen Umfeld, die ökonomische Erfüllung bestimmter kommunikativer Bedürfnisse.

#### 1.3.1.1 Sprachliche Konventionen

Kulturspezifik in der Sprachverwendung kann unterschiedlichen Ursprungs ein. In gewisser Weise an das jeweilige Sprachsystem gebunden sind sog. „Sprachkonventionen", die der „Regulierung sprachlichen Handelns" dienen (STETTER 1991: 80). BURKHARDT (1991: 9) spricht von „zu Regeln konventionalisierten Aspekte[n] pragmatischer Sprachverwendung", von „Gebrauchsregeln", im Sinne von BAUMANN

---

[19] Auch Mikrokulturen lassen Konventionen erkennen: „Was ist ein Baustil anderes als eine Konvention, d.h. ein Gleichverhalten von Architekten und Baumeistern" (HANSEN 2000: 38).

(1992: 171) handelt es sich dabei um „Konventionen, denen auf bestimmten sprachlichen Ebenen Normen entsprechen".

Sprachliche Konventionen bzw. Gebrauchsnormen haben für die Sprachverwendung einer ganzen Sprachgemeinschaft Geltung, sie sind typischerweise Teil makrokultureller Spezifik.

### 1.3.1.2 Texttradition – Textsortenkonventionen

Zu den Ebenen sprachlichen Wissens gehört nach COSERIU (1994: 46) auch die Fähigkeit, „einen Text aufgrund der Kenntnis einer besonderen Texttradition („Sonett", „Roman") und aufgrund einer einmaligen Intuition als Gefüge von individuellen Redeakten [zu] produzieren". Diese Kombination aus allgemein anerkannten Konventionen (z.B. für die Textsorte „Sonett") und Eigenarten der für literarische Texte so bedeutsamen Idiokultur impliziert zusätzlich eine Dimension makrokultureller Spezifik, die sich in „je nach Sprachgemeinschaft divergierenden Konventionen der Textsorte" (STOLL 2001: 344) ausdrückt.

Auch außerhalb des literarischen Tätigkeitsbereiches gibt es kulturell geprägte Texttraditionen (Textsortenkonventionen). Diese werden deutlich beim Vergleich von Texten unterschiedlicher makrokultureller Provenienz, die der gleichen (einer vergleichbaren) Textsorte angehören. Kulturspezifik kann in einem Fachtext vielfältige Erscheinungsformen annehmen:

> Heute ist bekannt, daß sich auch die Textgestaltung von Kultur zu Kultur unterscheiden kann. Hier sei z.B. erwähnt, daß das Verhältnis von Text und Bild und die Art der Bilder differieren können, daß vergleichbare Textsorten in zwei Kulturen Sachverhalte unterschiedlich explizit bzw. detailliert darstellen können, daß sie unterschiedliche Sprechakte (direkte oder indirekte) präferieren können, daß sie Teiltexte/Informationsblöcke unterschiedlich anordnen können. Auch bei der äußeren Gestaltung (Papierformat, Seitenausrichtung, Art der Bindung/Lochung, typographische Merkmale) können manchmal frappierende Unterschiede beobachtet werden (FLEISCHMANN 1999: 62).

### 1.3.1.3 Fachtextsortenkonventionen

FIEDLER (1991: 21) definiert den Begriff „Fachtextsorten":

> Aufgrund gemeinsamer struktureller und funktionaler Merkmale können Fachtexte zu **Fachtextsorten** zusammengefaßt werden. Unter einer Fachtextsorte verstehen wir nach GLÄSER (1984) ein historisch entstandenes, gesellschaftlich akzeptiertes und produktives ‚Textbildungsmuster für die geistig-sprachliche Verarbeitung eines fachspezifischen Sachverhalts, das durch einzelsprachliche **kommunikative Normen** bestimmt ist'.

Da unterschiedliche Fächer unterschiedliche Sachverhalte „zu verarbeiten" haben, sollten die kommunikativen Normen (Konventionen der Fachkommunikation) nicht nur makro-, sondern auch mikrokulturell spezifisch sein. AITKEN (2002: 96) vermutet daher wahrscheinlich zu Recht, dass Formulierung und andere Konventionen eines Fachtextes auch das Wissen des Faches reflektieren.

FORNER (1992: 197) nimmt dagegen an: „In Wirklichkeit ist die fachsprachliche Textgestaltung konventionell, nicht durch den fachlichen Gegenstand bestimmt". Dabei übersieht er lediglich, dass die „konventionelle Bestimmung" auf das Fach zurückgeht, dem der Gegenstand angehört: Fachtextsortenkonventionen lassen sich nicht vom jeweiligen Fach, seinem Tätigkeitsbereich, seinen Themen usw. trennen. Der Kommunikationsgegenstand bestimmt durch seine eigene Zugehörigkeit zur über ihn kommunizierenden Mikrokultur gleichzeitig die mikrokulturelle Bindung eines Fachtextes, mit dem über ihn kommuniziert wird.

Offensichtlich ist der Einfluss der Mikrokultur auf die Konventionen einer Fachtextsorte eine ernst zu nehmende Größe: BAUMANN (1992: 74) hat bei kontrastiven Analysen wissenschaftlicher Texte festgestellt, dass „stilistische Gemeinsamkeiten verschiedener historiographischer Fachtextsorten offensichtlicher [sind] als Übereinstimmungen zwischen den gleichen Fachtextsorten verschiedener Einzelwissenschaften". Infolgedessen besteht ein direkter Bezug zwischen Fachtext und Fach, der den makrokulturellen Kontext impliziert, weil die Konventionen der Mikrokultur u.a. die Konventionen der jeweiligen Makrokultur reflektieren.

## 1.3.2 Konventionen wissenschaftlichen Denkens und Schreibens

Wissenschaftliche Texte haben z.B. in der deutschen Kultur einen Sonderstatus, wie die Definition bei KRUSE (1997: 147) zeigt:

> Wissenschaftlich schreiben lernen heißt, sich mit Formen, Strukturen und Konventionen der Wissenschaften vertraut zu machen. Viele Aspekte der Wissenschaft sind nicht allein logisch begründbar, sondern auch aus ihren Traditionen und Konventionen zu erklären, so etwa Textmuster, stilistische Eigenarten der Wissenschaftssprache, Publikationsformen, rhetorische Muster, Diskurse, Textformen wie Hausarbeiten und Dissertationen.

Hier bestehen gemeinsame Konventionen für „die Wissenschaft", die neben makrokulturellen in die Konventionen einer bestimmten wissenschaftlichen Disziplin einfließen. Im Gegensatz dazu scheinen technische Fächer frei zu sein von zusätzlichen Zwängen dieser Art. Ihre Texte sollten lediglich die Kombination makro- und mikrokultureller Spezifik spiegeln (weil sich Einflüsse von Kulturkreis, Unternehmens- und Idiokultur im Zuge der Textanalysen nicht isolieren lassen).

Anderen Klassifikationen kultureller Differenzen, die sich unmittelbar auf das Handeln mit Sprache richten, liegen „Textanalysen" im weitesten Sinne zugrunde. Hier wird die Art des Ausdrucks untersucht, zumeist ohne Konkretisierung der dadurch vermittelten Vorstellungen und Wertorientierungen. Obwohl z.B. GALTUNG kontinuierlich auf den sozialwissenschaftlichen Kontext seiner Beobachtungen hinweist, wurde die fachliche Gebundenheit dieser Ergebnisse über Jahre schlicht ignoriert. Erst KALVERKÄMPER (1992: 72) kann feststellen:

> (...) hier scheinen wohl die etwas allzu euphorisch aufgenommenen Hinweise von Michael Clyne, Johan Galtung oder Robert B. Kaplan Anfang der achtziger Jahre zu spezifischen Kulturstilen von Wissenschaftssprachlichkeit mittlerweile einer gewissen Relativierung unterzogen zu sein.

In der Tat weicht die von KALVERKÄMPER angesprochene Euphorie nach und nach einer distanzierteren Betrachtungsweise, die u.a. nach der wissenschaftlichen Fundierung und dem Geltungsbereich der Ergebnisse fragt, z.B.:

Daß entsprechende Skepsis besteht – und dies trotz der hohen Konjunktur der Interkulturalitätsforschung – ist durchaus verständlich, wenn man einschlägige Studien betrachtet, nicht zuletzt die gewissermaßen als Pionierarbeiten angesehenen und stets zitierten von R.B. Kaplan, M. Clyne und J. Galtung. Zu beschränkt und fragwürdig sind nämlich oft die empirische Grundlage und das methodische Instrumentarium dieser Arbeiten. So gewinnt man oft den Eindruck, deren Aussagen seien rein intuitiv formuliert und kaum nachzuprüfen, auf jeden Fall jedoch nicht generalisierbar (ADAMZIK 1998: 104).

### 1.3.2.1 Intellektuelle Stile „der Wissenschaften" (GALTUNG)

Aufgrund eigener Erfahrungen mit Sozialwissenschaftlern verschiedener Kulturen kommt GALTUNG (1983 bzw. 1985) zu seiner Klassifizierung intellektueller Stile. Die Bezeichnungen scheinen auf Kulturkreis bzw. Makrokultur zu referieren (mit dieser Wahl wollte GALTUNG allerdings gerade solchen Assoziationen vorbeugen, vgl. 1985: 152). Sein Essay zeichnet sich durch eine einprägsame Charakterisierung der einzelnen Stile aus (von GLÄSER 1992: 87 als „Etikettierung" kritisiert):

Teutonischer Stil (Denkfigur: gigantische Pyramide, 174)
Sachsonischer Stil (Denkfigur: kleine, in der Landschaft verstreute Pyramiden, 162)
Gallischer Stil (Denkfigur: Hängematte zwischen zwei Pfeilern, 165)
Nipponischer Stil (Denkfigur: buddhistisches Rad, 175).

Erst sehr viel später hat sich die Erkenntnis eingestellt, dass diese Ergebnisse an die Sozialwissenschaften gebunden und „nicht ohne weiteres auf andere Wissenschaftsbereiche übertragbar sind" (OLDENBURG 1997: 14). Noch weniger gerechtfertigt ist daher ein „Hochrechnen" auf die Ebene der Makrokultur.

GALTUNG hat z.B. beobachtet, dass das Sammeln und Ordnen von Daten[20] zu den Stärken der „sachsonischen" Wissenschaft gehört. Theoriebildung spielt dort keine große Rolle, ist aber die große Stärke der „teutonischen" Wissenschaft:

die teutonische Theoriebildung [ist] vor allem rein deduktiver Natur. (...) Ziel ist es, von einer kleinen Zahl von Prämissen zu einer großen Zahl von Schlußfolgerungen zu gelangen, die ein möglichst weites Untersuchungsgebiet betreffen (1985: 163).[21]

Die beiden Stile stehen offenbar in Bezug zur Dimension der Unsicherheitsvermeidung (vgl. 1.2.3.2). HOFSTEDE (2001: 193, Tab. 5.3) bescheinigt Kulturen mit starker Unsicherheitsvermeidung eine „Neigung zu großen Theorien in Philosophie und Wissenschaft" und solchen mit schwacher Unsicherheitsvermeidung eine „Tendenz zu Relativismus und Empirismus in Philosophie und Wissenschaft". Eine nahe liegende Analogie kommt in der folgenden Charakteristik bei GOETHE zum Ausdruck:

[20] Vgl. dazu GALTUNG (1985: 161): „Der britische Hang zur Dokumentierung ist so sprichwörtlich wie die amerikanische Liebe zur Statistik".

[21] Analog beurteilt GALTUNG (1997b: 73) auch „die beeindruckenden normativen und rechtlichen Systeme, die wie teutonische Gedankenpyramiden konstruiert sind".

Während aber die Deutschen sich mit Auflösung philosophischer Probleme quälen, lachen uns die Engländer mit ihrem großen praktischen Verstande aus und gewinnen die Welt (zu Eckermann, 1.9.1829).[22]

Die Bedeutung theoretischer Fragen hat den Texten der „teutonischen" Wissenschaft den Ruf von „Schwerverständlichkeit" eingetragen. Sie dürfte auch ein Grund dafür sein, dass Texten der „sachsonischen" Wissenschaft aus „teutonischer" Sicht z.B. der „wissenschaftliche Tiefgang" (STOLZE/DEPPERT 1998: 126) fehlt. Ähnlich negativ fallen umgekehrt auch die „sachsonischen" Bewertungen aus. Manch unsachliche Äußerung resultiert wohl daher, „daß Abweichungen von den muttersprachlichen Normen häufig zu negativen Konnotationen führen" (OLDENBURG 1997: 14).

Bei den Schwierigkeiten mit Texten der „teutonischen" Wissenschaft geht es u.a. darum, dass Wissenschaftler der gleichen Mikrokultur z.B. den Primat der Theorie als befremdlich (irrelevant!) beurteilen, weil sie einer Makrokultur angehören, in der Wissenschaft andere Orientierungen, ein Fachtext andere Konventionen hat. Diese Facetten von Kulturdifferenz sind zur Kenntnis zu nehmen, aber in keiner Weise kritikwürdig (oder gar korrekturbedürftig).[23] Es ist jedoch einzuräumen, dass die Funktion des Englischen als *lingua franca* bei internationalen Konferenzen das hinter dieser Kritik stehende Missverständnis begünstigt, mit der Sprachverwendung müsse die Beachtung „sachsonischer" Konventionen einhergehen. Tatsächlich stellen solche Konferenzen jedoch eine besondere Form der „Third Culture" mit eigenen Regeln dar.[24] Ganz konkret dürfte diesem Problem eine ähnliche Übergeneralisierung mikrokultureller Gemeinsamkeiten bei gleichzeitiger Ausblendung makrokultureller Unterschiede (die auch eine *lingua franca* nicht aufhebt) zugrunde liegen wie der Annahme eines „internationalen" Wissenschaftsstils[25]. Darauf scheint sich GALTUNG (1997a: 119) zu beziehen:

Was gemeinhin als Internationalisierung angesehen wird – eine Sprache zu sprechen und somit einer Geistesart zu sein – bedeutet wahrscheinlich nur, daß der wirkliche Dialog außer Sicht ist, so wie Samen unter dem Asphalt. Früher oder später brechen sie heraus, führen zu paralysierenden Dilemmas und scharfen Disputen.

Sofern „Schwerverständlichkeit" auf Faktoren der Formulierung (Nominalisierung, Satzkomplexität u.ä.) zurückgeführt wird (vgl. z.B. DUSZAK 1997: 64), wäre zu klären, für welchen Rezipientenkreis ein wissenschaftlicher Text „schwer verständlich" ist. Für Fachleute können sowohl Inhalte als auch Formulierungen kaum „schwer verständlich" sein, weil beide konventionalisiert sind. Für Nicht-Fachleute, die nicht

---

[22] Zitiert nach PUNTSCH (1986: 900).

[23] Wieder anders sind Texte zu beurteilen, die speziell für Adressaten einer anderen Makrokultur produziert werden (u.a. Übersetzungen). Diese sind ggf. korrekturbedürftig.

[24] Hier könnte die kluge Schlussbemerkung bei CLYNE (1987a: 82) in die Tat umgesetzt werden: "So it is up to the academics from English and non-English educational backgrounds to learn to understand and respect one another's discourse patterns".

[25] So z.B. GNUTZMANN (1992: 268): „Je mehr ein Fachgebiet kulturunabhängigen bzw. kulturübergreifenden Charakter hat – wie beispielsweise die Naturwissenschaften –, d.h. sein eigentlicher Gegenstandsbereich nicht in der Primärkultur liegt und er somit weniger ‚gesellschaftsbezogen' ist, desto größer ist die Verwendung ähnlicher bzw. identischer Diskursmuster".

zu den Adressaten gehören, dürfte beides schwierig zu verstehen sein. Es ist ja gerade ein Charakteristikum von Fachwissen, Fachsprache und Fachtext, dass sie nicht allgemein zugänglich sind (sein können!).[26]

Besondere Kennzeichen des „gallischen" Stils sind „élégance"[27] und die Dialektik in der Darstellung:

Hinter dieser *élégance* steckt nicht nur die Beherrschung eines guten Stils, im Gegensatz zu der dürren Prosa der deutschen Sozialwissenschaften, die oft an Fadheit grenzt, sondern auch der Gebrauch von Bonmots, das Spiel mit Worten und ihren Bedeutungen (...). – Die Dinge existieren in einer Totalität (...). Aber diese Totalität lässt sich nicht durch rigorose Deduktion darstellen. (...) man muß sie umtanzen und aus vielen Blickwinkeln betrachten, bis sie am Ende zwischen den beiden Polen schwebend ruht (GALTUNG 1985: 165 bzw. 166).

Ein Vergleich dieser Orientierung mit dem „sachsonischen" Empirismus könnte zu folgendem Ausspruch geführt haben:

Genie und Geist verlieren 25 Prozent ihres Wertes,
wenn man sie nach England exportiert
(STENDHAL, aus: *Rot und Schwarz*).[28]

Wenn also JANDT (1995: 104) berichtet, dass „die westliche Kultur" aus arabischer Sicht keinen Sinn für Sprachkunst habe, gilt das wohl für deren angloamerikanischen Teil, den „gallischen" Stil trifft dieser Vorwurf kaum.

Der „nipponische" Stil gilt allgemein als Ausdruck des makrokulturellen Wertes „Harmoniebewahrung" (vgl. z.B. DUSZAK 1997: 66). Dafür nennt GALTUNG (1985: 159) zwei Gründe: „den allgemeinen Respekt vor der Autorität" und „ein Gefühl der Kollektivität, der organischen Solidarität". Die prägenden Traditionen – „das buddhistische Beharren auf dem Kreischarakter des Denkens" sowie „die daoistische Konzentration auf eine sehr bewegliche Dialektik" (167) – begründen eine Präferenz für vage Äußerungen: „(...) ein japanischer Satz kann auf viele Weisen gedreht und gewendet werden, ohne alle seine Bedeutungen preisgegeben zu haben, wenn sich auch jedes Mal neue Nuancen ergeben können" (177).

GALTUNGS Klassifikation „intellektueller" Stile soll vor allem Konventionen wissenschaftlichen Denkens charakterisieren. Sie lässt Werte erkennen, die etwas über das

---

[26] Vgl. in diesem Sinne auch DEPPERT (1997: 111): „Dennoch muß gängigen Vereinfachungen entschieden widersprochen werden: kein Wissenschaftler kann Lesern ohne fachspezifisches Vorwissen mit ein paar einleitenden Sätzen – also auf ökonomische Weise – dazu verhelfen, einen Stand zu erreichen, für den er selbst einen langen Weg benötigt hat. Und fachspezifisches Vorwissen wird durch Fachsprachen, zu denen die Wissenschaftssprachen gehören, repräsentiert. Deshalb hat die ‚Unverständlichkeit' von Fachtexten für eine breite Allgemeinheit auch – und wesentlich – sachliche und inhaltliche Gründe".

[27] Der „gallische Stil" zeigt sich nach GALTUNG (1997b: 71) auch an der Gesetzgebung in der Romania: „Die verbale Konstruktion wird ein Zweck an sich. Man investiert viel Arbeit darauf, daß die mündliche Präsentation gut klingt, sich gut anhört und die geschriebene Präsentation ästhetischen Ansprüchen genügt, schön aussieht".

[28] Zitiert nach PUNTSCH (1986: 903).

Selbstverständnis der wissenschaftlichen Mikrokulturen und ggf. der jeweiligen Makrokultur (insbesondere zum Wesen von Wissenschaft) aussagen.

Mit dem Kapitel „Die Neue Intellektuelle Weltordnung“ schließt GALTUNG (1997a) nach eigener Aussage an frühere Überlegungen an. Hier beschreibt er nicht die Stile weiterer Kulturbereiche, vielmehr ergänzt er sein ursprüngliches Konzept anhand der Opposition „Deduktivismus vs. Induktivismus“:

| HEGEMONIALSYSTEM | INTELLEKTUELLE(R) STIL(E) |
|---|---|
| USA | Deduktiv (Eliten)<br>Deduktiv-induktiv (Mittelstand)<br>Induktiv („das Volk“) |
| Europäische Union<br>(incl. Afrika-Karibik-Pazifik-System) | Deduktiv (teutonisch/gallisch)<br>Als „subversive fünfte Kolonne“:<br>Induktiv (Großbritannien)<br>Deduktiv-induktiv (Skandinavien)[29] |
| Russland+<br>(zusätzlich die slawisch-orthodoxen Teile der ehemaligen Sowjetunion) | Deduktiv (teutonisch) |
| Türkei+<br>(die kommende islamische Supermacht, zusätzlich die muslimischen Teile der ehemaligen Sowjetunion, Iran, Pakistan) | Deduktiv (teutonisch, weniger gemildert durch angelsächsischen Empirismus als in der EU) |
| Israel<br>(vielleicht ohne Palästina und die Golan-Höhen) | Sowohl deduktiv als auch induktiv |
| Indien+<br>(zusätzlich Südasien, die Teile des ehemaligen britischen Empire) | Unintegriert eklektisch |
| China<br>(möglicherweise ohne Tibet)<br>Japan<br>(auch Korea, Vietnam) | Tendenz zum Induktiven bei großem Realismus/Pragmatismus.<br>In Japan noch stärker ausgeprägt. |

**Tab. 1.6: Die intellektuellen Stile der Hegemonialsysteme** (vgl. 115-118)

Im Hinblick auf die Vereinten Nationen, die über „einen ziemlich geschlossenen intellektuellen Stil“ verfügen sollten, kommt GALTUNG (1997a: 125) zu einer den USA analogen Kombination von Stilen:

Wie bereits an anderer Stelle erörtert, hat man die Lösung zu diesem Problem bereits gefunden: den induktiven anglo-sächsischen intellektuellen Stil als den Stil für die Beamten, die ‚Studien‘ und ‚Reports‘ verfassen, kombiniert mit dem deduktiven teutonisch/gallischen Stil für Menschen in höheren Positionen, beispielsweise für die höheren Ränge in den Ausschüssen und für die Eliten

---

[29] GALTUNG (1985: 181-182) skizziert außerdem einen nordischen Stil (Norwegen, Schweden, Finnland): „Daten inspirieren Theorie, die Theorie inspiriert die Sammlung von Daten, die wiederum ein Mehr an Theorie inspirieren – dieser spiralförmige Prozeß wird dem Leser dargestellt (...). Was man zu tun versucht ist: Daten und Theorien derart zusammenzufügen, dass sie sich zu einer achtbar geschmiedeten Kette von Worten verbinden“.

der Mitgliedstaaten. (…) Das führte uns zur Reflexion über die allgemeine Klassennatur des Gegensatzes Induktivismus versus Deduktivismus in einer so großen Bürokratie wie der der Vereinten Nationen.

### 1.3.2.2 Konventionen von „Wissenschaftstexten" (CLYNE)

Wenn CLYNE Merkmale „englischer Wissenschaftstexte" referiert", so fehlen zur Einordnung seiner Ergebnisse die wesentlichen Voraussetzungen. Daher bemängelt z.B. OLDENBURG (1992: 34) zu Recht, dass CLYNE

> nicht hinreichend scharf zwischen unterschiedlichen Textsorten und Fächern [differenziert], obwohl man nicht ohne weiteres davon ausgehen kann, daß Texte, die unterschiedlichen Textsorten zuzuordnen sind, gleichartige Diskursmuster aufweisen und daß Texte aus unterschiedlichen Fächern den gleichen Kompositionsprinzipien folgen.

CLYNE (1987a: 76) kritisiert zwar, dass sich KAPLAN (vgl. 1.3.3) auf Sprachtypen und nicht auf Kulturen bezieht, aber auch bei ihm selbst entfällt mit dem Attribut „englischsprachig" jede makrokulturelle Differenzierung[30] (nach der Prämisse „gleiche Sprache – gleiche Kultur"). Seine Ergebnisse zur Textsorte „Aufsatz", die aus Beurteilungen von Korrektoren gewonnen wurden, gehören z.B. in den Kontext der australischen bzw. deutschen Kultur (vgl. z.B. CLYNE 1987a).

Für „jede Art interkultureller Verständigung" gelten seiner Meinung nach u.a. die folgenden „grundlegenden Orientierungsprinzipien", an denen sich eine Verknüpfung seiner Ergebnisse mit den Klassifikationen von GALTUNG und KAPLAN zeigt:

1. die bevorzugte Orientierung an formellen Regeln vs. die bevorzugte Orientierung am Inhalt der Kommunikation;
2. die verbale vs. schriftliche Dominanz von Kommunikation;
3. die kulturspezifischen Beschränkungen im Diskursrhythmus und
4. die Vektoralität (Linearität) der Texte vs. Abweichungen (Exkurse) in der Textprogression

(vgl. CLYNE 1993: 9-13).

Das erste Prinzip repräsentiert nach CLYNE eine der Differenzen zwischen „sachsonischem" und „teutonischem" Stil: die „sachsonische" Wissenschaft ist formell orientiert, die „teutonische" Wissenschaft setzt ihre Prioritäten beim Inhalt.

Diese Interpretation beruht eindeutig auf einem Irrtum. Ursache für die vermeintlich inhaltliche Orientierung sind die Eigenarten des „teutonischen" Wissenschaftsstils, die „kommunikationserschwerenden Einschränkungen des *window-pane* Stils[31]", der WissenschaftlerInnen dazu zwingt, „den Anschein reiner Sachbezogenheit zu erwecken" (KRUSE 1997: 152). D.h., auch hier geht es um eine Orientierung an formellen

[30] Formulierungen wie „English-speaking countries", analog „German-speaking countries" (z.B. CLYNE 1987a: 75), werden von der Provenienz seiner Ergebnisse in keiner Weise gestützt.

[31] Es handelt sich um „einen Stil, in dem die Sprache die Funktion hat, den Blick unmittelbar auf die Fakten zu lenken (wie durch ein Schaufenster), ohne durch ihre Ästhetik oder Rhetorik abzulenken. Diese Strategie, den sprachlichen Charakter eines Textes vergessen zu lassen, wird durch drei Tabus (...) realisiert: das Ich-Tabu, das Metapherntabu und das Erzähltabu" (KRUSE 1997: 150-151).

Regeln, die allerdings im Bereich der Textformulierung angesiedelt sind, während die „sachsonischen" Regeln eher die Struktur zu betreffen scheinen.[32]

Überdies zeigt dieses Prinzip deutliche Parallelen zum „traditions-" bzw. „aufgabenorientierten" Interaktionsstil bei MAURITZ (vgl. 1.2.6), es repräsentiert daher eine primär britisch-deutsche Differenz (vgl. auch CLYNE (1987a: 78): "non-adherence to Anglo-Saxon meeting rules is seen as an indication of totalitarian behaviour"). Zwar gilt diese formelle Orientierung nach CLYNE (1993: 9) für „englischsprachige" Kulturen generell, die amerikanische Kultur (die intensiver als andere den „aufgabenorientierten" Stil praktiziert) lässt sich hier jedoch kaum subsumieren. Dieses Prinzip betrifft daher eher die „interkulturelle Verständigung" der Briten (und ggf. Australier), ausgenommen ist wiederum die Kommunikation mit Kulturen, die einen „menschenorientierten" Stil bevorzugen.

Das Prinzip verbaler bzw. schriftlicher Orientierung betrifft den Kontext „Schule". Zentrales Kriterium für den (zeitlich determinierten) Diskursrhythmus ist das „turn taking" in Diskussionen, das räumliche Äquivalent mit Bezug auf wissenschaftliche Texte stellt nach CLYNE das Merkmal der Symmetrie dar (vgl. 1993: 10).

Ebenfalls aus dem schulischen Bereich (Makrokulturen: Australien/BRD, Textsorte: Aufsatz) bezieht CLYNE (1987a) Ergebnisse zur Vektoralität, die seine Feststellungen zur Linearität „englischer" bzw. „Digressivität" deutscher wissenschaftlicher Texte stützen. Die Exkurse deutscher Wissenschaftstexte hat er inhaltlich analysiert: sie sind vor allem wissenschaftstheoretisch motiviert:

> Werden ‚*digressions*' im Englischen vielfach negativ eingeschätzt, so haben Exkurse in deutschen Texten spezifische Funktionen. In den von uns analysierten Texten ermöglichen sie dem Autor, zusätzlichen Inhalt einzuschieben, eine theoretische Perspektive einzufügen, eine historische Übersicht zu verschaffen oder dem Text eine ideologische Dimension zu geben. Ferner erlauben Exkurse eine Polemik mit Vertretern anderer Schulen (CLYNE 1993: 12).

Der „sachsonische"[33] Vorwurf lautet im Übrigen, die Exkurse deutscher Wissenschaftstexte seien „irrelevant". So ist z.B. bei NEWMARK (1991: 106) zu lesen:

> Neubert (...) has written usefully about cultural interference at the text level. Quoting Clyne (1987[b]) he notes that German academic papers differ from their English counterparts in their greater degree of digressiveness (their notorious excursuses). He does not make the recommendation which I would prefer, that is to reduce if not eliminate the digressiveness or irrelevance in translating such papers.

---

[32] Dem Versuch bei CLYNE (1987a: 80), den deutschen Wissenschaftsstil einem Profilierungsdrang der WissenschaftlerInnen anzulasten, widersprechen STOLZE/DEPPERT (1998: 124) zu Recht: „Clyne befindet sich mit seiner Interpretation dieses Unterschieds im Widerspruch zu den üblichen Beschreibungen der Wissenschaftssprache, in denen davon ausgegangen wird, daß durch einen unpersönlichen Stil der beschriebene Sachverhalt im Gegensatz zur eigentlich ‚unwichtigen' Person des Autors in den Vordergrund gerückt wird".

[33] Im Grunde handelt es sich um einen britischen Vorwurf: "Just as Anglo-Saxon rules outlaw structural digressions, they also disallow content digressions (designated as ‚irrelevance')" (CLYNE 1987a: 77). Die Ausführungen bei GALTUNG (1997a) geben Anlass zu bezweifeln, dass amerikanische WissenschaftlerInnen diese Sichtweise uneingeschränkt teilen.

Exkurse in deutschen Texten stellen sich aus britischer Sicht offenbar als Indiz für „mangelhafte Schreibkompetenz“ dar, während sie tatsächlich Kulturdifferenz signalisieren. Das Postulat einer Tilgung im Zuge der Translation ist daher zwar verständlich und könnte, falls die Adressaten ausschließlich der „sachsonischen“ Wissenschaft angehören, auch einer ernsthaften Überlegung wert sein (die AutorInnen zur Zustimmung zu einer derartigen „Linearisierung“ zu bewegen, dürfte allerdings reichlich Überzeugungsarbeit kosten). Richtet sich ein Text dagegen an einen internationalen Adressatenkreis, beruht dieses Postulat auf dem verbreiteten Irrtum, dass mit der Verwendung des Englischen als *lingua franca* zwangsläufig ein „sachsonischer“ Stil einhergehen müsse. Exkurse sind nach KAPLAN auch in den slavischen und romanischen Kulturen üblich, die Tilgung sollte deshalb unterbleiben.

CLYNE (1993: 13) beurteilt Exkurse als „Verstöße gegen den englischen Relevanzbegriff und gegen die Griceschen Maximen ‚Sei kurz‘ und ‚Sei ordentlich‘“. Diese Beurteilung hat zwei essenzielle Schwächen:

1. Die Griceschen Maximen, so auch die „Maxim of Relevance“, werden als universell, d.h. für menschliche Kommunikation generell, gültig angesehen. Relevanz ist jedoch keine interkulturelle Konstante, d.h., dieser Begriff ist nur kulturbezogen zu definieren. Da Exkurse in Texten deutscher Wissenschaftskulturen bestimmte Funktionen erfüllen (s.o.), erweisen sie sich bei näherer Betrachtung (introspektiv) vermutlich weder als redundant, noch als irrelevant. D.h.: der „englische Relevanzbegriff“ ist hier irrelevant, es gilt der „deutsche Relevanzbegriff“.
2. Analog gelten die Maximen „Be brief“ bzw. „Be orderly“ nur im Rahmen kultureller Verhaltenskonventionen. Sie können nur bedeuten: so kurz und ordentlich wie möglich (nicht aber: so kurz und ordentlich wie die Briten). CLYNE selbst merkt an, dass „Abweichungen und Wiederholungen (...) in manchen Kulturen als Mittel der Höflichkeit betrachtet [werden]“. Auch dort kann man nur in akzeptablen Grenzen „kurz und ordentlich“ sein.

Die Griceschen Konversationsmaximen sind auch in der russischen Wissenschaft bekannt. RJABCEVA (1992: 21) nennt als Normen des wissenschaftlichen Diskurses: Informativität, Wahrheit, Relevanz und Klarheit im Ausdruck. Es erscheint ihr jedoch schwierig, diese Postulate in einem wissenschaftlichen Text zu erfüllen, weil sie mit den Bedingungen für eine erfolgreiche Kommunikation konkurrieren.

Deutsche WissenschaftlerInnen befinden sich nach KRUSE (1997) ebenfalls in einem Zwiespalt konkurrierender Normen. Zwar nimmt er an, dass die Griceschen Maximen „wahrscheinlich in allen Wissenschaftsdisziplinen auf Zustimmung treffen“, doch das Dilemma besteht darin, „daß gute Wissenschaftssprache und erfolgreiche Wissenschaftssprache nicht identisch sind“ (150 bzw. 156).

CLYNE (1993: 13-14) nennt weitere Merkmale, die seiner Meinung nach – zusätzlich zur Linearität – einen „wohlgeformten englischen“ Text auszeichnen:

1. Frühe Stellung von *advance organizers*,
2. Integration von Daten in den Text,
3. Propositionelle Symmetrie,
4. Textuelle Symmetrie.

Es kann nicht überraschen, dass deutsche Wissenschaftstexte[34] (und vermutlich auch solche anderer Makrokulturen) diese Kriterien für „wohlgeformte englische Texte“ nicht erfüllen: Deutsche Texte sind selten textuell und propositionell symmetrisch[35] (vgl. auch CLYNE 1987b). RAZINKINA hat russische Monographien analysiert, sie kommt ebenfalls zu dem Ergebnis, dass die Kapitel in der Regel einen unterschiedlichen Umfang haben (vgl. 1987: 32).

### 1.3.3 Konventionen der Textsorte „Aufsatz“/Denkstile (KAPLAN)

In seinem Aufsatz „Cultural Thought Patterns“ postuliert KAPLAN (1966/1980) fünf Diskurstypen, die er wie folgt charakterisiert:

Englisch: lineare und logische Progression
Semitische Sprachen: parallele Konstruktionen
Orientalische Sprachen: Zirkularität
Romanische Sprachen: Exkurse
Russisch: weitschweifige Exkurse und Erweiterungen in Parenthesen.

Im Gegensatz zu den intellektuellen Stilen bei GALTUNG (1985) geht es bei den „Denkstilen“ nach KAPLAN nicht primär um Denkmuster, an denen makro- bzw. mikrokulturelle Werte sichtbar werden, sondern um Rückschlüsse vom Schreibstil auf das Denken. Sein Korpus besteht aus englischen Aufsätzen von Studierenden (Muttersprachlern[36] und Nichtmuttersprachlern) über geschichtliche oder landeskundliche Themen (vgl. auch BUHL 1999: 118, FN 1).

Seine Klassifikation beruht auf der Annahme, dass Texte, die Studierende in der Fremdsprache Englisch produzieren, die Textsortenkonventionen[37] ihrer jeweiligen Heimatkulturen widerspiegeln. Die Beobachtung bei STREVENS (1987: 176) scheint diese Annahme für fremdsprachige Aufsätze in der Heimatkultur zu stützen:

> An obvious illustration of these differences occurs when the teacher of English assumes and places high values upon persuasion by logical argument and the importance of having a reason for everything, while the Eastern student of English favours gaining merits by literary style.

Ein Vergleich von Aufsätzen in den jeweiligen Muttersprachen wäre dem Forschungsgegenstand angemessener gewesen (die Mischung der Kriterien wurde daher auch verschiedentlich kritisiert), dürfte in einer solchen kulturellen Vielfalt jedoch

---

34 Allerdings gibt es sehr wohl deutsche Anleitungen, die im Hinblick auf diese Merkmale wohlgeformt sind (im Gegensatz übrigens zu ihren englischen Entsprechungen).

35 CLYNE (1993: 10) definiert: „Als ‚textuell asymmetrisch‘ wird ein Text kategorisiert, wenn manche Teile viel länger als andere sind, und als ‚propositionell asymmetrisch‘, wenn die Länge verwandter Propositionen, die von derselben Makroproposition abzweigen, im Umfang ungleichmäßig sind“.

36 KAPLAN differenziert nicht nach Nationalkulturen. Es ist jedoch anzunehmen, dass diese Studierenden überwiegend AmerikanerInnen sind.

37 Doch er nennt diesen Untersuchungsgegenstand nicht beim Namen, er interpretiert seine Befunde als durch (Fremd-!)Sprachverwendung vermittelte „Denkmuster“.

kaum zu realisieren sein. Andererseits könnten auch fremdsprachige Aufsätze „angloamerikanischer" Muttersprachler interessant sein, die, wenn KAPLAN Recht hat, ebenfalls eine lineare Textentwicklung zeigen (und eine vergleichbar negative Bewertung erfahren) müssten.

KACHRU (1987: 90) bestätigt KAPLANS Befund für Texte in indischen Sprachen:

For instance, an ideal English expository paragraph is often described as having a straight linear progression, from the topic sentence in the beginning to the last sentence of the conclusion (...). As opposed to this, Hindi and Marathi have been shown to have a spiral-like and a circular structure respectively.

Gleichzeitig sorgt sich KACHRU um das Ansehen literarischer Texte des „Indian English", die die Merkmale der jeweiligen indischen Substratsprache spiegeln, und hält es für notwendig, Rezipienten solcher Texte darauf aufmerksam zu machen, dass die Unterschiede z.B. zum britischen/amerikanischen Englisch einen kulturellen Hintergrund haben und nicht auf defizitäre Textproduktionskompetenz zurückzuführen sind (vgl. 1987: 98). Angesichts der bereits erwähnten Neigung der britischen bzw. „angloamerikanischen" Kultur zur Absolutsetzung eigener Konventionen, ist diese Sorge zweifellos berechtigt (vgl. 1.2.1 bzw. 1.3.2.2).

Nach Auffassung von HOUSE (1997: 90), die bei KAPLAN eigene Ergebnisse bestätigt findet, liegt das Deutsche auf dieser Skala zwischen den romanischen Sprachen und dem Russischen (mit einem entsprechenden Hang zu Exkursen).

Zum Merkmal „weitschweifiger Exkurse", das nach KAPLAN für russische Texte typisch ist, berichtet RAZINKINA (1987: 37) von einem Vergleich russischer Monographien zur Botanik aus dem 18. bzw. 20. Jh.: In Texten des 18. Jh. verläuft die Textentwicklung in mehreren, teils parallelen, teils sich überschneidenden und divergierenden Linien und wird häufig durch irrelevante Exkurse unterbrochen. Für die Monographie des 20. Jh. gilt das nicht mehr: der Text entwickelt sich entsprechend der Ausgangshypothese, irrelevante Exkurse fehlen in der Regel (die Betonung dürfte hier auf „irrelevant" liegen, d.h. „aus russischer Sicht irrelevant").

### 1.3.4 Konventionalisierte Diskursstrategien der Alltagskommunikation (HOUSE)

HOUSE (1997) formuliert kulturspezifische Tendenzen zu deutschen und britischen „discourse strategies":

1. D: Directness ⇔ E: Indirectness
2. D: Orientation towards writer ⇔ E: Orientation towards reader
3. D: Focus on content ⇔ E: Interpersonal focus
4. D: Explicitness ⇔ E: Implicitness
5. D: Ad-hoc formulation ⇔ E: Use of verbal routines.

Ihre Ergebnisse hat HOUSE im Alltagskontext von Studierenden gewonnen. Fachliche Belange, z.B. von Studienrichtungen, scheinen keine Rolle zu spielen, werden zumindest nicht erwähnt:

In the seventies and eighties I conducted a number of contrastive pragmatic analyses comparing the discourse of German and English native speakers, the subjects being students at German and English universities (1997: 79).

HOUSE (1999: 49) interpretiert diese Strategien als Ausdruck von Wertorientierungen und Verhaltensmustern der jeweiligen (ursprünglich: der deutschen bzw. britischen) Makrokultur. Damit lässt sie den Bereich der Alltagskommunikation hinter sich und rechnet ihre Ergebnisse auf „die Sprachgemeinschaft" hoch:

Die kommunikativen Präferenzen deutscher und englischer Muttersprachler[38] entlang dieser Skala spiegeln – so meine Hypothese – tiefsitzende kulturelle, in Geschichte, Geographie, Bildungssystem, Philosophie, Religion und Literatur und dem Rechtswesen über Generationen gewachsene Werte wider.

### 1.3.4.1 Directness – Indirectness

Im Vergleich deutscher und britischer Diskursstrategien sieht HOUSE eine Tendenz zur Direktheit bei der deutschen, eine zur Indirektheit bei der britischen Kultur. In der Fachliteratur wird diese Tendenz zur Indirektheit insbesondere – wie bei SCHULZE (1985: 92) – mit indirekten Äußerungsformen für Direktiva assoziiert:

Illokutive Akte des Direktiv-Typs wie Bitten oder Aufforderungen sind als indirekte, konventionalisierte Sprachhandlungen in ihren Konsequenzen jedem Interaktanten bekannt. (...) Indem sich der Sprecher oder der Hörer in seinen kommunikativen Absichten solcher indirekter sprachlicher Mittel bedient, verwendet er die Strategie ‚off record'[39].

BUSSE dagegen ist überzeugt, dass eine solche Indirektheit gerade in der deutschen Alltagskommunikation in hohem Maße konventionalisiert ist, weil die Mehrzahl aller Bitten und Aufforderungen als Frage geäußert wird (vgl. 1991: 61). Die tendenzielle Opposition könnte sich daher als nur gradueller Unterschied erweisen.

Mit Erweiterung des kulturellen Rahmens setzt sich die Relativierung des bikulturellen Kontrasts fort: andere Kulturen übertreffen die britische („angloamerikanische"?) Indirektheit offenbar bei weitem: Das gilt auch für den japanischen Diskurs, dessen Indirektheit sich z.B. in einer intendiert unpräzisen Ausdrucksweise bei der Quantifizierung (vgl. WIERZBICKA 1991: 94) oder auch beim Ablehnen äußert: "the

---

38 Hier zeigt sich im Ansatz eine verbreitete Verfahrensweise, die, ausgehend von dem Trugschluss „gleiche Sprache – gleiche Kultur", unter dem Attribut „englischsprachig" (= mit Englisch als Muttersprache) verschiedene Kulturen (z.B. Großbritannien, USA, Australien) undifferenziert zusammenfasst und quasi als kulturelle Einheit behandelt.

39 SCHULZE (ebd.) zitiert eine Definition von BROWN/LEVINSON (1978: 216): "A communicative act is done off record if it is done in such a way that it is not possible to attribute only one clear communicative intention to the act. In other words, the actor leaves himself an 'out' by providing himself with a number of defensible interpretations (…)".

language has at least 16 ways to avoid saying no and makes use of many *aisatsu*, or 'lubricant expressions'" (JANDT 1995: 117).

Während das Englische also im Vergleich zum Japanischen sehr direkt erscheint, sind der russische und der polnische Diskurs wiederum im Vergleich zum „anglo-amerikanischen" sehr direkt (vgl. BAUMGART/JÄNECKE 2000: 111 bzw. WIERZBICKA 1991: 25). Dieser Widerspruch resultiert aus bikulturellen Vergleichen, deren Ergebnisse erst im multikulturellen Kontrast adäquat zu evaluieren sind.

Überdies kennt die britische/amerikanische Kultur Alltagssituationen, denen eine direkte Aufforderung durchaus adäquat ist: „Zieht der Hörer aus einem Äußerungsbeitrag einen Nutzen, dann erhält ein direktiver Imperativsatz einen höflichen Charakter" (SCHULZE 1985: 83).

Auch außerhalb des alltagssprachlichen Kontextes ist der „angloamerikanische" Diskurs nicht unbedingt indirekt in diesem Sinne. Wenn die Situation es erfordert, heißt die Strategie, der SCHULZE (1985: 82) „einen maximalen Direktheitsgrad in unzweideutigen Äußerungsbeiträgen" zuschreibt, „bald on record". Anleitungen zeigen diese Strategie vor allem an der „language of safety" (AHMAD/SALWAY 1997: 108), deren bevorzugte Äußerungsform im Englischen der Imperativsatz ist.

#### 1.3.4.2 Orientation towards Writer – Orientation towards Reader

Diese Tendenzen sind sehr klar formuliert, und entsprechende sprachliche Fakten sind schnell gefunden. RATHMAYR (1995: 312 bzw. 315) stellt tendenzielle Unterschiede dieser Art bei der Formulierung von Entschuldigungen fest:

> Mit Entschuldigungen werden im Russischen direktive Sprechakte vollzogen, und zwar Bitten um die Umwertung von Fehlhandlungen. – Im Unterschied zum englischen *sorry* und zum deutschen *Entschuldigung!* sind Entschuldigungen im Russischen nahezu ausnahmslos adressatenbezogen: der Adressat ist in der Verbalendung des Imperativs Sg. (...) oder Pl. jeweils explizit präsent.

Während die russischen Entschuldigungen eine eindeutige Adressatenorientierung zeigen, wären Äußerungen wie *(Ich bitte um) Entschuldigung!* oder *(I'm so) sorry!* als senderorientiert zu beurteilen. HOUSE meint jedoch etwas anderes:

> German texts are often 'writer-oriented' rather than 'reader-oriented', or, put it differently, it is the reader's responsibility to make sense of a text, with the writer not being burdened with the task of making his text palatable to his readers (1997: 89).

Es ist unklar, an welchen Korpora (Textsorten, Mikrokulturen) sie diese Tendenzen festgestellt hat, weil ihr Untersuchungsbereich nach eigener Aussage (s.o.) der umgangssprachliche Diskurs war. Soweit sich HOUSE auf die Ergebnisse von CLYNE bezieht[40], geht es um wissenschaftliche Texte (vgl. 1.3.2.2).

---

[40] Für die Annahme, dass diese Tendenzen zu Ergebnissen von CLYNE formuliert wurden, spricht auch der Hinweis bei HOUSE (1999: 45): „Bei stark fachsprachlichen Texten, die also an einem Ende der Dimension liegen, scheint die Erforschung unterschiedlicher kulturspezifischer Stile

Clyne also pointed out that here seems to be a much clearer division between academic writing and non-academic writing in the German lingua culture. By contrast, native English speakers' academic articles tend to be more similar to non-academic texts and thus more reader-oriented.

Dieses Zitat zeigt, dass das Fehlen des für deutsche Texte typischen wissenschaftlichen Stils hier als Adressatenorientierung interpretiert wird. Daher ist zu fragen, wann ein Text das Prädikat „adressatenorientiert" verdient. Die Antwort, über die an sich (vielleicht auch nur in der Übersetzungswissenschaft) Konsens besteht, lautet: Voraussetzung ist, „daß er sich vor allem an den Erwartungen und Wissensressourcen des Lesers zu orientieren hat" (WROBEL 1997: 18). Texte deutscher WissenschaftlerInnen können infolgedessen keinesfalls weniger adressatenorientiert sein als ihre englischen Entsprechungen. In beiden Kulturen erfüllen diese Texte die – allerdings unterschiedlichen – Erwartungen ihrer Leser (zur Schwerverständlichkeit für andere Rezipienten vgl. 1.3.2.1).

Wegen dieses Unterschieds zwischen „teutonischem" und „sachsonischem" Wissenschaftsstil sind wissenschaftliche Texte zum Nachweis dieser Tendenzen ungeeignet. Dafür eignen sich nur Texte, deren Produzenten – anders als WissenschaftlerInnen – hinsichtlich ihrer Formulierungen und Darstellungsformen eine Wahl haben, wie sie für eine Strategie (Konvention) vorauszusetzen ist.

NICKL (2001: 290) hält deutsche Anleitungen für senderorientiert:

Man kann vermuten, dass die Leser der Anleitungen für die sprachlichen Konventionen der Textsorte nur eine untergeordnete Rolle spielen. Es gibt jedoch eine andere Kommunikationsgemeinschaft, auf die nun in unseren Überlegungen das Augenmerk gerichtet werden soll, nämlich die Gemeinschaft der Autoren selbst.

Dieser Annahme liegt vor allem ein Mangel an Vergleichsmöglichkeiten zugrunde. Aus seinen Korpora fachexterner Anleitungen kann NICKL keine Erkenntnisse über die tatsächliche Rolle des fachexternen Adressaten gewinnen, dazu ist zwingend eine Kontrastierung mit fachinternen Texten erforderlich (vgl. Kapitel 2).

### 1.3.4.3 Focus on Content – Interpersonal Focus

Everybody out now please! vs. *Die Badezeit ist zu Ende.*

Dieses Beispielpaar gibt HOUSE (1997: 87) zu den Tendenzen von Inhalts- bzw. Adressatenorientierung (HOUSE 1999: 49), weil die englische Formulierung die Personen in den Mittelpunkt stellt, während die deutsche Entsprechung (aus einer Übersetzung) eine Vorschrift zum Inhalt hat.

An der Richtigkeit dieser Beurteilung kann kein Zweifel bestehen. Allerdings kombinieren Sprechhandlungen wie diese häufig mehrere der von HOUSE formulierten Diskursstrategien, die im Zusammenhang gesehen werden müssten. In diesem Fall ist das englische Direktivum nicht nur adressatenbezogen, sondern auch direkt. Aus der Inhaltsorientierung der deutschen Aufforderung resultiert dagegen ihre Indi-

---

durch die gegebene Adressatenspezifik (‚Texts for Specified People') forschungspragmatisch oft besser machbar zu sein als bei eher unspezifisch ‚allgemeinen Texten'".

rektheit. Daher ist zu vermuten, dass zwischen den einzelnen Strategien Korrelationen bestehen, die der bei HOUSE implizierten Parallelität zuwiderlaufen. Analoges beobachtet MÅRDSJÖ (1992: 41 bzw. 43) an schwedischen Anleitungen:

But, and I find this interesting, the types of survey information vary to some degree: In the word processing manuals, there is a broad overview of **what can be done** with the system, whereas the microwave oven manuals contain quite a lot of information about **how the technology functions**. The purely instructional parts of the manuals are fairly similar, with a direct way of addressing the users. The differences lie mostly in the introductory parts, where the 'polite' way of addressing is more usual in the micro wave manuals.

Auch in diesen Korpora korrelieren Adressatenorientierung mit Direktheit und Inhaltsorientierung mit größerer Indirektheit. Gleichzeitig deutet dieser Befund an, dass die Tendenzen nicht ohne weiteres als makrokulturelle Differenz interpretiert werden sollten (weil sie einen mikrokulturellen Hintergrund haben könnten).

### 1.3.4.4 Explicitness – Implicitness

An Beispielen englischer Original- und übersetzter deutscher TV-Filmtitel erläutert HOUSE (1997: 88) die deutsche Tendenz zur Explizitheit. Das Beispielpaar (9) *Mind the Baby, Mr. Bean!* vs. *Babysitter wider Willen!* kommentiert sie wie folgt:

(9) is an example of what I would call the German predilection for 'letting the cat out of the bag' in the interest of being explicit. (...) In the German translations of the film titles (...) the content of the films is 'given away', i.e. the titles explicitly tell the reader what to expect in the film.

Dass den bei HOUSE formulierten Tendenzen klare Definitionen fehlen, wird an den Merkmalen Direktheit/Indirektheit bzw. Explizitheit/Implizitheit besonders deutlich. Das erste Paar steht in Bezug zur Art der Verbalisierung, während das zweite den Verbalisierungsgrad charakterisiert. Dennoch werden beide häufig gleichgesetzt bzw. verwechselt: So referiert z.B. KUPSCH-LOSEREIT (2002: 99) ausdrücklich auf den Verbalisierungsgrad (und meint daher „Explizitheit"), wenn sie schreibt: „Und die Direktheit von Deutschen, die alles verbalisiert, wird z.B. in Indien, China oder Brasilien nicht sonderlich geschätzt".[41]

Im multikulturellen Kontext korrelieren die Tendenzen zu Implizitheit bzw. Explizitheit mit „high" bzw. „low context"-Kulturen (HALL/HALL 1989: 6), diese wiederum mit Kollektivismus bzw. Individualismus (vgl. 1.2.3.4):

Bei high-context-Kommunikation muß nur sehr wenig gesagt oder geschrieben werden, da ein Großteil der Informationen entweder in der physischen Umgebung enthalten oder in der Person verinnerlicht ist, während nur sehr wenig im verschlüsselten, expliziten Teil der Mitteilung enthalten ist. Diese Art der Kommunikation ist häufig in kollektivistischen Kulturen anzutreffen. (...) Vieles, was in kollektivistischen Kulturen selbstverständlich ist, muß in individualistischen Kulturen explizit ausgedrückt werden (HOFSTEDE 2001: 81).

Gelegentlich werden im Rahmen dieser Tendenzen auch Untersuchungsergebnisse interpretiert, die auf Systemdifferenzen zurückzuführen sind: So sieht z.B. ŠVEJCER

[41] Die Beobachtung größerer Implizitheit in Indien, China und Brasilien scheint den kulturellen Gegebenheiten durchaus adäquat zu sein (vgl. JANDT 1995: 202, Table 11.5).

(1991: 39f.) Beispiele für die Implizitheit des Ausdrucks in „englischen“ Zeitungsartikeln in Komposita wie „oil countries“, die sich im Russischen ohne Erhöhung der Explizitheit (zu „Ölförderländer“) nicht nachbilden lassen. Dabei geht es jedoch nicht um eine Differenz in der Sprachverwendung, sondern um unterschiedliche Kompositionsmöglichkeiten. Im Vergleich zum Englischen sind diese vom russischen Sprachsystem her erheblich eingeschränkt, d.h. der Ausdruck im Russischen muss systembedingt und um der Verständlichkeit willen expliziter sein. Diskursstrategien im Sinne von HOUSE sind dagegen Konventionen, die der Sprachverwendung eine Wahl zwischen Alternativen lassen (müssen).

### 1.3.4.5 Ad-hoc Formulation – Use of Verbal Routines

Die fünfte Strategie definiert HOUSE (1997: 85) als:

> the particular Anglo-Saxon brand of an 'etiquette of simulation'[42], where rules of communicative behaviour are implicitly handed down from generation to generation 'to sound as if you mean it' when, e.g. expressing thanks, apologies, compliments and other 'face-lifting' speech acts.

Für den deutschen Diskurs sind solche Formeln nicht typisch (vgl. z.B. HOUSE 1986: 185). Auch im Vergleich zum Chinesischen erscheint „der Gebrauch sprachlicher Formen der Höflichkeit“ in der deutschen Kultur als vorzugsweise „individuell, situativ, medial und generationsspezifisch geprägt“ (DING/FLUCK 2001: 97). RATHMAYR nimmt sogar an, dass Wiederholungen in der deutschen Kultur generell negativ bewertet werden (vgl. 1997: 20). In einer Interaktion erwarten Deutsche daher keine Formeln. Falls sie diese angelsächsische Strategie nicht kennen, nehmen sie das Gesagte zu wörtlich (vgl. HOUSE 1996: 355).

Zweck dieser „conventional expressions and conventional routines“ ist die Sicherung der Harmonie in den sozialen Beziehungen: es kommt darauf an „to sound sincere“ (WIERZBICKA 1991: 118, vgl. auch HOUSE (s.o.) „to sound as if you mean it“). Der Rückgriff auf sprachliche Routinen ist sowohl in der britischen als auch in der amerikanischen Kultur stärker ausgeprägt als in der deutschen, nach WIERZBICKA (ebd.) gilt das ebenso im Vergleich zur Slavia:

> This is manifest, in a spectacular way, not only in the *How are you?* routine[43], but also in the conventions of letter-writing: the opening phrase *Dear Sir* expresses a good feeling towards an addressee who may be a complete stranger, and so does the closing phrase *Yours sincerely*. Phrases of this kind cannot be used in other European languages, certainly not in Slavic languages, which do not allow any formalised expression of clearly non-existent 'good feelings' (and which encourage expression of existing 'bad feelings').

Entschuldigungen sind im Deutschen und vor allem im Russischen weniger sprachliche Routinen als im Englischen oder Französischen (vgl. RATHMAYR 1997: 16). Während man in Rumänien (in der Romania?) durch eine Entschuldigung „versucht, besonders höflich zu wirken“ (SANDU 2001: 273), sind Entschuldigungen im Russi-

---

[42] Analoges beurteilt SANDU (2001: 272) im Rumänischen als „Höflichkeitssimulation“.

[43] Vgl. dagegen KUTZ (2002: 152) zur russischen Kultur: „Die Frage nach dem Wohlbefinden des Gesprächspartners ist keine Floskel – man erwartet eine Antwort“.

schen „tendenziell weniger ein leeres Ritual als eine semantisch vollwertige Bitte um Verständnis, Nachsicht bzw. Vergebung" (RATHMAYR 1995: 328). Da sie ernst gemeint sind, haben sie eine grundsätzlich andere Bedeutung als z.B. britische Entschuldigungen (s.o. „to sound as if you mean it").

## 1.4 Technische Mikrokulturen und ihre Textsorten

### 1.4.1 Entwicklung der Mikrokulturen

Technische Mikrokulturen haben sich in unterschiedlichen Zeitabschnitten entwickelt, der Maschinenbau gehört zu den ältesten, wie JAKOB (1991) zeigt. Für das 16. und 17. Jh. verzeichnet er:

> nur sehr wenige Bereiche, die eine fortgeschrittene Maschinentechnik aufweisen können: (...). (...) Die Mühle und die Wasserfördermaschine sind die entwickelten Maschinen schlechthin, was Historiker veranlaßt hat, vom Technozeitalter der Mühle und der Pumpe zu sprechen (120).

Zur Entwicklung der Messtechnik, deren Vorläufer er in der Menschheitsgeschichte weit zurückdatiert, schreibt CONRAD (1997: 281):

> Messungen waren nötig, seit Menschen zusammenleben. Massen, Strecken, Flächen, Zeiten mußten bestimmt werden. Dabei halfen einfachste Mittel, deren Nachfahren wir bisweilen heute noch nutzen. Sie genügten nicht mehr, als Wissenschaft und Technik voranschritten. Die Zahl der zu messenden Größen und die Anforderungen an die Meßgenauigkeit stiegen. Nur Wissenschaft und Technik selbst konnten die benötigten Meßinstrumente bereitstellen. Eine unverzichtbare Wechselwirkung bildete sich heraus, die ihren Ausdruck schon im Begriff ‚Meßtechnik' findet.

Frühe Beispiele sind nach CONRAD (1997) die Hygrometer, die im 15. Jh. von NIKOLAUS VON KUES bzw. LEONARDO DA VINCI gebaut wurden, und das Gasthermometer von G. GALILEI (1592). Thermometer, „die den heutigen ähnelten, haben ihren Ursprung um 1660 in der ‚Academia del Cimento' in Florenz" (284). Zum Jahr 1687 vermerkt er: „*G. Amontons* erfindet das Hygrometer" (325).

#### 1.4.1.1 Mikrokulturen im 18. und 19. Jh.

Die nach JAKOB (1991) bis dahin wichtigsten technischen Bereiche behalten ihren Stellenwert auch im 18. Jh.:

> Im Bereich der produktiv eingesetzten Maschinentechnik ist weiterhin der Bergbau der avantgardistische Techniksektor. In den Bergwerken steht die höchst entwickelte Großmaschinentechnik (Wasserpumpen, Fördergeräte) (146).
> Durch die enorm verbesserte Uhrentechnik (höhere Ganggenauigkeit, längere Gangdauer) entstehen neue technische Möglichkeiten, die dann endgültig im 18. Jahrhundert zu einem barocken Automatenkult führen (...). Die Uhr wird zur technischen Grundlage des neuen Konzeptes MASCHINE als AUTOMAT (124).

An der Entwicklung von Messgeräten wird ebenfalls gearbeitet. Die Zeittafel bei CONRAD (1997) verzeichnet folgende Ereignisse:

1718 *D.G. Fahrenheit* konstruiert ein Quecksilberthermometer.
1730 *R. de Reaumur* stellt ein Alkoholthermometer her.
1790 *J. Watt* benutzt ein Manometer.

Die maschinelle Ausrüstung des Bergbaus wird im 19. Jh. weiterentwickelt und ergänzt. CONRAD (1997: 333) vermerkt zum Jahr 1861: „Im Bergbau werden Bandförderer eingesetzt“. Zusätzlich erobern die Neuentwicklungen der Maschinentechnik weitere Nutzungsbereiche:

Man nennt das 19. Jahrhundert plakativ das Zeitalter der weit verbreiteten und vielseitig eingesetzten Dampfmaschinentechnik, der verkehrstechnischen Revolutionen auf Schiene und Straße und der neuen Ingenieurstechnik (JAKOB 1991: 220).

Auf das 19. Jh. gehen nach CONRAD auch die ersten Erfindungen im Bereich der Hausgeräte zurück:

1802 *F.A. Winston* führt einen gasbeheizten Küchenherd vor.
1876 Kühlschrank mit Ammoniak-Kältemaschine von *C. von Linde*.
1886 *J. Cochrane* erhält ein Patent auf eine Geschirrspülmaschine.

Das 19. Jh. ist auch das Jahrhundert der Elektrifizierung, in dem Erzeugung, Speicherung und Übertragung von Elektroenergie erforscht und auf breiter Basis nutzbar gemacht werden. CONRAD verzeichnet u.a. folgende Entwicklungen:

1834 *M. H. von Jakobi* baut einen batteriegespeisten Elektromotor.
1848 *J. Foucault* bringt die elektrische Bogenlampe zur Einsatzreife.
1855 Elektrische Bogenlampe zur Straßenbeleuchtung in Lyon.
1860 Elektromotor mit Ringanker von *A. Pacinotti*.
1880 Elektrisch angetriebener Aufzug von *W. Siemens*. In London geht das erste von *T. A. Edison* konzipierte Elektrizitätswerk in Betrieb.
1882 Im deutschen Bergbau wird die elektrische Grubenbahn eingeführt.
1885 *W. Stanley* erfindet den Transformator für die Elektrotechnik.

Zum Jahr 1883 heißt es: „Der Antrieb mit Elektromotor setzt sich bei immer mehr Geräten und Maschinen durch: elektrische Nähmaschine, elektrische Zahnbohrmaschine“.

### 1.4.1.2 Mikrokulturen im 20. Jh.

In den ersten Jahrzehnten des 20. Jh. findet die Elektrotechnik Eingang in den Bereich der Hausgeräte:

1901 Staubsaugerpatent für *H. C. Booth*.
1913 Einführung des Haushaltskühlschranks in den USA.
1915 Elektrische Waschmaschinen in Großbritannien und den USA.
1947 In den USA werden Mikrowellenherde angeboten.

Die Anfänge von Kommunikations- und Nachrichtentechnik gehen bis in die 70er Jahre des 19. Jh. zurück, CONRAD weist in seiner Zeittafel u.a. aus:

1876 *A. G. Bell* meldet sein Telefon zum Patent an.
1878 In den USA, in New Haven (Conn.), wird das erste Fernsprechvermittlungsamt eingerichtet.

Im 20. Jh. finden gerade in diesem Bereich die Entwicklungen statt, die die Industriegesellschaft auf den Weg zur Informationsgesellschaft bringen:

Gegen Jahrhundertende [19. Jh.], nach Entdeckung der elektromagnetischen Wellen, bahnte sich die leitungslose Informationsübermittlung an. In steter Wechselwirkung mit der sich fortentwickelnden Elektronik entstanden Informationsmöglichkeiten vom Fernsprech- und Fernschreibverkehr über Kontinente und Ozeane bis zu Hörrundfunk und Fernsehen, von zahllosen Funkdiensten bis zu Nachrichtensatelliten (CONRAD 1997: 209).

Für die erste Hälfte des 20. Jh. sind u.a. kennzeichnend:

1914 *E. Kleinschmidt* erfindet den Fernschreiber.
1920 Erste Rundfunksender in den USA.
1921 Von *A. W. Hull* wird das Magnetron (Elektronenröhre) zur Erzeugung von Mikrowellen erfunden.[44]
1930 *M. von Ardenne* realisiert die vollelektronische Bildübertragung.
1931 Die Bell Laboratories entwickeln das Telexsystem.
1937 Farbfernsehvorführungen auf der Berliner Funkausstellung.

Während die Erfindungen der Nachrichtentechnik aus der 1. Hälfte des 20. Jh. zur Begründung der Unterhaltungselektronik führen, beginnt mit Entstehung der technischen Elektronik (s.o.) die Entwicklung der Computertechnik, an deren Anfang der Bau des Elektronenrechners in den 40er Jahren steht:

1943 In Großbritannien konstruiert *A. Turing* den „colossus" als erste mit Elektronenröhren ausgerüstete Rechenmaschine.
1946 *J. P. Eckert* und *J. W. Mauchy* entwickeln den Elektronenrechner „ENIAC".
1949 Erster elektronischer Rechner mit Programmspeicher („BINAC") in den USA.

In den 50er Jahren intensivieren sich die Innovation im Bereich der Unterhaltungselektronik und die Miniaturisierung in der Rechnertechnik, die mit Mikroprozessor und PC einen ersten Höhepunkt erreicht:

1952 Die Firma Sony bringt ein Transistor-Kofferradio auf den Markt.
1956 Im Auftrag von IBM entwickelt *R. Johnson* das erste kommerzielle Modell einer Computerfestplatte. Die Ampex Corporation bringt den Videorekorder auf den Markt.
1962 Der aktive Nachrichtensatellit „Telstar" wird in eine Umlaufbahn geschossen.
1963 Von Philips wird die Tonbandkassette eingeführt. *W. Bruch* entwickelt das Farbfernsehsystem PAL.
1969 In den USA wird das ARPAnet, der Vorläufer des Internet, installiert.
1970 Die Floppy Disk wird zur Datenspeicherung verwendet. AEG-Telefunken stellen die Bildplatte vor. Heimvideorecorder von Philips.
1971 Markteinführung des Mikroprozessors durch die Firma Intel.
1975 Das Video Home System (VHS) wird vorgestellt.
1977 Der Personalcomputer (PC) „Apple II" kommt auf den Markt.
1979 Sony stellt den „Walkman" vor.
1980 Videokamera mit getrenntem Rekorder.

---

[44] CONRAD (1997: 214) kommentiert: „Die Erfindung der Elektronenröhre markiert den Beginn der technischen Elektronik und bestimmte für Jahrzehnte deren Weg".

Die 80er und 90er Jahre markieren weitere Eckpunkte in der fortschreitenden Annäherung von Unterhaltungselektronik und Computertechnik:

1983 Die Compact Disc (CD) wird angeboten.
1995 Multimedia-Techniken erleben einen derartigen Aufschwung, daß ‚Multimedia' zum ‚Wort des Jahres 1995' gekürt wird.
1996 Die Digital Video Disc (DVD) mit einer Speicherkapazität von 17 Gigabyte wird vorgestellt.

### 1.4.2 Entwicklung der Textsorten

Seiner texthistorischen Betrachtung zur Entwicklung technischer Textsorten des Maschinenbaus stellt JAKOB (1991: 117-118) u.a. folgende Definitionen voran:

**Theorie-Fachtexte:** Texte der naturwissenschaftlichen und philosophischen Theoriebildung.

**Techniker-Fachtexte:** Technischer Text auf ‚Ingenieursniveau', (...) für die fachinterne Kommunikation der ‚Spezialisten' vorgesehen.

**Anwender-Fachtexte:** Technischer Text auf ‚Praktiker- und Anwender-Niveau', (...) mit Anleitungs- oder Anwendungsintention, für die Fachkommunikation des ‚Praktikers', für den kognitiven und sprachlichen Zugang des ‚Anwenders'.

**Vermittlungstexte:** Eindeutige und klare Festlegung des gesamten Textes und der leitenden Intention auf eine Vermittlungsfunktion für den interessierten Laien.

Die technische Beschreibung[45], insbesondere die Maschinenbeschreibung, gehört offensichtlich zu den ältesten technischen Textsorten:

> Techniktexte im 17. Jahrhundert sind noch nicht auf einzelne Bereiche der Technik spezialisiert, vielmehr wird in einer Gesamtschau ein Überblick über die bestehende Maschinentechnik gegeben (...). Die Texte sind keine im modernen Sinne systematischen und rationellen Abhandlungen über technische Prinzipien, sondern sie reihen Maschinenbeschreibung an Maschinenbeschreibung. (...) [In] der barocken Maschinentechnik ist ein Techniktext zugleich **Fachtext** und **Vermittlungstext** und ‚ergötzlicher' **Unterhaltungstext** (JAKOB 1991: 122).

Bereits im 17. Jh. ist die „Text-Bild-Gemeinschaft" (KALVERKÄMPER 1993: 217) offensichtlich ein Charakteristikum technischer Beschreibungen: diese enthalten üblicherweise sehr detaillierte Darstellungen der Maschinen in Text und Bild (vgl. JAKOB 1991: 126).

Eine Differenzierung technischer Disziplinen ist erstmals in Texten des 18. Jh. zu erkennen. Diese spezialisieren sich auf bestimmte Themenbereiche, verzichten auf die traditionellen „narrativen und naiv-beschreibenden Teile" (JAKOB 1991: 151) und zeigen in der Darstellung einen Zugewinn an Systematik. So erscheint 1723 der erste Band von J. LEUPOLDS „Theatrum machinarum generale", dem bis 1739 wei-

---

[45] GÖPFERICH (1998: 120) irrt daher, wenn sie behauptet: „Solche Beschreibungen sind in der Regel keine eigenständigen Texte, sondern Bestandteil von anderen Textsorten (...)". Möglicherweise hat die Kfz-Technik für diese Textsorte keine Verwendung, in anderen Mikrokulturen sind Beschreibungen jedoch Texte eigenen Rechts (mit eigener Funktion). Vgl. dazu auch HORN-HELF (1999a: 153 bzw. 156).

tere acht Bände folgen. CONRAD (1997: 326) bezeichnet dieses Werk als „die erste systematische Darstellung des gesamten Maschinenbaus". Im Sinne von JAKOB (s.o.) handelt es sich um eine Kombination aus Theorie- und Technikertext:

Seiner Biographie entsprechend, die ihn [Leupold] als ‚Praktiker' und als ‚Gelehrten' ausweist, ist das Werk eine perfekte Mischung aus Theorie- und Praxiswissen. Besonders die Einflüsse der nunmehr ausgebildeten klassischen Mechanik sind erstmalig in einem Technikwerk deutlich vorhanden (148).

Im 18. Jh. entwickeln sich nach JAKOB die Formen für moderne Fachtexte, Techniker- und Anwender-Fachtexte lassen sich bereits klar unterscheiden. Als Beispiel dafür nennt JAKOB „das Buch von Joseph Baader (1794), das zwar den Titel ‚**Theorie** (!) der Saug- und Hebepumpen' trägt, aber hinsichtlich des dargestellten Technikniveaus eher einen ‚Ratgeber' für den zukünftigen Anwender darstellt" (1991: 152).

Des Weiteren zeichnet sich – so JAKOB – auch die Entstehung technischer Textsorten ab, z.B. von Fachzeitschrift und Fachbuch (mit jeweils direkter Bindung an eine Mikrokultur):

Am Ende des 18. Jahrhunderts liegt eine weitere entscheidende Zäsur in der Fachtextgeschichte vor. Etwa im Zeitraum zwischen 1780 und 1820 entstehen in den verschiedensten wissenschaftlichen und anderen Fächern periodisch erscheinende Fachorgane (149).
Um 1850 entstehen mit den Texten der neuen Maschinenwissenschaft anspruchsvolle Hand- und Lehrbücher, die die moderne Ingenieurliteratur begründen. – Am Ende des Jahrhunderts steht als Schlußpunkt in der Entwicklung der Techniker-Fachtexte das moderne, thematisch eingegrenzte und spezialisierte Fachbuch (284 bzw. 151).

Die moderne Vielfalt an Textsorten, „vom hochspezialisierten Fachtext bis zur Laienlektüre", geht daher auf das 19. Jh. zurück. Es fehlt lediglich noch die „Hobby- oder Ratgeber-Literatur", deren Produktion erst um die Jahrhundertwende einsetzt (vgl. JAKOB 1991: 223, FN 50, bzw. 289).

Das 19. Jh. ist auch aus anderen Gründen ein für die Technik bemerkenswertes Jahrhundert: zum einen hat die Spaltung der „Wissenschaftskultur"[46] hier ihren Ursprung, zum anderen erhält die Technik in dieser Zeit ihren Sonderstatus. Dieser ist nach JAKOB (1991: X) die Folge eines Wertewandels im 19. Jh., der „Technikdistanz, Technikskepsis und Technikkritik" hervorgebracht hat und – mit paradoxen Konstellationen – noch immer hervorbringt:

Als Geisteswissenschaftler des Industriezeitalters muß man nichts über Technik wissen, man sollte aber eine standesgemäße Portion von Technikkritik und Technikdistanz aufweisen, man darf und muß aber gleichzeitig die Errungenschaften der Technik in Alltag und Beruf gewinnbringend einsetzen.

---

[46] Ausführlicher dazu auch JAKOB (1991: X): „Die Technikdistanz der Kulturwissenschaftler und auch ihre relative Ferne zu den Naturwissenschaften gehen auf Wissenschaftstraditionen zurück, die seit der Klassik und dem deutschen Idealismus zu einer Zweigleisigkeit geführt haben, die man heute als das Phänomen der zwei Kulturen kennzeichnet: die Kultur der Geistes- und Sozialwissenschaften gegenüber der Kultur der Natur- und Ingenieurwissenschaften".

### 1.4.3 Anleitungen: Anwenderfach- bzw. Vermittlungstexte

In seiner Funktionsbeschreibung zu deskriptiven und präskriptiven Texten nimmt HOFFMANN (1999: 35) eine weitergehende Differenzierung nach der Textfunktion (instruktiv bzw. direktiv) vor:

> Die Funktion deskriptiver Texte ist es, zu informieren, zu berichten, zu beschreiben, zu zitieren, festzustellen usw.; die Funktion instruktiver Texte ist es, zu (be)lehren, zu erklären, zu empfehlen, zu illustrieren, zu überzeugen, zu raten usw.; die Funktion direktiver Texte ist es, vorzuschreiben, anzuweisen, zu steuern, zu ordnen, zu regeln usw. Oft ergibt die Substantivierung dieser Verben schon den Namen der Textsorte, z.B. Information, Bericht, Beschreibung; Erklärung, Empfehlung, Illustration; Vorschrift, Anweisung, Regelung.

Die angesprochenen Textsortenbezeichnungen spezifizieren die Intention des Senders (er möchte informieren, berichten, beschreiben etc.) und prädeterminieren über die Offenlegung dieser Intention gleichzeitig die Rezeption des Textes. Das trifft in einem ganz allgemeinen Sinne auch auf Anleitungen zu. Allerdings gibt der Titel einer Anleitung keinen so eindeutigen Hinweis auf den Adressatenbezug, wie die Abgrenzung bei BRENDL/BRENDL (1991: 7) dies nahe legt:

> Die Nutzungsfunktion folgt je nachdem, ob es sich um Laien oder Fachleute – also GEBRAUCHS- oder BETRIEBS-Anleitungen handelt – den Prinzipien der Einweisung bzw. Unterweisung (es fehlen nicht nur Produkt-, sondern auch Fachkenntnisse).[47]

Gemeinsam ist allen Anleitungen eine instruktive Textfunktion. Der Unterschied zwischen der fachinternen und der fachexternen Anleitung resultiert aus einem abweichenden Kommunikationsbereich, der in Abhängigkeit vom Kommunikationsgegenstand entweder innerhalb der Grenzen des Faches liegt oder diese Grenzen im Zuge der „Mechanisierung des Alltags"/„Technisierung der Welt" (JAKOB 1991: XII) überschreitet.

„Fachzeitschriftenartikel" und „popularisierender Zeitschriftenartikel", die in einem vergleichbaren Verhältnis zueinander stehen wie „fachinterne" und „fachexterne" Anleitung, werden längst als eigene Textsorten – nicht (mehr) als Varianten der Textsorte „Zeitschriftenartikel" – angesehen. Ein wesentlicher Grund dafür dürfte der jeweilige Forschungsstand sein: Während textlinguistische Analysen an Zeitschriftenartikeln beider „Varianten" (auch kontrastiv) schon eine Reihe interessanter Ergebnisse (vgl. GLÄSER 1990, STAHLHEBER 1992, GÖPFERICH 1995, NIEDERHAUSER 1997, HORN-HELF 1999a) gebracht haben, ist die „fachexterne" Anleitung aus der Sicht der Forschung bisher „die Anleitung" schlechthin[48]. Eine mögliche Erklärung mag – jenseits von „Alltags-Technik" – in der Feststellung bei JAKOB (1991: XI) zu finden sein:

---

[47] Fachinterne deutsche Anleitungen können mit „Gebrauchs-"oder „Betriebsanleitung" (Maschinenbau) oder mit „Bedienungsanleitung" (Gerätebau) betitelt sein.

[48] Die Frage, ob fachinterne und fachexterne Anleitungen verschiedene Textsorten konstituieren, hat sich daher bisher noch nicht gestellt.

Während die Beschäftigung mit der Sprache der Naturwissenschaften noch eher im herrschenden Fachsprachenparadigma unterzubringen ist (...), ist die Technik in weit höherem Maße ein ferner Gegenstand.[49]

Die Unterschiede zwischen fachinternen und fachexternen Texten sind Ausdruck abweichender Interaktionsbeziehungen zwischen Sender und Adressat. Im Rahmen einer Beschreibung hält BAUMANN u.a. folgende Elemente aus Tätigkeits-, sozialer und Umgebungssituation für beachtenswert:

Fachgebiet, Bereich der Kommunikationsgegenstände,
Vertrautheit der Partner mit dem Kommunikationsgegenstand,
Fachlichkeitsgrad der Interaktion,
Grad der Verbindlichkeit, der sich aus der Interaktion ergibt (1992: 171-172).

Das Fachgebiet, dem der Kommunikationsgegenstand angehört, bestimmt die mikrokulturelle Bindung der Kommunikation. Die Vertrautheit der Partner mit dem Kommunikationsgegenstand scheidet fachinterne von fachexterner Kommunikation. Die Differenz im Fachlichkeitsgrad sollte Anlass genug sein, fachinterne und fachexterne Anleitungen verschiedenen Textsorten zuzuordnen.

Der Grad der Verbindlichkeit dagegen korreliert mit dem Merkmal [± weisungsbefugt] des Senders im Verhältnis zum Adressaten. Er stellt das primäre Kriterium dar zur Abgrenzung von „Anleitung" und „Anweisung" (bzw. instruktiver und direktiver Textsorten generell). Anweisungen in den technischen Mikrokulturen gehören zur innerbetrieblichen (daher grundsätzlich fachinternen) Kommunikation. Sie sind nach BRENDL/BRENDL (1991: 155):

**arbeitsplatz- und tätigkeitsbezogene, verbindliche schriftliche Anordnungen** und **Verhaltensregeln** des Arbeitgebers an Arbeitnehmer zum Schutz vor Unfall- und Gesundheitsgefahren sowie zum Schutz der Umwelt beim Umgang mit Gefahrstoffen.

### 1.4.3.1 Pragmatische Aspekte der fachinternen Anleitung

Fachinterne Anleitungen werden für Produkte (im weitesten Sinne) geschrieben, mit denen Fachleute im Rahmen ihrer beruflichen Tätigkeit umgehen, vielfach industrielle Investitionsgüter, zu denen Nichtfachleute keinen Zugang haben. BAUMANN (1992: 178) weist darauf hin, dass der Adressatenbezug Konsequenzen für die Textproduktion haben muss:

Der Fachtext ist in einer bestimmten Weise sozial markiert, denn der Textproduzent besitzt eine klare Vorstellung vom zu erreichenden Adressatenkreis und von dessen Präsuppositionen.

In diesem Sinne darf der Produzent von Anleitungen zu Investitionsgütern grundsätzlich davon ausgehen, dass seine Adressaten Fachleute sind. Für die Produkte der industriellen Serienfertigung erschöpft sich die „klare Vorstellung" des Textprodu-

---

[49] Der Analyse fachinterner Anleitungen stehen im Vergleich zu fachexternen Texten neben der allgemein abschreckenden Fachlichkeit diverse praktische Hindernisse entgegen, zu denen u.a. das Problem der Verfügbarkeit und Geheimhaltungsbedürfnisse der Sender gehören. Aus diesem Grund können die Anleitungen der verschiedenen Korpora hier nicht in der gewohnten Weise aufgelistet werden.

zenten in diesem Wissen. Im Übrigen kann er nur einen „Normalfall" annehmen, d.h. eine technische Qualifikation und günstigstenfalls Erfahrungen seiner Adressaten mit vergleichbaren Produkten unterstellen. Er kann also auf die Vermittlung technischen Grundlagenwissens verzichten, muss sich aber sehr ausführlich und präzise zu den Besonderheiten des Produktes äußern. Das ist besonders wichtig, wenn diese Besonderheiten unübliches Verhalten verlangen, denn „Anleiten" drückt nach BRENDL/BRENDL (1991: 43) „die Obhutspflicht dessen aus, der kraft umfassenderer Erfahrung und tieferer Einblicke den Partner vor dessen Unvermögen zu schützen vermag". Zentrales Thema ist dabei die Sicherheit:

Anleitungen sind kein Zubehörteil zur Verbesserung des Produktes; sie sind vielmehr Bestandteil und Ausdruck des Sicherheits-Systems ‚Hersteller – Produkt – Anwender – Umwelt'. – Die Betriebs-**Anleitung** stellt nämlich im hier gewählten Sprachgebrauch die **produktbegleitende hinweisende Sicherheit des Herstellers** dar (45 bzw. 155).

Die Kommunikationspartner fachinterner Kommunikation bleiben nicht unbedingt anonym. Gerade hier gibt es durchaus mehr oder minder direkte Kontakte. Insbesondere das deutsche Korpus (MB) enthält Anleitungen, die speziell für einen konkreten Auftrag produziert wurden. In diesen Fällen konnte der Textproduzent tatsächlich eine (ungewöhnlich) genaue Vorstellung von seinem Adressaten haben.

Nach den Fakten der Analysekorpora zu urteilen, texten deutsche und britische bzw. amerikanische Hersteller von Investitionsgütern ihre Anleitungen selbst. Erfahrungsgemäß wird die Textproduktion hier Fachleuten technischer Professionen übertragen, die Folgen für die Textqualität sind bekannt (vgl. SCHMITT 1987/1998a, HORN-HELF 1997b/1998/1999a). LEHRNDORFER (1999: 41) skizziert das Ausmaß dieser Verfahrensweise im Rahmen der fachinternen Kommunikation:

Mehr als 75% dieser ‚Technischen Redakteure' besitzen keine entsprechende Ausbildung: meist sind sie Ingenieure, Techniker, Technische Zeichner oder Sachbearbeiter, die durch Training-on-the-Job und Einzelqualifikationen (Seminare, Tagungen, Fachzeitschriften) ihr Fachwissen erwerben (Weiterbildung durch Anpassungsqualifizierung).

Die Adressaten einer Anleitung sind (fachintern wie -extern) üblicherweise Kunden des Senders, der ihnen gegenüber keinerlei Weisungsbefugnis hat. Vielfach wird deshalb versucht, die Adressaten dadurch zur Beachtung der Anleitung zu bewegen, dass der Sender seine Haftung für Schäden infolge Nichtbeachtung ausschließt.

Die russischen fachinternen Anleitungen haben offensichtlich zum Teil (Korpus MB) eine andere Entstehungsgeschichte und daher eine größere Verbindlichkeit, als das bei dieser Textsorte üblich ist. Der Status der Textproduzenten (staatliche Institutionen) rückt diese Texte in die Nähe von Anweisungen.

### 1.4.3.2 Pragmatische Aspekte der fachexternen Anleitung

Dagegen ist z.B. der Verfasser von Anleitungen für Hausgeräte gesetzlich verpflichtet, als Adressaten Nicht-Fachleute in den Bereichen Maschinenbau/Elektrotechnik/Elektronik anzunehmen. Zudem muss er nach BRENDL/BRENDL (1991: 21) u.a. „die

Aufnahmefähigkeit der potentiellen Benutzer“ berücksichtigen, da Rezipienten u.U. nur beschränkt an der Kommunikation mitwirken:

In der GA-Situation will ein Leser typischerweise nicht lesen, sondern einen schnellen Handlungserfolg verbuchen, steht somit unter Handlungsdruck. (...) Die Lesequalität in der GA-Situation ist demnach typischerweise schlecht, d.h. der Leser ist anfällig für Informationsverlust durch Überlesen oder Mißverstehen (LEHRNDORFER 1999: 42).

Zu ihrem Vergleich schwedischer Anleitungen aus zwei Mikrokulturen (Computertechnik und Hausgeräte) stellt MÅRDSJÖ (1992: 43) fest:

Very roughly, in the word processing texts, the users are addressed in a rather direct (or authoritarian) way: *Do this, do that*. This could of course be regarded as threatening, (...), and the users might feel that they are addressed as ignorants, as it somewhat threatens the personal freedom of choice. But, it could just as well – possibly preferably – be regarded as a perfectly natural style and tone in this kind of genre. Or it could be interpreted as the tone of the high status engineer towards the ignorant commoners.

Mit dieser Beobachtung bezieht sich MÅRDSJÖ auf die amerikanische Direktheit, vermittelt über den dominanten Imperativgebrauch, der in den schwedischen Texten offenbar umfassend abgebildet wurde. Die angebotenen Interpretationen sprechen für eine eher negative Bewertung aus Sicht der Rezipienten (es handelt sich hier um intertextuelle Interferenz). Diese für „englische“[50] fachexterne Anleitungen typische Direktheit bezeichnet GLÄSER (1990: 241) als „Strategie der unmittelbaren Direktive, die als unmißverständliche Anweisung einer mehr oder weniger ausführlichen Beschreibung des betreffenden Gegenstandes folgt“. Diese Direktheit im Bemühen des Senders um die Sicherheit des Rezipienten ist als Strategie „bald on record“ (vgl. 1.3.4.1) zu interpretieren. Immerhin hat eine Anleitung u.a. die Aufgabe, „Selbstschutzdefizite auszugleichen, denen sich der Benutzer durch seine Entscheidung für dieses Produkt aussetzt“ (BRENDL/BRENDL 1991: 16).

Die Übernahme dieses im „angloamerikanischen“ Kontext normalen Anleitungsstils scheint in anderen Kulturen fachextern so wenig angemessen wie fachintern. Ein Stil, wie ihn die Formulierung „unmissverständliche Anweisung“ (s.o.) impliziert, würde völlig ignorieren, dass der Adressat Kunde (ein König!) ist, der vom Hersteller Hilfestellung beim Umgang mit dessen Produkt erwarten darf.

### 1.4.3.3 Beschreibung der Analysekorpora

Anhand von vier Kriterien (Sprache, Adressatenbezug, Objektbereich, Zeit) werden nachstehend die Analysekorpora genauer beschrieben, aus denen die in Teil 2 vorgestellten Fakten gewonnen wurden. Die 12 Korpora setzen sich aus Exemplaren der Textsorten „fachinterne Anleitung“ bzw. „fachexterne Anleitung“ zusammen. Mit Ausnahme des Korpus (E) sind die englischen Korpora „angloamerikanisch“ (i.S. von HORNBY 1995: 40), d.h. sie enthalten britische und amerikanische Texte in wechselnden Anteilen. Insofern sind in diesen Korpora zwei Makrokulturen in Form

---

[50] Nach den Beispielen für Deklarationen zu urteilen, enthält das Anleitungskorpus bei GLÄSER sowohl britische als auch amerikanische Texte (vgl. 1990: 247).

des hybriden Konstruktes „angloamerikanische Kultur" repräsentiert, auf das in der Fachliteratur so häufig und in selbstverständlich gewordener Simplifizierung Bezug genommen wird. Das russische Korpus (E) enthält neben originär russischen Texten (Objektbereich: Unterhaltungselektronik) auch solche fremder Provenienz (Objektbereich: Computertechnik), die als Übersetzungen anzusehen sind.

**Korpora 1 – 3 (MB):**
Mikrokultur Maschinenbau – fachinterne Betriebsanleitungen D/R/E für Industriemaschinen: Schwerpunkt des gemeinsamen Objektbereiches: Fördertechnik (z.B. Pumpen, Gebläse, Gurtförderer, Becherwerke). Im russischen Korpus zusätzlich: Montage- und Reparaturanleitungen.

**Korpora 4 – 6 (GB):**
Mikrokultur Gerätebau – fachinterne Bedienungsanleitungen D/R/E für Industriegeräte gemeinsamer Objektbereich: Mess- und Analysetechnik (z.B. Messen von Durchfluss, Druck, Temperatur, Feuchte, Taupunkt, pH-Wert, elektrischen Größen; Spektral-, Gasanalyse).

**Korpora 7 – 9 (H):**
Mikrokultur Maschinenbau – fachexterne Bedienungsanleitungen D/R/E für Hausgeräte (z.B. Waschmaschinen, Spülmaschinen, Kühl- und Gefrierkombinationen, Elektro-, Gas- bzw. Mikrowellenherde, Staubsauger).

**Korpora 10 – 12 (E):**
Mikrokultur Gerätebau – fachexterne Bedienungsanleitungen D/R/E für Gebrauchselektronik Schwerpunkte im gemeinsamen Objektbereich: D/R – Unterhaltungselektronik (z.B. Rundfunk- und Fernsehgeräte) und Uhren, E/R – Computertechnik (z.B. PC, Monitore).

Die Kategorie der Zeit dient KALVERKÄMPER (1992: 72) dazu, zwischen dem aktuellen Sprachzustand (synchrone Betrachtung) und der Sprachentwicklung (diachrone Betrachtung) zu unterscheiden. Dazu kann nur eines mit Sicherheit festgestellt werden: Die Analysekorpora gestatten (so gut wie) keine Aussagen zur Sprachentwicklung, da die Texte etwa gleichzeitig produziert wurden. Ob die Texte, die eine „Momentaufnahme" aus den 80er bzw. 90er Jahren des 20. Jh. zeigen, tatsächlich noch den „aktuellen" Stand widerspiegeln, ist dagegen eher fraglich. Zwar dauert es immer eine gewisse Zeit, ehe konstruktive Neuerungen Dimensionen erreichen, die eine Neuredaktion der Anleitung notwendig machen, und selbst dann werden Textmerkmale erfahrungsgemäß quasi „fortgeschrieben". Dennoch ist unwahrscheinlich, dass aktuell produzierte russische Anleitungen, unbeeindruckt von den makrokulturellen Veränderungen des letzten Jahrzehnts, in ihren Merkmalen noch den Versionen der 80er Jahre entsprechen.

# 2 FACHTEXTSORTENKONVENTIONEN: ANALYSEKRITERIEN UND -ERGEBNISSE

## 2.1 Übersetzungsrelevanz von Textsortenkonventionen

### 2.1.1 Das theoretische Postulat

Bis zur „Neuorientierung“ (SNELL-HORNBY 1986/$^{2}$1994) wurde Übersetzungswissenschaft als „Angewandte Sprachwissenschaft“, d.h. als Teildisziplin der Linguistik, betrachtet. Die Arbeiten der Kontrastiven Linguistik (z.B. VINAY/DARBELNET, MALBLANC) galten als wegweisend für den Begriff der „Äquivalenz“, der, als Relation zwischen AT und ZT verstanden, für textinterne Faktoren gelten sollte. Als klar wurde, dass textexterne Faktoren für die Translation nicht minder wichtig sind, wurde der Weg aus diesem Dilemma in zwei Richtungen gesucht:

In der einen Richtung wird daran gearbeitet, den Äquivalenzbegriff mit der für textexterne Faktoren jeweils notwendigen Differenzierung zu versehen. So formuliert z.B. KOLLER (1992: 247-248) neben Relationen mit textinternem Bezug (z.B. denotative/konnotative Äquivalenz) auch das Kriterium der „textnormativen Äquivalenz“, bei HORN-HELF (1999a: 69) formalisiert als Entsprechung zwischen AK- und ZK-Textsortenkonventionen: AT (Konvention x) = ZT (Konvention y).

Das wichtigste Postulat an Fachtexte lautete zunächst, der ZT solle dem AT denotativ äquivalent sein, d.h. den Inhalt des AT korrekt wiedergeben. Angesichts der mangelhaften Qualität technischer Fachtexte hält HORN-HELF (1997b: 473) es daher für notwendig, die Senderintention in der Wertehierarchie höher anzusetzen als z.B. denotative Äquivalenz. Zur Wahrung der Senderintention im technischen ZT scheinen ihr nur Äquivalenzbeziehungen zwischen textexternen Faktoren geeignet, neben der textnormativen z.B. referenzielle, terminologische und pragmatische Äquivalenz (vgl. HORN-HELF 1999a: 109-139). SCHREIBER orientiert sich mit seiner Klassifikation von Übersetzungsverfahren unmittelbar an der Kontrastiven Linguistik. Aber auch er kann nicht umhin, textexterne Faktoren in seine Überlegungen einzubeziehen, z.B.: „Unter einer *Umfeldübersetzung* verstehe ich eine Übersetzung, bei der textexterne Invarianten vorrangig sind (...)“ (1997: 221).

NEUBERT distanziert sich auf seine Weise von der Kontrastiven Linguistik. Wie SAGER (1996: 51) mit der Forderung nach “macro equivalence at the levels of content, intention and form” siedelt er Äquivalenz auf der Ebene des Textes an:

> Offensichtlich wirkt also der Gesamttext auf die grammatikalisch-lexikalische Auswahl ein. Er ist es, der die Äquivalente der unteren Ebene, wie sie die Kontrastive Linguistik postuliert, *relativiert* (1986/$^{2}$1994: 89).

In der anderen Richtung bringen „Skopostheorie" (REISS/VERMEER 1984/$^{2}$1991) und das „Funktionale Übersetzen" (NORD 1989/1993) die Übersetzungswissenschaft methodisch auf Distanz zum Äquivalenzbegriff (in seiner ursprünglichen Ausprägung[51]). NEUBERT (1997: 8) skizziert die zusätzlichen Anforderungen, die pragmatische Kriterien an die Translation stellen:

> Die Übersetzung, die sich aus dem vorhersagbaren Strukturgefälle zwischen Ausgangs- und Zielsprache fast zwangsläufig anzubieten scheint, muß häufig aus pragmatischen Gründen verworfen werden. Dafür treten neue Varianten auf den Plan. Sie sind nicht unbedingt richtiger als die aus kontrastiv-linguistischer Sicht sich aufdrängenden Entsprechungen. Sprachliche Richtigkeit aber reicht nicht mehr aus und muß durch pragmatische Adäquatheit effektiviert werden.

Maßgebend für diesen neuen theoretischen Ansatz war u.a. die Tatsache, dass infolge defizitärer Kompetenz des Textproduzenten bereits die Funktion des AT beeinträchtigt sein kann. VERMEER (1986/$^{2}$1994) empfiehlt deshalb, „schlecht verfaßte Ausgangstexte (...) neu zu vertexten" (41). Der ZT soll für den Rezipienten verständlich sein und seinem „‚Lebens'zusammenhang" Rechnung tragen, ggf. unabhängig vom AT. Nach VERMEER bedeutet das für die Übersetzungspraxis:

> daß man zielkulturelle Konventionen und Normen der Vertextung beachten muß. Und diese Konventionen und Normen rangieren vor der Imitation des Ausgangstexts (43).

Die Forderung nach Berücksichtigung der ZK-Textsortenkonventionen ist übersetzungswissenschaftliches Allgemeingut geblieben, unabhängig davon, ob der Äquivalenzbegriff theoretisch weiterentwickelt oder aufgegeben wurde.

Inzwischen ist die Übersetzungswissenschaft auch über die Kriterien von Verständlichkeit und Zweckentsprechung des Translates hinausgewachsen. Eine Folge der zunehmenden Sensibilisierung der Disziplin für die Bedeutung kultureller Einflüsse war eine verstärkte Hinwendung zur Kulturwissenschaft, die ihren aktuellen Höhepunkt in der Anerkennung von Translation als Form interkultureller Kommunikation[52] gefunden hat. Diese Sichtweise impliziert eine veränderte Einschätzung von AT und ZT. Danach ist, wie SCHRÖDER (1993: 211) formuliert, „eigentlich jeder Text ein ‚Spiegel der Ausgangskultur'". Analog soll der ZT die jeweilige ZK reflektieren, was primär über ihre Textsortenkonventionen geschieht. Damit wird u.a. negativen Konsequenzen vorgebeugt, die eine unterlassene Lokalisierung für die Kommunikation zwischen Sender und Rezipient haben kann:

> Häufig reicht schon ein von fachlichen Gewohnheiten abweichender Präsentationsstil, um Voreingenommenheit gegenüber dem Dargebotenen zu wecken (JAKOBS 1998: 200).

---

[51] Nachträgliche Differenzierungen wurden nicht zur Kenntnis genommen. Vgl. auch HORN-HELF (1999a: 75) zur Kritik an der Unschärfe des Äquivalenzbegriffs bei NORD (1995: 26): „Die Ausführungen zu den sehr differenzierten Ausprägungen des Äquivalenzbegriffs (…) haben gezeigt, daß diese Kritik – zu diesem Zeitpunkt – wohl keinen der Befürworter dieses Begriffs mehr trifft".

[52] Vgl. in diesem Sinne z.B. KUPSCH-LOSEREIT (1995: 1): „Eine solche kulturorientierte Perspektive (...) betont die kulturelle Einbettung jeder sprachlichen Handlung. Pointiert formuliert: Die Sprache wechseln heißt in eine andere Welt wechseln".

Die vorstehenden Schlaglichter auf die Entwicklung der modernen Übersetzungswissenschaft sollten deutlich gemacht haben, dass die Postulate der Übersetzungstheorie an die Praxis kontinuierlich an Komplexität zugenommen haben. Allerdings wird das neue Verständnis von Translation den Bedürfnissen der interkulturell Kommunizierenden besser gerecht als frühere Sichtweisen. Entsprechend gelten „das Übersetzen und Dolmetschen in der Fachkommunikation inzwischen als eine genuin kultur(en)abhängige Angelegenheit" (KALVERKÄMPER 1999: 74), und es ist (zu) selbstverständlich geworden, pauschale Forderungen wie diese zu erheben:

Bei einer Gebrauchsanweisung oder einem Handbuch dagegen versteht sich eine zielkulturell orientierte instrumentelle Übersetzung von selbst (KUPSCH-LOSEREIT 1995: 9).

Voraussetzung ist natürlich bei alledem, daß der Übersetzer mit der ZS-Textsorte vertraut ist und ihre Konventionen beherrscht. Kennt sich der Übersetzer im Verfassen von entsprechenden ZS-Textsorten aus, dann ist es oft sogar praktikabler, einen neuen Text zu verfassen, als sich mit den Strukturen des Originals herumzuschlagen und der Gefahr von Interferenzfehlern ausgesetzt zu sein (SAGER 1986/$^{2}$1994: 343).

Genau diese übersetzungswissenschaftliche Perspektive hatte ebenfalls Eingang in die DIN 2345 *Übersetzungsaufträge* gefunden. Auch von dieser Seite wurde die Übersetzungspraxis zur „Anpassung an die Zielkultur" (1998: 8) verpflichtet. Gemeint waren die Beachtung von Textsortenkonventionen sowie kulturell motivierte Änderungen des Textinhalts, „durch die die bislang so hoch geschätzte – weil so einfach nachzuprüfende – formale Äquivalenz zwischen AT und ZT schlicht bedeutungslos wird" (HORN-HELF 1997c: 27). Die Nachfolgenorm DIN EN 15038 steht dem im Großen und Ganzen nicht nach.

### 2.1.2 Bedingungen für die praktische Umsetzung

Wenngleich die Berücksichtigung von Textsortenkonventionen mittlerweile gewohnheitsmäßig gefordert wird, hat die Übersetzungswissenschaft doch bis heute wenig Konkretes zu diesem Thema zu bieten. Es wird gern ignoriert, dass die Übersetzungspraxis – ehe sie an die Erfüllung des Postulates gehen kann – zunächst Anspruch auf eine Substanziierung dieser Konventionen hat. Bereits BÜHLER (1988: 284) plädiert dafür, dass „die Ergebnisse der sogenannten Fachtextlinguistik (...) für die Belange der Sprachmittlung fruchtbar gemacht werden". Besonders wichtig dabei ist ihr „die systematische kontrastive und transkulturelle Aufarbeitung der sogenannten Textsortenkonventionen für ‚Gebrauchstexte'".

BÜHLER (s.o.) betont zu Recht, dass kontrastive Forschungsarbeit ein hohes Maß an Systematik erfordert. Da sie außerdem einen immensen Aufwand an Zeit erfordert, geht es nicht an, den PraktikerInnen zusätzlich aufzubürden, was sie auf dem Wege der „Zuarbeit" von der Forschung erwarten dürfen: das Wissen um die für ihren ZT relevanten Textsortenkonventionen. Ungeachtet dessen, dass ihre Beachtung generell postuliert wird (vgl. 2.1.1), zeigen doch die meisten Arbeiten wenig Interesse an der Frage, woher die Praxis dieses Wissen beziehen soll. Bestenfalls findet sich der

Hinweis, dass zu diesem Zweck Paralleltexte zu analysieren seien. Es ist eine Tatsache, dass die Praxis dieses Textsortenwissen selbst nicht erarbeiten kann, heute weniger denn je, wie sich z.B. den Ausführungen bei WILSS (2004: 3) entnehmen lässt (ein solches Zugeständnis an die Realität hat Seltenheitswert!):

Schnelligkeit ist ein zentraler Faktor im effizienten Übersetzerverhalten, weil das Postulat „fast is smart" fast die gesamte Übersetzungspraxis dominiert und der Arbeitstag (und das zu bewältigende Übersetzungsvolumen) von den terminlichen und informatorischen Bedürfnissen und Zielvorstellungen des jeweiligen Kunden diktiert wird.

Solange entsprechende Forschungsergebnisse fehlen, kann die Praxis nur interkulturelle Gültigkeit der AT-Konventionen unterstellen, es sei denn, sie gewinnt über die Arbeit mit Paralleltexten gewisse (unsystematische) Einblicke in diese Materie.

Verfügt die Praxis über dieses Wissen, so wirft die Lokalisierung im Bereich der Textformulierung keine besonderen Probleme auf. Es ist lediglich zu beachten, dass aufgrund dieser Präferenzen (wie sie in den Diagrammen ausgewiesen sind) häufig, entgegen der Empfehlung bei WILSS (1992: 45), auch interkulturell Gleiches ungleich behandelt werden muss. Hier kann „routinemäßiges system- und normengerechtes Nachbilden zu einer pragmatischen Interferenz führen, wenn die Formulierungen insgesamt im Widerspruch zur Sprachverwendung in der Zielkultur stehen" (HORN-HELF 2004: 509, vgl. auch HORN-HELF 2005: 148-154).

Im Bereich der Textstruktur sollen „in Kenntnis der relevanten Faktoren" (SCHMIDT 1996: 445) u.a. die Unterschiede zwischen den Makrostrukturen des AT und der entsprechenden Textsorte der ZK festgestellt werden (wie, wenn nicht in Paralleltextanalysen?). Anschließend ist eine Entscheidung für oder gegen eine Lokalisierung des ZT zu treffen. Als Entscheidungshilfe sollte grundsätzlich gelten, was SCHMIDT (1995: 73) zum entscheidenden Kriterium für eine AT-Optimierung macht: „Die Eingriffe (...) müssen sich durch einen deutlichen Gewinn an Textqualität rechtfertigen lassen" – für den Rezipienten, wie im Hinblick auf den ZT hinzuzufügen wäre. Anders als die Überlegungen zur Lokalisierung einzelner Textmerkmale in den zitierten Arbeiten zeugt der Wunsch, „die Textsortenbesonderheiten" angepasst zu sehen, von extremer Praxisferne:

Textuelle Interferenz liegt vor, wenn die Textsortenbesonderheiten eines AT, also die syntaktisch-semantische und textuelle Gestaltung, im ZT reproduziert werden, obwohl andere Konventionen üblich und kommunikativ angemessen sind (KUPSCH-LOSEREIT 1998: 168).

Mit dieser Maximalforderung wird schlicht ignoriert, dass die Übersetzungspraxis auch „angemessene" (und ihr bekannte) Konventionen u.U. ohne Mitwirkung des Senders/Auftraggebers nicht berücksichtigen kann. Unabhängig davon, wie viel Mühe sie in die Lokalisierung des ZT investiert, kann die Praxis diesem Vorwurf „textueller Interferenz" keinesfalls entgehen, solange er sich nicht auf die Unterlassung des vernünftigerweise Möglichen beschränkt:

Es ist notwendig anzuerkennen, dass eine pragmatische Kulturdifferenz immer besteht – wie bei der Formulierung und Strukturierung von Texten, so auch bei ihrem Inhalt – und dass dennoch keine vernünftigen Möglichkeiten in Sicht sind, um ihr inhaltlich angemessen Ausdruck zu verleihen (HORN-HELF 2003: 143).

Die Empfehlungen zur Übersetzung von Instruktionen, z.B. bei KUSSMAUL (1990) bzw. GÖPFERICH (1995), zeigen bereits, dass im Bereich der Textformulierung eine Lokalisierung wünschenswert und möglich ist. Inhaltsunabhängige Merkmale der Textstruktur können – mit unterschiedlichem Aufwand – ebenfalls im Zuge der Translation angepasst werden. Sowohl bei der Formulierung als auch bei der Strukturierung gibt es jedoch auch Merkmale, die inhaltlich determiniert sind. Diese lassen sich ohne massive Eingriffe in den Textinhalt nicht verändern. Sie markieren die Grenzen „instrumentellen Übersetzens“ (vgl. z.B. NORD 1989).

### 2.1.3 Erscheinungsformen von Textsortenkonventionen

Seit die Übersetzungswissenschaft Textsortenkonventionen als übersetzungsrelevant erkannt hat, besteht auch ihr Postulat an die Übersetzungspraxis. Trotzdem ist bestenfalls in Ansätzen bekannt, welche Erscheinungsformen solche Konventionen in bestimmten Textsorten verschiedener Kulturen haben. Vor allem bei „übersetzungsrelevanten“ Fachtextsorten (gern abwertend als „Gebrauchstexte“ bezeichnet) hat sich wenig getan seit der Feststellung von REISS/VERMEER:

Im Rahmen der Translationswissenschaft liegen erst wenige Ansätze zu kontrastiven Untersuchungen von Textsorten und ihren jeweils unterschiedlichen Konventionen vor. Abgesehen von sporadischen Hinweisen (...), liegen kaum systematische kontrastive Untersuchungen zu übersetzungsrelevanten und –frequenten Textsorten und ihren jeweiligen Konventionen vor, die vom jeweiligen Kulturgefüge, der jeweiligen Realisierungsnorm in der Sprachverwendung und charakteristischen ‚festgewordenen Sprach-Mustern’ mitbestimmt werden (1984/$^2$1991: 193-194).

Ausdruck dieses Phänomens ist die von HORN-HELF so benannte und am Beispiel der Fachsyntax vorgeführte „pragmatische Kulturdifferenz“ (2004: 501). Diese repräsentiert interkulturell unterschiedliche Präferenzen. Da Textproduzenten aus verfügbaren Alternativen eine bestimmte – kulturspezifische – Auswahl treffen, geht es dabei weder um Systemdifferenzen, noch um makrokulturelle „gebrauchsnormative“ (WILSS 1996: 188) Beschränkungen.

Zu einzelnen Merkmalen (vorzugsweise der Formulierung) liegen Ergebnisse aus kontrastiven Textanalysen vor, z.T. mit entsprechenden Empfehlungen an die Übersetzungspraxis (z.B. KUSSMAUL1990, GÖPFERICH 1995, SCHMIDT 1996, HORN-HELF 2003/2004). In anderen Arbeiten werden Fachtextsorten zusätzlich an ausgewählten strukturellen und inhaltlichen Merkmalen beschrieben, hier fehlt jedoch der Bezug zur translatorischen Umsetzung, weil das Forschungsinteresse ein textlinguistisches, kein translatorisches, ist (z.B. GLÄSER 1990, FIEDLER 1991, KRETZENBACHER 1991, BAUMANN 1992). In allen Fällen haben die Ergebnisse bis dahin unbekannte Facetten der pragmatischen Kulturdifferenz beleuchtet. Während die Empfehlungen der AutorInnen jedoch auf eine direkte Umsetzung der Ergebnisse in der Übersetzungspraxis zielen, müssten die translatorischen Konsequenzen aus den Ergebnissen der Textlinguistik erst herausgearbeitet werden.

Die genannten und eine Reihe anderer Arbeiten haben gezeigt, dass sich pragmatische Kulturdifferenz an den verschiedensten Merkmalen eines Textes manifestiert, u.a. an seiner Struktur und an seinem Inhalt. Von den Einflussfaktoren, die ihre Erscheinungsformen determinieren, wurden bisher folgende identifiziert:

1. Aus der Untersuchung verschiedener Textsorten der Kfz-Technik bei GÖPFERICH (1995) geht recht überzeugend hervor, dass die Textsorte die Ausprägung der pragmatischen Kulturdifferenz wesentlich mitbestimmt (HORN-HELF 2004: 501).
2. BAUMANN hat bei der Analyse wissenschaftlicher Texte festgestellt, dass Einflüsse der Mikrokultur bisweilen deutlicher hervortreten als durch die Textsorte bedingte Gemeinsamkeiten (vgl. 1992: 74).
3. Ein dritter Einflussfaktor ist der Bezug auf einen fachinternen bzw. fachexternen Adressaten, den HORN-HELF (2003) an Präferenzen bei der Formulierung von Deklarationen vorführt. Die Bedeutung dieses Faktors wird schon in der Antike gewürdigt mit dem „rhetorisch-stilistischen Prinzip des ‚Angemessenen'" (FÖGEN 2003: 39). An diesem Faktor scheiden sich hier zwei Textsorten, die fachinterne und die fachexterne Anleitung. Vgl. daher Punkt 1.

Diese Faktoren deuten an, dass „pragmatische Kulturdifferenz" (hier: Konventionen technischer Textproduktion im interkulturellen Kontrast) unterschiedliche Geltungsbereiche haben kann. Konventionen gelten nicht grundsätzlich für die gesamte Makrokultur (das wird bisher nur unterstellt). Sie können mikrokulturell determiniert sein oder auch mit dem Adressatenbezug korrelieren.

Für die Translation sind Analyseergebnisse nur insoweit relevant, als sie die bei der Textproduktion bevorzugten Verfahrensweisen (Präferenzen) erkennen lassen, seltene Erscheinungsformen sind übersetzungspraktisch ohne Belang. Daher werden in den Diagrammen ggf. nur Präferenzen an einer Mehrheit von mind. 80 % der Belege dargestellt. Präferenzen können nur dann seriös formuliert werden, wenn sie in Bezug auf Textsorte, mikrokulturelle Bindung und Adressatenbezug definiert sind. Jedes Diagramm in Kapitel 2 bietet daher eine Synopse mit Detailinformationen zu den Erscheinungsformen eines Merkmals in den 12 Analysekorpora, die jeweils eine mikrokulturelle Variante der Textsorten „fachinterne" bzw. „fachexterne Anleitung" repräsentieren. Daraus lässt sich gleichzeitig zu den verschiedenen Sprachenpaaren und Übersetzungsrichtungen ableiten, worin eine Anpassung an ZK-Präferenzen im Einzelfall bestehen müsste. Die behandelten Textmerkmale sind jeweils zu Merkmalkomplexen zusammengefasst, damit zumindest einige der zwischen ihnen bestehenden Beziehungen sichtbar werden.

Im Arbeitsbuch (Kapitel 3, CD) wird, je nach Konstellation, die Lokalisierung der einzelnen Merkmale exemplarisch vorgeführt, oder es werden, falls der praktischen Realisierung gravierende Hindernisse entgegenstehen, die Gründe für eine Unterlassung diskutiert. Während die Diagramme in Kapitel 2 Ergebnisse zu drei „angloamerikanischen" Korpora ausweisen, weil ihre Kapazität eine weitere Differenzierung nicht mehr zulässt, wird in den Beispielen in Kapitel 3 mit Ergebnissen zu britischen bzw. US-amerikanischen Anleitungen gearbeitet.

## 2.2 Merkmalkomplex: Deklarationen

Deklarationen im Sinne der Sprechakttheorie sind nach HINDELANG (1994: 49) u.a. „Sprechakte, durch die $Sp_1$ eine bestimmte Bezeichnungskonvention für ein einzelnes Objekt oder für eine Klasse von Objekten einführt". Analog lässt sich der Titel eines Textes als auf seinen Inhalt referierende Bezeichnung verstehen. Ausgehend von dieser Definition – und in Anlehnung an SCHMIDT (1996) bzw. GLÄSER (2000) –, werden daher Text- und andere Titel als „Deklarationen" bezeichnet.

### 2.2.1 Deklaration der Gesamttexte

Die herausragende Deklaration eines jeden Textes ist sein Titel, durch den der Verfasser Unterschiedliches zum Inhalt seines Textes bekannt geben kann. Zur Deklaration von Fachtexten stellen MINOGUE/WEBER (1992: 51) fest:

> Bemerkenswert ist, daß Fachtextsorten (...) aus kommunikativen Bedürfnissen hervorgegangen sind und dabei Bezeichnungen erhalten haben, die das ausdrücken, was von den an der Fachkommunikation Beteiligten als Spezifikum, als besonders relevant angesehen wurde und wird.

In der Tat gibt der Titel eines technischen Textes häufig darüber Auskunft, welcher Textsorte der Text nach der Intention des Senders zuzuordnen ist. Auch ein Anleitungstitel nennt üblicherweise die Textsorte, was bei der Analyse generell als *conditio sine qua non* für das Vorliegen einer Deklaration gilt.

Die Titel der Korpustexte unterscheiden sich zunächst darin, welche Textteile genannt werden und welche ungenannt „mitgemeint" sind. Anleitungen enthalten z.B. grundsätzlich auch nicht-anleitende Teile, mit denen der Sender für den Rezipienten die notwendigen Voraussetzungen zum Verständnis des Textes und zur Befolgung der Instruktionen schafft. Des Weiteren muss der Sender z.B. mit Sicherheitshinweisen u.a. den Vorschriften entsprechender Normen Rechnung tragen. Solche obligatorischen Konstituenten werden generell nicht erwähnt.

Sofern z.B. das Anleiten zu Betrieb bzw. Bedienung der Maschine/des Gerätes zentrales Thema ist, bildet die Betriebs- oder Bedienungsanleitung den Schwerpunkt des Textes. Andere Teile, u.a. eine technische Beschreibung, Instruktionen zum Aufstellen/Anschließen, zur Behebung von Störungen usw., können vorhanden sein, in der Deklaration jedoch unerwähnt bleiben. Eine Deklaration, die nur die zentrale Konstituente der Anleitung nennt, wird als „fokussiert" bezeichnet, z.B.:

**Fokussierte Deklaration:**

Betriebsanleitung
Инструкция по ремонту
Operating Instructions.

Demgegenüber nennt eine „integrative" Deklaration zwei oder mehr Konstituenten des Gesamttextes. Bei fachinternen Anleitungen integriert die Deklaration üblicherweise instruktive Konstituenten, fachextern auch deskriptive oder andere Teiltexte, z.B.:

**Integrative Deklaration:**
Montage-, Betriebs-, Wartungs- und Lagerungsanweisung[53]
Инструкция по монтажу и эксплуатации
INSTALLATION, OPERATION AND MAINTENANCE MANUAL.

Charakteristisch für englische Anleitungen ist eine „abstrahierende“ Deklaration. Im Gegensatz zur integrativen Variante, in der verschiedene (auch verschiedenartige) Konstituenten genannt werden, ist eine solche Deklaration soweit abstrahiert, dass beschreibende, anleitende und andere Konstituenten subsumiert werden können. Deutsche Anleitungen werden nur ausnahmsweise – und nur fachextern – abstrahierend deklariert. Dagegen zeigen die russischen Anleitungen für Gebrauchselektronik fremder Provenienz offensichtlich eine Nachbildung abstrahierender Deklarationen nach angloamerikanischem Muster.

**Abstrahierende Deklaration:**
Benutzerinformation
Инструкция пользователя[54]
User's Guide.

Verfasser deutscher und russischer Anleitungen (H) geben auf dem Titelblatt manchmal nur Produkt- und Typenbezeichnung/Warennamen an, das Titelblatt englischer Texte kann auch lediglich den Firmennamen enthalten. Da die Textsorte nicht genannt wird, gelten solche Anleitungen als „undeklariert“, z.B.:

**„Undeklariert“** (nur fachextern):
AromaSelect thermoplus Kaffeemaschine
Самовар электрический
Black & Decker.

**Analyseergebnisse:**

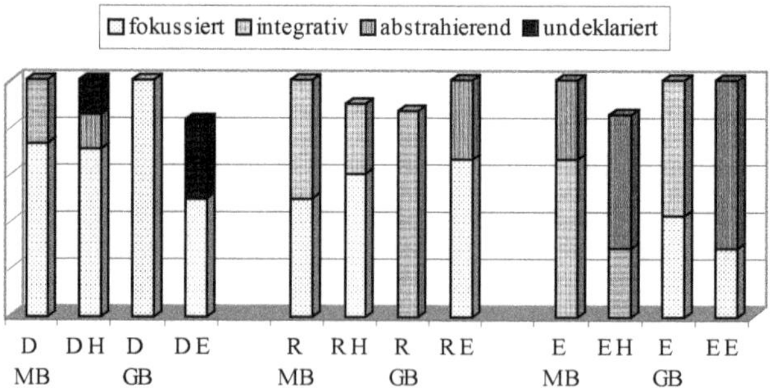


**Abb. 2.1: Deklaration der Anleitungen – Präferenzen**

---

[53] Deutsche (fachinterne und -externe) Anleitungen (für Kunden!) sind häufig unzutreffend als „Anweisung“ deklariert (vgl. dazu 1.4.3 oder auch HORN-HELF 1999a: 360-361).

[54] Der Anglizismus *юзер,* der nach KRYSIN (1996: 147) das russische *пользователь* in diesem Kontext zunehmend verdrängt, kommt in den entsprechenden Anleitungen nicht vor.

Makrokulturell[55] werden für deutsche Anleitungen fokussierte Deklarationen bevorzugt, während russische und „angloamerikanische" Texte, vor allem fachintern, primär integrativ deklariert werden. Eine zweite Präferenz ist bei russischen Anleitungen – insbesondere fachextern – und in den englischen Korpora (GB/E) die fokussierte Deklaration. Im Übrigen sind die englischen Korpustexte fachextern vorzugsweise abstrahierend deklariert, abstrahierende Deklarationen im russischen Korpus (E) gehen daher eindeutig auf die Imitation amerikanischer Anleitungstitel zurück. Deutschen fachexternen Anleitungen kann die Deklaration auch fehlen.

### 2.2.2 Deklaration von Teiltexten (TT): Bezeichnungsprinzipien

Der Analysegegenstand „Teiltext" (TT) in diesem Sinne ist ein Textteil, der mit einer eigenen Deklaration versehen ist, z.B. ein Kapitel, über die Deklaration auch identifizierbar. Die Forderung von BAUMANN (1992: 85), dass TT „nicht nur thematisch, sondern auch formal abgrenzbar sein müssen", ist daher erfüllt. Zudem ist grundsätzlich eine Differenzierung zwischen TT und Absatz notwendig:

> Analog dazu verstehen wir unter dem Teiltext eine inhaltlich determinierte, semantisch kohärente Einheit und unter dem Absatz eine formal markierte Größe der Textgliederung. Zwischen den beiden Komponenten muss keine Entsprechung bestehen (BAUMANN 2000: 121).

Infolgedessen besteht ein deklarierter TT auf der untersten Ebene rein formal aus Absätzen, die als seine (undeklarierten) Konstituenten anzusehen sind.

Zum Benennungsaspekt von TT-Deklarationen stellt SCHMIDT (1996: 438) Unterschiede zwischen deutschen und russischen fachexternen Anleitungen fest. Im Hinblick auf ihre Benennungen können TT-Deklarationen nach SCHMIDT abstrahierend oder konkret sein, d.h. die Zwischenüberschriften können allgemein gehalten oder unmittelbar z.B. auf Arbeitsgänge bezogen sein. Hat ein Text ausschließlich abstrahierende Deklarationen dieser Art, so muss der Rezipient auf der Suche nach bestimmten Informationen u.U. andere Textteile mitlesen. Konkrete Deklarationen ermöglichen dagegen einen direkteren Zugriff auf die gesuchte Information. AnleitungsautorInnen empfiehlt PICHLER (1994: 27) daher:

> Gliedern Sie die Anleitung konsequent. Immer weniger Anwender lesen Anleitungen vom ersten bis zum letzten Buchstaben durch. Sie schalten das Gerät ein und fangen an, Elemente zu betätigen. – Dafür benötigen Anwender eher aktuelle Hilfe für Einzelhandlungen oder Handlungsfolgen.

Das Kriterium des Bezeichnungsprinzips geht über den Benennungsaspekt hinaus, es erfasst das Verhältnis einer Deklaration zu den ihr subordinierten Deklarationen bzw. zum Inhalt der nachgeordneten undeklarierten Konstituenten (Absätze). Diese Relation lässt sich nur dann ermitteln, wenn einer Deklaration zumindest zwei Deklarationen bzw. zwei Absätze nachgeordnet sind. Eine Deklaration kann ausnahmsweise inadäquat sein, im Übrigen werden fünf Relationen unterschieden:

---

[55] „Makrokulturell" bedeutet hier eine Gemeinsamkeit in beiden Mikrokulturen, die vom Adressatenbezug unabhängig ist.

Eine „abstrahierend“ genannte Deklaration ist so allgemein formuliert, dass Unterschiedliches subsumiert werden kann und Rückschlüsse vom Titel auf den TT-Inhalt nicht möglich sind (vgl. auch 2.2.1).

**Abstrahierende Deklaration:**

1.1 Allgemeine Angaben
I. ОСНОВНЫЕ СВЕДЕНИЯ ПО ВАГОНООПРОКИДЫВАТЕЛЮ
INTRODUCTION.

Sie unterscheidet sich daher u.a. von dem, was SCHMIDT (1996: 438) bei ihrer Betrachtung des „Benennungsaspektes“ von TT-Deklarationen in russischen fachexternen Anleitungen eine „abstrahierende Deklaration“ nennt, z.B.:

6. *Podgotovka k rabote* („Vorbereitung auf die Arbeit“)

„Abstrahierend“ bedeutet bei SCHMIDT, dass die verschiedenen Arbeiten der Vorbereitungsphase lediglich unter dieser subsumierenden Deklaration erfasst werden, d.h. sie vermisst konkrete Deklarationen für einzelne Vorbereitungsarbeiten. Ein Grund ist sicher der generell geringe TT-Umfang, der einer weiteren Gliederung im Wege stehen dürfte. Wird jedoch von dieser „abstrahierenden Deklaration“ der Bezug zum Inhalt des nachgeordneten TT hergestellt, so sind zwei Relationen denkbar: Beschränkt sich der Textproduzent gemäß Deklaration auf die Darlegung der vorbereitenden Arbeitsschritte (Auspacken, Aufstellen, Anschließen usw.), wird diese Deklaration als „superordinativ“ anzusehen sein, z.B.:

**Superordinative Deklaration:**

*1. Relation: Aufgabe – Teilhandlungen*
Waschmittelschublade reinigen
Arbeitsschritte 1.-6.
6.1 Установка элементов питания
Arbeitsschritte 1-3
Filling the Dispenser
Arbeitsschritte 1.-4.

Im Sinne von SCHMIDT konkrete Deklarationen kommen, auch in russischen fachexternen Anleitungen, dann vor, wenn der Titel eines Kapitels einen Gegenstand benennt, der in jeweils konkret deklarierten TT in seinen Bestandteilen beschrieben wird. Die Relation zwischen übergeordneten und abhängigen Deklarationen ist in diesen Fällen ebenfalls superordinativ, z.B.:

*2. Relation: Ganzes – Teile*
2.2 Aufbau des Antriebs
– Der Motor
– Das Steuerungsgehäuse
– Das Netzmodul
– Der Sollwertgeber
– Der Synchronisator
– Das Bedienfeld
Передняя панель
Клавиши управления видеомонитором
Клавиши регулировки
Клавиши включения электропитания

(1) Display Window
Upper line
Lower line.

Deklarationen auf höheren Textebenen werden häufig unter Verwendung eines Verbands- bzw. Gattungsbegriffs formuliert, damit sie die Inhalte der nachgeordneten TT subsumieren können. Nachgeordnete TT-Deklarationen enthalten Teil- bzw. Artbegriffe, z.B.:

*3. Relation: Verbands-/Gattungsbegriff – Teil-/Artbegriffe*

2.4 Zubehör
2.4.1 Ausheizmantel
2.4.2 Belüftungseinrichtung
2.4.3 Kühlaggregat
2.4.4 Luftkühlung – Nachrüstsatz
2.4.5 Federungskörper

2. РАБОТА ОТДЕЛЬНЫХ ЭЛЕМЕНТОВ КОМПЛЕКСА
2.1 Тактильный щуп ПР
2.2 Система обеспечения безаварийности работы

3.4.9 Cooling Systems
Water cooling
Recirculating Coolant Bath
Direct Refrigeration System.

Nutzt der Textproduzent den bei SCHMIDT (s.o.) erwähnten TT dagegen noch für andere Informationen, so nennt die Deklaration „Vorbereitung“ nur das zentrale Thema und gilt als „fokussiert“ (vgl. auch 2.2.1). In den folgenden Beispielen sind die Teile kursiv hervorgehoben, die zwar einen Bezug zum TT-Thema haben, von der übergeordneten Deklaration jedoch nicht als Teilhandlung erfasst werden können und deshalb einer superordinativen Relation im Wege stehen, z.B.:

**Fokussierte Deklaration:**

4.4 Einstellen der Punktdicke
*Farbbänder trocknen mit der Zeit aus.* Druck des Fallbügels verstärken durch Absenken des Stellhebels.
*Hilft das nicht mehr, Farbbänder austauschen.*

12. ТЕХНИЧЕСКОЕ ОБСЛУЖИВАНИЕ [Wartung]
Dieses Kapitel behandelt Umfang, Häufigkeit und Ablauf der Wartungsarbeiten beim Betrieb.
Rechtzeitige und sorgfältige Wartung verhindert Störungen und fördert die Betriebssicherheit der Waage.
*Zur Bedienung dürfen nur Personen mit Erfahrung im Umgang mit automatischen Geräten nach einer Schulung in Sicherheits- und Betriebsvorschriften für diese Waage zugelassen werden.*
Zur Regelung, Reparatur und Einrichtung von Waage und Zusatzgeräten dürfen nur Personen zugelassen werden, die diese Beschreibung und die Anleitungen für die Zusatzgeräte gelesen haben.
Während die Waage läuft, sind Schmierung und andere Wartungsarbeiten untersagt.
Wartungsarbeiten sind täglich, monatlich und jährlich vorzunehmen.[56]

---

[56] Deklarationen werden mit dem Wortlaut des Originals wiedergegeben. Die Texte der TT können angesichts ihres Umfangs nur in Form von Inhaltsangaben dargestellt werden.

Pre-Operation Check List

Vor der ersten Inbetriebnahme Folgendes prüfen: (...)

*Nach einigen Betriebsstunden Gurte prüfen und nachstellen zur Kompensation der Anfangsdehnung.*

*Nach 150 h Getriebeöl wechseln.*

Vor jedem Betrieb Becherwerk prüfen und wie folgt warten: (...).

Der russische TT „Wartung“ (s.o.) enthält eine „themenfremde“ Instruktion und gilt allein deshalb als fokussiert deklariert. Im Übrigen zeigt er eine weitere Variante der Fokussierung, denn selbst die themenbezogenen sind allgemeine Instruktionen, die nicht als Handlungsschritte zur Aufgabe „Wartung“ aufgefasst werden können.

Wie die Gesamttexte, so können auch TT integrativ deklariert sein. Da zwei oder mehr der behandelten Themen genannt werden, sind integrative TT-Titel zumeist umfangreicher als fokussierte, z.B.:

**Integrative Deklaration:**

10. Ersatzteilhaltung und Kundendienst

4. УСТАНОВКА И МОНТАЖ ПР, ОСНОВНОГО ТЕХНОЛОГИЧЕСКОГО И ВСПОМОГАТЕЛЬНОГО ОБОРУДОВАНИЯ, ВХОДЯЩИХ В СОСТАВ КОМПЛЕКСА

Initial start-up/checking line current.

Eine „koordinative“ Bezeichnungsrelation liegt dann vor, wenn die superordinierte Deklaration durch die nachgeordneten Deklarationen ergänzt wird, z.B.:

**Koordinative Deklaration:**

3 Arbeitsweise

3.1 Überstromstufe I [Arbeitsweise der Überstromstufe I]

3.2 Hochstromstufe I

1. ТЕКУЩИЙ РЕМОНТ

Барабан [Текущий ремонт барабана]

Привод

Редуктор

Смазочная система

INSTALLATION

Indicator Unit [Installation of Indicator Unit]

Gauge Head.

Sofern nachgeordnete Deklarationen bzw. TT mit der superordinierten Deklaration inhaltlich nicht zumindest soweit korrespondieren, dass eine fokussierte Relation vorliegt, gilt die Deklaration als „inadäquat“. In diesem Fall hat sie mit dem Inhalt der abhängigen TT nichts bzw. nicht viel zu tun, z.B.:

**Inadäquate Deklaration:**

Spare Parts

Das Gerät ist komplex.

DIY- oder Reparaturen durch unqualifizierte Personen können Gefahren verursachen, das Gerät beschädigen und die Garantie ungültig machen.

Haben Sie ein Problem, gehen Sie kein Risiko ein, rufen Sie an. Den Hotpoint-Service finden Sie im Telefonbuch.

**Analyseergebnisse:**

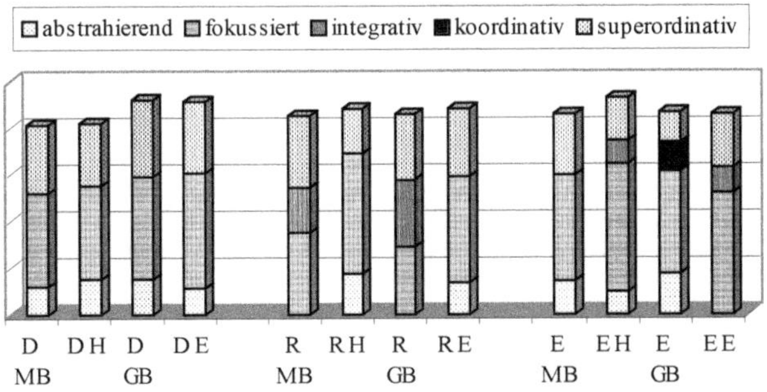


**Abb. 2.2: Bezeichnungsprinzipien in TT-Deklarationen – Präferenzen**

Zu den Präferenzen gehören interkulturell die Prinzipien von Fokussierung und Superordination, in fachexternen Texten ist der Anteil fokussierter Deklarationen besonders hoch. Fachintern wird in deutschen und russischen Anleitungen häufiger gemäß einer superordinativen Deklaration getextet. Integrative Deklarationen sind vor allem in russischen fachinternen Texten, abstrahierende vermehrt in russischen fachexternen und englischen fachinternen Anleitungen zu finden. Einen signifikanten Anteil koordinativer Relationen zeigt nur das Korpus (E GB).

### 2.2.3 Deklaration von Tabellen

Eine Tabellendeklaration hat u.a. die Funktion einer Inhaltsangabe zu erfüllen. Ist eine Tabelle mit einem Titel versehen, so gilt sie als „direkt" deklariert. Dabei ist unerheblich, ob zusätzlich eine entsprechende Bezeichnung (*Tabelle*, *Таблица, Table*) oder deren Abbreviatur vorhanden ist, z.B.:

**Direkte Deklaration:**

INSPEKTIONS-WARTUNGSLISTE
Таблица 3. Характеристика редуктора
Table I. Vibrator Nut and Cap Screw Torque Requirements.

Dagegen hat eine „indirekt" deklarierte Tabelle zwar keinen Titel, es ist jedoch ein „Anbindungsverweis" (KALVERKÄMPER 1993: 226) vorhanden, der mit einem Hinweis auf den Tabelleninhalt kombiniert ist und der Tabelle unmittelbar vorausgeht. Auch eine indirekte Deklaration gibt dem Rezipienten daher Hilfestellung bei der Interpretation der zusammengestellten Informationen, z.B.:

**Indirekte Deklaration:**

Die längstmöglichen Schmierfristen sind abhängig von Normgröße und Wellendrehzahl, wie in der **nachfolgenden Tabelle** angegeben.
Биение барабанов по наружному диаметру не должно превышать значений, указанных **в табл. 13**.
The **following troubleshooting table** is provided for this purpose.

In den deutschen und englischen Korpora wird in dieser Weise auf Tabellen verwiesen, denen neben dem Titel in der Regel auch die Nummer fehlt. In den russischen Anleitungen hat die Tabelle üblicherweise eine Nummer (z.B.: Таблица 13).

**Analyseergebnisse:**

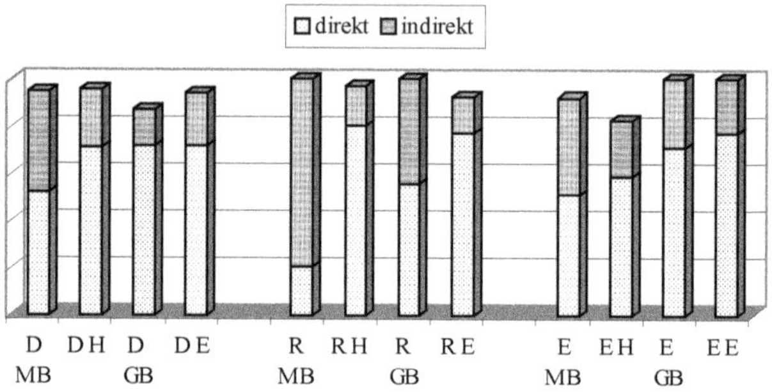


**Abb. 2.3: Deklaration der Tabellen – Präferenzen**

In den fachinternen Texten (MB) werden Tabellen interkulturell (d.h. in den hier betrachteten Makrokulturen) besonders häufig indirekt deklariert. Gleichzeitig ist die indirekte Deklaration ein Charakteristikum der fachinternen russischen und englischen Korpora. Fachextern wird Tabellen häufiger ein Titel beigegeben.

## 2.3 Merkmalkomplex: Einschubtexte

### 2.3.1 Deklaration von Einschubtexten

In beschreibende oder instruierende Anleitungsteile werden TT eingeschoben, die vom übrigen Text abgesetzt sind. Sie können mit eigenen Deklarationen – in Form von Signalwörtern – versehen sein. Mit diesen Einschubtexten, die z.T. Sicherheits- oder Warnhinweise darstellen, erfüllt der Hersteller u.a. die gesetzliche Instruktionspflicht gegenüber seinem Kunden:

Ist ein Produkt für die vorgesehene Benutzergruppe und alle seine erkennbaren Anwendungen nicht angemessen sicher, können bei seiner Anwendung Gefahren entstehen, so gehört es zur Pflicht des Anbieters (Herstellers wie Lieferers, z.B. bei Drittlanderzeugnissen), durch zielgruppengerechte Informationen die Benutzer über den sicheren Gebrauch verständlich und vollständig zu informieren und vor Gefahren bei vorhersehbarem, gefährlichem, auch Miß- oder Fehlgebrauch zu warnen (BAUER 1994: 17).

Die Varianzbreite von Signalwörtern ist – zumindest für deutsche und englische Anleitungen – eingeschränkt. Ihre Verwendung soll mit dem jeweiligen Grad der Gefährdung korrelieren. In der VDI 4500-1 (1995: 7) werden für deutsche Anleitungen drei Signalwörter („Schlüsselwörter“ genannt) vorgegeben:

Personenschäden zu verhindern hat höchste Priorität. Dafür ist das Schlüsselwort „*Gefahr*“[57] evtl. mit zusätzlichem Bildzeichen zu verwenden. Drohende Sach- oder Umweltschäden sind durch „*Achtung*“ zu kennzeichnen. „*Hinweis*“ bezeichnet nützliche Zusatzinformationen und Anwendungstips. Diese Schlüsselwörter und ihre Funktionen dürfen nicht geändert oder durch andere Begriffe ersetzt werden.

SCHMITT hat mehrfach (1995/1996/1999) Ergebnisse seiner Analysen von Sicherheits- und anderen Hinweisen in deutschen und „englischen“[58] Pkw-Betriebsanleitungen publiziert. Er hat festgestellt, dass Signalwörter durchaus nicht immer in der vorgeschriebenen Weise (s.o.) verwendet werden. Besonders kritisch erscheinen ihm Einschubtexte, die mit *Hinweis* deklariert sind:

Das Signalwort *Hinweis* bezog sich jedoch auch auf ein breites, undifferenziertes Spektrum von Informationen, das von Risiken der Sachbeschädigung (...), über Fehlfunktionen (...), Bedienungstips (...) bis zu Werterhaltungsempfehlungen (...) reichte. – Unter *Hinweis* stehen außerdem Querverweise zu anderen Handbuchpassagen sowie allgemeine Informationen zum Betrieb und Unterhalt des Fahrzeugs (1999: 138 bzw. 139).

Als „fast ausnahmslos konsequent und eindeutig“ beurteilt SCHMITT (1999: 143) die Verwendung der entsprechenden Signalwörter in den „englischen“ Anleitungen, insbesondere „*Cautions* (Hinweis auf Sachschadensrisiko) und *Warnings* (Hinweis auf Verletzungs- bzw. Unfallrisiko)“.

Für russische Anleitungen bestehen offenbar ebenfalls Einschränkungen in der Varianzbreite von Signalwörtern, eine Korrelation mit der Art der Gefährdung ist nicht erkennbar. In fachinternen Anleitungen kommt ausschließlich *Примечание* vor, fachextern werden verschiedene Signalwörter verwendet: neben *Примечание* auch *Внимание* und *Помните*, in einer Anleitung fremder Provenienz (PC) zusätzlich noch *Предупрежденue* und *Замечание.*

Die semantische Entsprechung zwischen *Внимание* und *Achtung* sowie zwischen *Примечание* und *Hinweis* findet in ihrer Verwendung keine Parallele: in den Korpustexten werden durch *Внимание* bzw. *Примечание* ganz unterschiedliche Signale gegeben, z.B.:

**ВНИМАНИЕ** Bei der Behebung von Störungen Sicherheitsvorschriften beachten.
**ВНИМАНИЕ!** Falls das Bild keine Farbe hat, prüfen, ob der Sättigungsregler links steht und der Kanal richtig eingestellt ist.
**ВНИМАНИЕ!** Die Batterie gehört nicht zum Lieferumfang.
Примечание Bei fortgesetzter willkürlicher Bewegung des Roboters Notstop betätigen.
**Примечание** Die Abtauzeit lässt sich verkürzen mit einem Gefäß heißen Wassers.
**Примечание** Bei Lieferung hat der Hersteller die folgende technische Dokumentation beizufügen: (…).

[57] Das Signalwort *Gefahr* kommt grundsätzlich nicht vor.
[58] Dieses Korpus enthält Anleitungen britischer, amerikanischer und japanischer Hersteller (vgl. SCHMITT 1999: 134).

### 2.3.1.1 Klassifikation der Signalwörter

Die in den Korpora verwendeten deutschen und englischen Signalwörter lassen sich absteigend ordnen (vgl. auch SCHMITT 1999: 156). Angesichts einer ungeregelten Verwendung[59] russischer Signalwörter wird zur Klassifikation Folgendes festgelegt:

Das einzige Signalwort, das sich überhaupt für Warnhinweise eignet, ist *Внимание*. Eine entsprechende Verwendung wird deshalb als [+metakommunikativ] beurteilt. Den übrigen fehlt schon semantisch jede Möglichkeit, die erforderliche Signalbedeutung zu entwickeln.

| Signalwort | Signalbedeutung |
|---|---|
| *Vorsicht/Внимание/DANGER/WARNING* | Gefahr von Personenschaden |
| *Achtung/Внимание/CAUTION* | Gefahr von Sachschaden |
| *Wichtig/Внимание/IMPORTANT* | Gefahr von Funktionsstörungen |
| *Hinweis/Примечание/NOTE* | Hinweis auf Bedienungs- und andere Erleichterungen, hilfreiche Informationen und Tipps |

**Tab. 2.1: Signalwörter und Signalbedeutung**

Zusätzlich zu diesen Signalwörtern können verschiedene andere gefunden werden, die sich als Variationen klassifizieren lassen (vgl. Tab. 2.2).

| Signalwort | Variationen |
|---|---|
| *Vorsicht* | *Warnung* |
| *Внимание* [Personenschaden] | *ВНИМАНИЕ! БУДЬТЕ ОСТОРОЖНЫ!* |
| *DANGER/WARNING* | *BE ALERT* |
| *Achtung* | *Zur Beachtung/Bitte beachten/Beachten* |
| *Внимание* [Sachschaden] | *Предупреждение* |
| *CAUTION* | *Attention* |
| *Hinweis* | *Allgemeine Hinweise/Wichtiger Hinweis/ Anmerkung/Tipp/Merke* |
| *Примечание* | *Помните/Замечание* |
| *NOTE* | *HINT/N.B./REMEMBER* |

**Tab. 2.2: Signalwörter und ihre Variationen**

### 2.3.1.2 Klassifikation der Signalwortverwendung

Die Signalwortverwendung wird als [+metakommunikativ] angesehen, wenn der zugehörige Einschubtext inhaltlich der Signalbedeutung gemäß Tab. 2.1 entspricht.

**Verwendung [+metakommunikativ]**

*Gefahr von Personenschaden:*

**Vorsicht** Vorsicht mit Flusssäure. Arbeitsverordnung beachten!
**ВНИМАНИЕ** Nicht öffnen, Gefahr eines elektrischen Schlages.

[59] Ein Indiz ist u.a. die Tatsache, dass die staatlichen Institutionen (als Verfasser der russischen Anleitungen MB) in Hinweisen aller Art ausschließlich *Примечание* verwenden.

**DANGER** Hände und Füße vom Eintrag fernhalten.
**WARNING! RISK OF CHILD ENTRAPMENT** Altgerät zügig entsorgen, Schloss unbrauchbar machen.

*Gefahr von Sachschaden:*
**Zur Beachtung!** Für Standbilder über 30 Minuten mit Regler 23 Kontrast reduzieren, um Einbrennbilder zu vermeiden.
***Внимание*** PC nicht ausschalten, wenn diese Anzeige leuchtet. Sonst ist Datenverlust möglich.
**Caution** Nach Entfernen der Unwuchtgewichte Vibrator nicht laufen lassen. Sonst werden die Lager beschädigt.

*Gefahr von Funktionsstörungen:*
**Wichtig!** Vor dem Anschließen der Batterie Schalter auf Aus stellen.
**Внимание** Steht der Griff des Temperaturreglers ganz rechts, sind Minustemperaturen im Kühlschrank möglich.
**Important** Kabel locker lassen, damit die Anschlüsse während des Vibrierens nicht belastet werden. Bei Feuchtigkeit so locker lassen, dass das Wasser nicht am Kabel entlang in den Vibrator laufen kann.

*Bedienungs- und andere Erleichterungen:*
**Anmerkung:** Der Parameter 606 ist zur Korrektur besonders schnell über die Taster „G“ (...) zugänglich.
**Примечание** Eine luftdichte Verpackung ist optimal, damit nichts austrocknet und sich kein Eis an den Wänden bildet.
**NOTE** Falls Düsen verschiedener Größen gereinigt werden sollen, Größen getrennt halten.

Bei der Signalwortverwendung [-metakommunikativ] sind verschiedene Varianten zu unterscheiden. Zumeist ist das Signalwort „**unterdimensioniert**“, d.h. die Gefahr, vor der im Einschubtext gewarnt wird, ist größer, als die Signalbedeutung es nahe legt. So weist z.B. das Signalwort auf Sachschaden oder Funktionsstörung hin, während es im Einschub um Verletzungsgefahr geht.

Im umgekehrten Fall ist das Signalwort „**überdimensioniert**“, d.h., die Signalbedeutung legt eine Gefahr nahe, die nicht besteht. Z.B. wird bei Warnung vor Sachschaden ein Wort mit der Signalbedeutung „Personenschaden“ verwendet.

Zudem kann das Signalwort seiner Signalbedeutung „**entfremdet**“ sein, d.h., der Einschub enthält weder eine Warnung vor einem der genannten Risiken noch eine hilfreiche Information im Sinne einer Erleichterung für den Betreiber/Benutzer.

**Verwendung [-metakommunikativ]**

*„unterdimensioniert“*
**Anmerkung:** Die Verwendung von Fetten mit anderer Verseifungsbasis führt zu erheblich schlechteren Schmierergebnissen und verringert die Lebensdauer der Lager.
**Примечание** Reparaturen an Gebern sind unzulässig. Nur von Fachleuten vornehmen lassen.
**CAUTION Personal Injury Hazard** Fest geschlossene Gefäße können explodieren. Öffnen, Plastikbeutel anstechen.

*„überdimensioniert“*
**Achtung:** Nach Reset müssen alle individuell eingestellten Parameter neu eingestellt werden.
**Warning** Vor längerem Stillstand schmieren, Welle monatlich drehen, um Korrosion zu vermeiden. Bei Lagerung über 3 Monate vor Inbetriebnahme mit frischem Fett spülen.

*„entfremdet“*

**Achtung**: Der Synchronisator darf nicht geöffnet werden! Zuwiderhandlungen führen zum Verlust des Garantieanspruches![60]
**ПОМНИТЕ**! Bei Verlust des Talons keine Reparatur auf Garantie.
**IMPORTANT** Kaufbeleg aufbewahren für den Garantiefall.

SCHMITT (1999: 138) referiert außerdem alternative Formulierungen, die, im Gegensatz zu Signalwörtern, die Art des jeweiligen Risikos explizit nennen:

Derart prominente Sicherheitshinweise beschränken sich konsequent auf Verletzungsrisiken, wobei Mercedes differenziert zwischen *Verletzungsgefahr!, Unfallgefahr!* sowie, gelegentlich, *Schleudergefahr!* und *Vergiftungsgefahr!*.

Parallelen kommen nur in Anleitungen (H) vor: es geht jedoch nicht nur um Verletzungsrisiken, sondern auch um möglichen Sachschaden, z.B.

Keine Lösungsmittel verwenden. **Explosionsgefahr!**
Neue bunte Wäsche nicht mit anderer Wäsche zusammen waschen. **Verfärbungsgefahr!**

Solche „Warntexte“ (GÖPFERICH 1998: 386) können in amerikanischen Anleitungen (MB/H) mit Signalwörtern kombiniert sein (zu Beispielen s.o. – zur Gestaltung der Warnhinweise vgl. 2.3.2).

**Analyseergebnisse:**

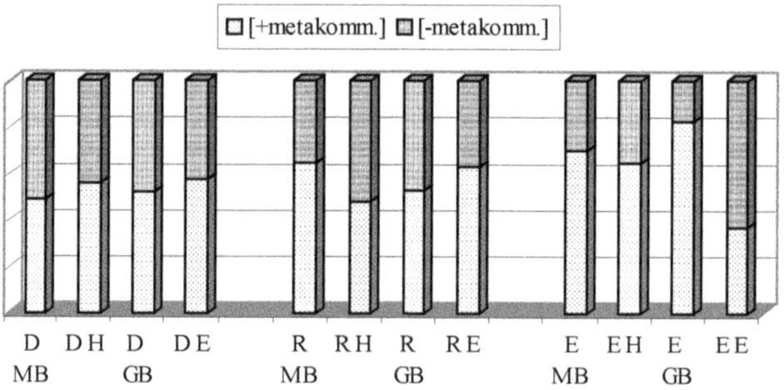


**Abb. 2.4: Verwendung der Signalwörter**

SCHMITT (1995: 218) vertritt die Auffassung, dass „im Englischen (...) die Bedeutung der Signalwörter *Warning, Caution* und *Note* nahezu universell etabliert ist“. Abb. 2.4 lässt ahnen, wie weit die Einheitlichkeit bei der Verwendung dieser Signalwörter innerhalb der „angloamerikanischen“ Kultur noch von „Universalität“ entfernt ist. Gemäß Diagramm wird die Signalbedeutung von Signalwörtern in deutschen Anleitungen fachextern besser beachtet, in englischen Texten fachintern. Die Situation in den russischen Korpora ist eher diffus: fachintern beschränkt man sich auf *Примечание*, fachextern werden verschiedene Signalwörter verwendet.

---

60 Der mit einem Garantieverlust verbundene Schaden ist kein Sachschaden, sondern ein Vermögensschaden, d.h. es handelt sich um einen „in Geld oder geldwerten Gütern (...) ausdrückbaren Nachteil“ (CREIFELDS 2000: 1136).

### 2.3.2 Gestaltung von Warnhinweisen: Analyseergebnisse

Russische Warnhinweise beschränken sich grundsätzlich auf das Signalwort. In deutschen und britischen Anleitungen wird häufig ebenso verfahren. Im Übrigen sind Warnhinweise jedoch recht unterschiedlich gestaltet:

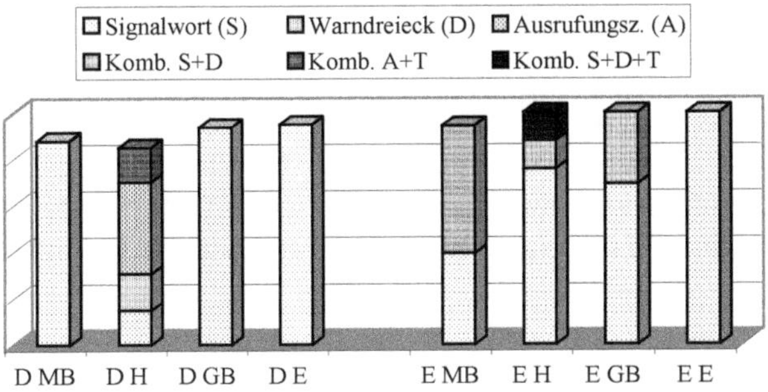


**Abb. 2.5: Gestaltung von Warnhinweisen – Präferenzen**

Typisch für amerikanische fachinterne Anleitungen ist die Kombination (S+D), bei der das Signalwort durch ein invertiertes Warndreieck verstärkt wird, z.B.:

In amerikanischen Anleitungen für Hausgeräte wird diese Kombination gelegentlich noch mit einem Warntext (T) ergänzt, der das konkrete Risiko nennt, z.B.:

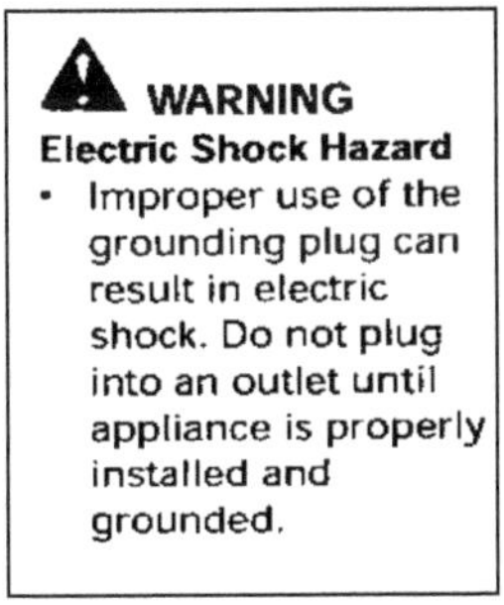


Das deutsche Korpus (H) enthält wenige Signalwörter. Vergleichsweise unauffällig sind die isolierten Warndreiecke/Ausrufungszeichen am linken Rand des TT, z.B.:

Verwenden Sie nur Marken-Klarspüler für Geschirrspüler. Füllen Sie niemals andere Mittel (z.B. Essigessenz) oder Geschirrspülreiniger in den Vorratsbehälter für Klarspüler. Dies würde das Gerät beschädigen.

! 1 Minute nach dem Ausschalten ist das Einfüllfenster entriegelt. Beim Öffnen kann Lauge auslaufen!

Möglicherweise sollen sie Signalwörter ersetzen. Typisch ist die Kombination aus vorangehendem Ausrufungszeichen und anschließendem Warntext (A+T), z.B.:

! Niemals lösungsmittelhaltige Reinigungsmittel in der Waschmaschine verwenden! **Explosionsgefahr!**

Amerikanische Anleitungen für Messgeräte – wie offenbar auch solche für PKW (vgl. SCHMITT 1999: 145) – zeigen dagegen nicht-invertierte Warndreiecke z.B.:

**Caution**

Always use a filter on the inlet of the flowmeter. Failure to filter the gas flow may change the calibration and/or permanently damage the sensor.

## 2.4 Merkmalkomplex: Sprechhandlungen

### 2.4.1 Klassifikationsmöglichkeiten

Je nach Intention hat ein Textproduzent verschiedene Aufgaben zu erfüllen. EGGS (1996: 620) unterscheidet folgende „Basis-Aufgaben der Textherstellung“:

(i) einen Sachverhalt oder Sachverhaltszusammenhang beschreiben,
(ii) zeitliche Abläufe beschreiben, berichten und erzählen,
(iii) Handlungs- und Versuchsabläufe vorschreiben,
(iv) Sachverhaltszusammenhänge erklären,
(v) argumentativ Forschungsergebnisse vortragen, begründen und kritisieren.

Zur Realisierung dieser Aufgaben sind Sprechhandlungen notwendig, die teilweise zur Konstitution besonderer Textsorten geführt haben: das Beschreiben (Textsorte „Beschreibung“), das Berichten (Textsorte „Bericht“), das Vorschreiben (z.B. Textsorte „Anweisung“), das Erklären (z.B. Textsorte „Lehrbuch“), das Argumentieren (z.B. Textsorte „Fachzeitschriftenartikel“) u.v.a.m., deren Vielfalt u.a. in einer Klassifikation als Kommunikationsverfahren (KV) erfasst wurde.

Eine gewisse Entsprechung finden die von EGGS (s.o.) genannten Aufgaben der Textproduktion in dem, was ROSSICHINA (1991: 50, in Analogie zum deutschen Begriff „Darstellungsarten“) „композиционно-речевые формы (КРФ)“ nennt: Bericht (повествование), Beschreibung (описание), Erörterung (рассуждение) und

Charakteristik (характеристика). Diese dominieren die Funktionalstile unterschiedlicher Kommunikationsbereiche (d.h. die Sprachverwendung unterschiedlicher Mikrokulturgruppen). Die Erörterung ist die primäre Darstellungsart in den Geisteswissenschaften (mit Ausnahme historischer Texte), sie kann zur Beschreibung wechseln und Elemente von Charakteristik/Bericht enthalten. In Naturwissenschaften und Technik wird primär beschrieben, möglich sind Wechsel zur Charakteristik und Elemente von Erörterung/Bericht (vgl. ROSSICHINA 1991: 57-58).

BAUMANN (1992) bietet eine umfassendere (d.h. nicht auf wissenschaftliche Texte beschränkte) Klassifikation von Sprechhandlungstypen an:

[Wir gehen] in unseren Betrachtungen von den fünf Grundtypen kognitiver Prozesse aus, deren der Mensch prinzipiell fähig ist. Sie sollen im Hinblick auf ihre sprachliche Realisierung als geistig-sprachliche Komplexverfahren (KoV) bezeichnet werden. Hierbei handelt es sich um die Deskription, Narration, Exposition, Argumentation und Instruktion (121-122).

Mit dem Konzept der Komplexverfahren (KoV) hat BAUMANN die Vielfalt der Kommunikationsverfahren (KV) überschaubar geordnet (zu einer detaillierten Gegenüberstellung von KoV/KV vgl. BAUMANN 1992: 138). Zwei dieser KoV erfüllen die Funktion des Informierens: „Deskription" und „Narration". Empfehlen, Klassifizieren und Definieren gehören zum KoV „Argumentation", während die „Exposition" auch das Erörtern und Beurteilen umfasst. Die Klassifikation der KoV unterscheidet sich von den „Darstellungsarten" (s.o.) vor allem durch das KoV „Instruktion" (mit KV wie Appellieren, Auffordern, Befehlen und Bitten).

BIRKENMAIER/MOHL (1991) setzen Sprechhandlungstypen in Beziehung zu den damit realisierten KV. Über entsprechende Paraphrasen erläutern sie die verschiedenen Sprechhandlungen, die nach ihrer Auffassung bestimmte Textsorten dominieren und dadurch deren Textfunktion determinieren: Diese Klassifikation folgt der Sprechakttheorie von SEARLE und hat daher eine andere Orientierung als die KoV bei BAUMANN, selbst wenn im Ergebnis gewisse Parallelen bestehen.

**Informationsfunktion:**
Ich, der Emittent, informiere dich, den Rezipienten, über den Sachverhalt X (139).

Die Informationsfunktion ist charakteristisch z.B. für Textsorten wie Bericht oder Beschreibung. Die dominante Sprechhandlung ist das Repräsentativum, mit dem u.a. die KV Feststellen, Berichten, Mitteilen, Erklären realisiert werden, z.B.:

Der Gasballast ist erst dann voll wirksam, wenn die Pumpe betriebswarm ist.
В телевизоре предусмотрена одна программа (8-ая) для воспроизведения сигнала от видеомагнитофона, подаваемого на антенный вход телевизора.
The motor is equipped with bearings which contain sufficient lubrication for the life of the motor.

**Appellfunktion:**
Ich, der Emittent, fordere dich, den Rezipienten, auf, die Einstellung X zu übernehmen (= Meinungsbeeinflussung) und/oder die Handlung Y zu vollziehen (= Verhaltensbeeinflussung), z.B. beim Anleiten und Anweisen von Handlungen (147).

Als Texte mit Appellfunktion fassen BIRKENMAIER/MOHL u.a. zwei verschiedene Textsorten (Anleitung und Anweisung) zusammen. Die dominante Sprechhandlung ist das Direktivum, mit dem z.B. die KV Bitten, Anordnen, Empfehlen realisiert werden. Dem Unterschied zwischen instruktiver und direktiver Textfunktion[61] tragen sie dadurch Rechnung, dass sie zur direktiven Sprechhandlung in instruktiven Texten eine abweichende Paraphrase formulieren, weil der Adressat einer Anleitung durch eine Instruktion nicht prinzipiell zur unmittelbaren Handlung aufgefordert, sondern nur über Handlungsschritte informiert wird:

Wenn man X tun möchte, dann beachte man folgende Hinweise (152).

Von anderer Qualität ist die Situation bei direktiven Texten:

Die direktive Funktion begegnet in allen Situationen, in denen ein Abhängigkeitsverhältnis, meist institutionell geregelt, besteht, wobei eine Person/Institution legitimiert ist, zu befehlen, anzuordnen, vorzuschreiben und die Betroffenen grundsätzlich den vorgegebenen Handlungsspielraum nicht überschreiten dürfen (MÖHN 1991: 192).

Daher ist es bei einem Text mit direktiver Funktion, z.B. einer Anweisung, durchaus angemessen, eine Instruktion als (bindende) Aufforderung zu interpretieren:

Für den Fall, dass X getan werden muss, fordere ich, der Emittent, dich, den Rezipienten, auf, die Handlung Y zu vollziehen.

**Obligationsfunktion:**
Ich, der Emittent, verpflichte mich (gegenüber dem Rezipienten), die Handlung X zu tun (212).

Bei dieser Paraphrase zu Kommissiva, mit denen z.B. das KV Versprechen realisiert wird, denken BIRKENMAIER/MOHL (1991: 212) vor allem an die Variante des Verpflichtens, bei der es um die Erfüllung von Wünschen des Rezipienten geht:

Gelübde, Gelöbnisse, Garantiescheine sind Ausdruck dieser Funktion, ebenso Verträge, Abkommen, Konventionen u.ä. Bei letzteren sind alle Unterzeichner zugleich Emittent und Rezipient.

In Anleitungen verpflichtet sich der Hersteller durch kommissive Sprechhandlungen seinem Kunden gegenüber u.a. zur Garantieleistung, z.B.:

Innerhalb dieser Garantiezeit beseitigen wir nach unserer Wahl durch Reparatur oder Austausch des Gerätes unentgeltlich alle Mängel, die auf Material- oder Herstellungsfehlern beruhen.
При правильной эксплуатации завод-изготовитель гарантирует нормальную работу пылесоса в течение 18 месяцев после приобретения его в магазине.
The normal United Kingdom guarantees apply and all services schemes are available.

Andere Zusagen betreffen z.B. die Konformität des Produktes zu bestehenden Normen oder auch die Unterstützung durch den Kundendienst im Störungsfall.

**Deklarationsfunktion:**
Ich, der Emittent, bewirke hiermit, daß X als Y gilt (227).

Die Besonderheit der Deklarationsfunktion, die durch KV wie Ernennen oder Definieren realisiert wird, besteht nach BIRKENMAIER/MOHL (ebd.) darin, dass „durch die (erfolgreiche) Textäußerung ein neuer Sachverhalt geschaffen" wird. Zusätzlich weisen sie auf den institutionellen Rahmen hin, an den deklarative Texte üblicherweise gebunden sind (vgl. auch HINDELANG 1994: 50).

---

[61] Diese Unterscheidung kann zum KoV „Instruktion" bei BAUMANN (1992: 138) nur auf der Ebene der KV abgeleitet werden.

Mit Sprechhandlungen, die hier als deklarativ gelten, wird versucht, durch Beschränkung bzw. Ausschluss von Garantieleistungen Tatsachen zu schaffen, z.B.:

Schäden, die durch Arbeiten ohne Splitterschutz entstehen, sind von der Gewährleistung ausgeschlossen.
Холодильник снимается с гарантии, если был проведен ремонт лицом, не имеющим на это соответствующего разрешения.
The manufacturer declines any liability should this safety measure not be observed.

Inwieweit diese Sprechhandlungen erfolgreich sind, hängt nicht allein vom „Sprecher" ab. Eine entscheidende Rolle spielen Gesetzgebung und Rechtsprechung zum Verbraucherschutz und zur Produkthaftung (Produzentenhaftung). Sofern solche elementaren Rechte und Pflichten durch die zu schaffenden Tatsachen nicht tangiert werden (z.B. beim Änderungsvorbehalt), darf wohl ein erfolgreicher Vollzug dieser Sprechakte angenommen werden.

Die dominante Sprechhandlung mit **Kontaktfunktion** (vgl. auch BAUMANN 1992: 138) ist das Expressivum, mit dem KV wie Danken, Gratulieren, Bedauern oder Grüßen realisiert werden, z.B.:

Wir wünschen Ihnen mit Ihrem neuen Braun-Gerät viel Freude.
Благодарим Вас за покупку интегрированного телефонного аппарата Panasonic.
We are proud to have you as a customer.

Die Betrachtung der Sprechhandlungen orientiert sich hier weitgehend an der Differenzierung der Sprechakttheorie, wie bei BIRKENMAIER/MOHL (1991) dargestellt (zu den Einschränkungen vgl. 2.4.3). Dies soll insbesondere die Kompatibilität der Ergebnisse mit anderen Forschungsarbeiten sicherstellen, die terminologisch und klassifikatorisch vorrangig auf diese Typen referieren.

### 2.4.2 Distribution

Die Ausführungen bei ROSSICHINA (1991) zeigen, dass die „Darstellungsarten" in den jeweiligen Textsorten nicht isoliert vorkommen (s.o.). Angesichts der grundsätzlich unvermeidlichen Mischung von Sprechhandlungen hält GLÄSER (1990: 300) die KV für ungeeignet zur Abgrenzung von Fachtextsorten, „weil sie inhaltlich wie funktional stets an der Themenentfaltung und somit der Textkonstitution generell beteiligt sind".

Jedoch sind einige KV, z.B. die des Bittens, Aufforderns und Empfehlens, an der Konstitution bestimmter Textsorten offensichtlich nur eingeschränkt beteiligt. Gerade diese Beschränkung macht nach SAGER et al. (1980: 27) einen wesentlichen Unterschied zwischen (natur)wissenschaftlichen und technischen Texten aus:

Science is essentially concerned with the extension of knowledge, technology with the application of knowledge: technology is always expository, educational, instructional, the speech act focussing on the recipient, there is always an inequality of knowledge. Directive speech acts are therefore virtually absent in the language of science and frequent in the language of technology.

Selbst wenn also alle Sprechhandlungstypen in allen Textsorten gefunden werden könnten, wäre dennoch anzunehmen, dass ihre jeweilige Frequenz in Abhängigkeit von der Textfunktion signifikant variiert.

In Anleitungen können – anders als in Anweisungen – Handlungsabläufe nicht vorgeschrieben werden, das Verhältnis zwischen Hersteller und Kunde schließt eine Weisungsbefugnis aus (vgl. auch 1.4.3). Der Hersteller erfüllt mit der Anleitung seine „Instruktionsverantwortung" (BAUER 1994: 14), die Betreiber/Benutzer einer Maschine/eines Gerätes fragen in der Anleitung das zur Bedienung notwendige Handlungswissen ab, aus eigenem Interesse – wie MÖHN (1991: 193) betont. Die Beachtung der Instruktionen liegt daher ebenfalls in ihrem eigenen Interesse.

Gleichzeitig ist auch richtig, dass instruktive Texte dieser Art mit direktiven Sprechhandlungen allein nicht auskommen. So bemerkt AITKEN (2002: 92) zu Recht, dass der Instruktion eine Beschreibung (und ggf. Erklärung) dessen vorausgehen muss, an dem die Instruktion ausgeführt werden soll:

> I shall refer to them here as representational and interpersonal functions respectively. Of the two, we might view the former as being prior to the latter: for example, using language in order to direct someone to do something will invariably involve providing a linguistic representation of somc state of affairs.

Anleitungen lassen diese „Koppelung mit informativen Anteilen" (MÖHN 1991: 188) in der Tat deutlich erkennen. Auch die Analysen zur Textkomposition (vgl. 2.8) zeigen überaus eindrucksvoll, dass die Korpustexte nicht nur instruktive und deskriptive TT sowie instruktiv-deskriptive Misch-TT enthalten, sondern selbst im Wesentlichen instruktiv-deskriptive Mischtexte sind.

Da Repräsentativa auch – vermutlich mit erheblich höherer Frequenz – in anderen (technischen) Textsorten auftreten, sollte in Anleitungen nicht ihnen, sondern den Direktiva die Rolle der textdominanten Sprechhandlung zufallen. Kommissive, deklarative und expressive Sprechakte kommen ebenfalls vereinzelt vor. Gerade die Seltenheit ihres Auftretens dürfte für diese Textsorten charakteristisch sein.

### 2.4.3 Analysemodus

Anhand der Analyseergebnisse sollen zwei Fragen beantwortet werden:

1. Stellt das Direktivum in Anleitungen die textdominante Sprechhandlung dar?
2. Welche Präferenzen bestehen makro- bzw. mikrokulturell hinsichtlich der Äußerungsformen für Direktiva?

Zu diesem Zweck werden zwei Gruppen von Sprechhandlungen unterschieden: 1. Repräsentativa u.a. und 2. Direktiva. Im Vergleich z.B. zu GÖPFERICH (1995) sind hier allerdings zwei Einschränkungen notwendig. Sie legt für ihre Analyse fest:

> Als einen Sprechakt werte ich jeweils einen Hauptsatz mit allen von ihm abhängigen Gliedsätzen und gliedsatzwertigen Konstruktionen (Infinitiv- und Partizipialkonstruktionen) (318).

Der Gruppe der Nicht-Direktiva rechne ich all diejenigen Sprechakte zu, die keine direktiven Elemente – weder im Hauptsatz noch in einem der Gliedsätze oder gliedsatzwertigen Konstruktionen – enthalten (321).

Für die Ermittlung direktiver Sprechhandlungen bedeutet ein solches Vorgehen, dass ein komplexer Satz wegen einer direktiven Form insgesamt als Direktivum gezählt wird, ohne Rücksicht auf ggf. vorhandene andere Sprechhandlungen. Dadurch fallen zahlreiche Nicht-Direktiva generell aus der Zählung heraus, z.B. Begründungen, die zu Direktiva häufig innerhalb der Satzgrenzen gegeben werden.

Hier werden komplexe Sätze als Kombinationen von Sprechhandlungen angesehen, so wird z.B. die Begründung zu einem Direktivum als Repräsentativum gezählt. Als möglicher Lösungsansatz zu einer genaueren Quantifizierung der Sprechhandlungen bietet sich der Rückgriff auf die Gesamtzahl finiter Verbformen an, die auch in anderen Analysen (vgl. z.B. 2.5.1) als Bezugsgröße dient, mit einer zusätzlichen Unterscheidung nach direktiv/nicht-direktiv. Auf diese Weise lassen sich repräsentative und andere Sprechhandlungen generell korrekt ermitteln, die Bedeutung der Direktiva wird dagegen nicht unbedingt adäquat abgebildet.

In Tab. 2.3 erscheint die Gruppe „Repräsentativa u.a." insbesondere deshalb als textdominant im deutschen Korpus, weil Direktiva hochfrequent unter Verwendung des imperativischen Infinitivs geäußert und beim Rückgriff auf die finiten Verbformen nur etwa 50 % der Instruktionen erfasst werden.

| Finite Verbformen | Belege D 2227 | Belege R 2412 | Belege E 2887 |
|---|---|---|---|
| Anteil Repräsentativa u.a. | **64,71 %** [1441] | 37,52 % [905] | 42,74 % [1234] |
| Anteil Direktiva | 35,29 % [786] | **62,48 %** [1507] | **57,26 %** [1653] |

**Tab. 2.3: Verteilung finiter Verbformen auf verschiedene Sprechhandlungen**

Aus diesem Grund wird als Kriterium die Sprechhandlungsdichte gewählt. Diese wird für jedes Textkorpus ermittelt als die Anzahl der zu „Repräsentativa u.a." gehörigen finiten Verbformen je 100 Sätze Textumfang. In die Zählung zur Direktivadichte gehen neben den finiten Verbformen auch die imperativischen Infinitive ein. Wird z.B. die Anzahl der deutschen Belege (1484 direktive Verbformen) in Bezug gesetzt zur Anzahl der Sätze des deutschen Textkorpus (2177), so ergibt sich gemäß Tab. 2.4 eine Dichte von 68,17, d.h., 68,17 % der deutschen Sätze enthalten ein Direktivum. Dieses Kriterium ist letztlich wiederum satzbezogen, hat aber gegenüber der Verfahrensweise bei GÖPFERICH (s.o.) den Vorteil, dass auch die nicht-direktiven Sprechhandlungen vollständig erfasst werden. Die Dichtewerte verändern das Bild ganz grundsätzlich – nicht nur beim deutschen Korpus: das Direktivum erscheint als eindeutig textdominante Sprechhandlung.

Wie sinnvoll eine Unterscheidung von Sprechhandlungen auch innerhalb der Satzgrenze ist, wird daran deutlich, dass Direktivum und Repräsentativum ausweislich Tab. 2.4 in den Sätzen der Korpora zumeist gemeinsam vorkommen.

| SPRECHHANDLUNG | KORPUS D | KORPUS R | KORPUS E |
|---|---|---|---|
| Dichte von Repräsentativa u.a. | 66,19 [1441/2177] | 45,30 [905/1998] | 61,79 [1234/1997] |
| Dichte der Direktiva | **68,17** [1484/2177] | **93,99** [1878/1998] | **82,77** [1653/1997] |

**Tab. 2.4: Sprechhandlungsdichte (Anzahl je 100 Sätze)**

### 2.4.3.1 „Repräsentativa u.a."

Diese Gruppe umfasst mehrheitlich Repräsentativa, jedoch auch einzelne Kommissiva, Deklarativa und Expressiva (vgl. 2.4.1). Dazu zählen ebenso Sprechhandlungen, die GÖPFERICH (1995: 333-334 bzw. 342-343) als „Sprechakte des Erlaubens" bzw. „des Freistellens" klassifiziert, z.B.:

Das Kühlsystem ist unter normalen Betriebsbedingungen nahezu wartungsfrei (334).
The harness is self-retracting (343).

Diese Beispiele werden hier als Informationen des Herstellers über eine für den Kunden vorteilhafte konstruktive Lösung interpretiert, was insbesondere dann nahe liegt, wenn eine Begründung beigegeben ist. Ein „Erlauben" entspricht hier kaum der Senderintention, z.B.:

> Die Statorscheiben sind geteilt und können **so** in der Waagerechten nach der Seite herausgezogen werden.
> Die Relais haben individuell kalibrierte Skalen, die zur Markierung der Potentiometerstellungen und der Drehknöpfe Kalibrierpunkte vor dem 1. Kalibrierstrich aufweisen. **Dadurch** kann jederzeit geprüft werden, ob sich etwa ein Potentiometerknopf auf der Potentiometerachse verdreht hat.

### 2.4.3.2 „Direktiva"

Direktiva werden nach Äußerungsformen geordnet ausgezählt. Frühere Analysen (z.B. KUSSMAUL 1990, GÖPFERICH 1995) haben bereits gezeigt, dass verschiedene Makrokulturen hier unterschiedliche Präferenzen (Konventionen) haben. Natürlich beziehen sich SAGER et al. (1980: 27) auf englische, primär mit Imperativ geäußerte, Instruktionen, wenn sie direktiven Sprechhandlungen eine augenfällige Form attestieren: "Any request, order, instruction, prohibition, exhortation, or warning is directive and its distinct linguistic form is usually obvious". In deutschen und russischen Texten sind Direktiva nicht ganz so offensichtlich, weil die Äußerungsformen erheblich vielfältiger und fachintern/-extern auch unterschiedliche Präferenzen erkennbar sind (vgl. Abb. 2.6).

### 2.4.3.2.1 Äußerungsformen für Instruktionen

Tab. 2.5 zeigt an Ergebnissen zu direktiven Textsorten (Werkstatthandbuch D/E – vgl. GÖPFERICH (1995: 350-351) und Anweisung R) Präferenzen dieser Art.

Das russische Analysekorpus umfasst 1000 Sprechakte aus vier Anweisungen, die sich an die Mitarbeiter des jeweiligen Kombinates (OEMK bzw. BMK) richten und daher am ehesten den von GÖPFERICH analysierten Werkstatthandbüchern (WH) vergleichbar sind. Die Instruktionen sind im Sinne von HINDELANG (1994: 56 bzw. 57) zum einen WEISUNGEN (der Kombinatsleitung an die Mitarbeiter) und zum anderen ANORDNUNGEN (z.B. staatliche Sicherheitsvorschriften).

| Äußerungsform | WH D | WH E | Anweisung R |
|---|---|---|---|
| Imperativischer Infinitiv | **86,71 %** | 0 % | 28,71 % |
| Deontischer Hinweis | 10,51 % | 2,98 % | **52,31 %** |
| Imperativ | 0 % | **95,93 %** | 0 % |
| Präsens u.ä. | 2,78 % | 1,09 % | 18,98 % |

**Tab. 2.5: Äußerungsformen für Instruktionen in direktiven Texten**

Der imperativische Infinitiv gehört nach VINOGRADOV (1986: 490) zu den kategorischen russischen Äußerungsformen. Ein Grund für den eher zurückhaltenden Gebrauch in den Anweisungen dürfte sein, dass sich die Instruktionen an unterschiedliche Mitarbeiter richten, die mit ihrer Funktion im Kombinat/Werk angesprochen werden müssen. Dazu eignen sich weder Infinitive noch Imperative, sondern nur Präsensformen und deontische Hinweise, d.h. Handlungszuweisungen im Sinne von HINDELANG (1994: 74): „Man kann im Deutschen einen Sprecher $Sp_2$ zu einer Handlung X auffordern, indem man sagt, daß $Sp_2$ X-en muß (DEONTISCHER HINWEIS)".

Der russische Imperativ wird nach PERCOV (1998: 89) als weniger kategorisch empfunden und vielleicht deshalb primär für fachexterne Adressaten verwendet (vgl. Abb. 2.6). Im Übrigen gehören zu den Präferenzen in Anweisungen und Anleitungen die gleichen Äußerungsformen:

**Deontischer Hinweis**

Die Eingangsumformer mit den Einstellpotentiometern befinden sich hinter der Diagramm-Kassette, die zu diesem Zweck aus dem Schreiber **entfernt werden muss**.

Вся техническая документация **должна иметь** отметку заказчика о принятии к производству.

Before connecting the instrument to an a.c. power source the monitor and sensor units **must be connected** together.

**Imperativ**

Bitte **beachten Sie**, dass die Verschraubungen öldicht eingesetzt werden müssen.

**Включите** конвейер и в момент прохождения поперечной полосой реперной отметки **нажмите** кнопку «Сброс» счетчика импульсов.

**Try** to avoid too many "T" pieces or unnecessary pipe-work.

**Imperativischer Infinitiv**

Aufgetretene Schäden bitte sofort dem Hersteller **mitteilen**.

**Снять** шланги Ш5, Ш6, Ш7 с системы УПМ-331 и **проверить** выводы их разъемов на отсутствие контакта с корпусом.

**Präsens**

Jetzt **wird** am Nullpunktpoti so lange **gedreht**, bis 0 an der Anzeige erscheint.

Проверка установки роликоопор по диагонали (размер В) **производится** при помощи реек, устанавливаемых на роликоопоры, как показано на рис. 4, вид Т.

On older instruments this **is done** by simply re-orientating the secondary perspex window which sits behind the outer window.

**Analyseergebnisse:**

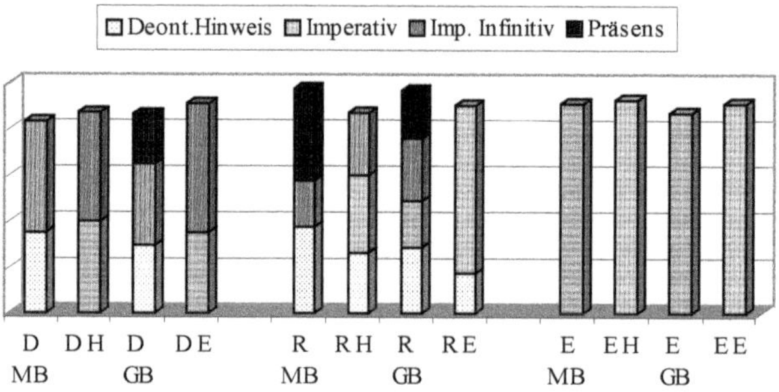


**Abb. 2.6: Äußerungsformen für Instruktionen – Präferenzen**

Die primäre Äußerungsform für Instruktionen in deutschen Anleitungen ist der imperativische Infinitiv, hinzu kommen fachintern der deontische Hinweis und fachextern der Imperativ (vgl. Abb. 2.6). Auf diese Weise wird in fachexternen deutschen Texten ein unpersönlicher Stil (Infinitiv) mit einem persönlichen (Imperativ) gemischt:

Um einerseits einen abwechslungsreichen, freundlichen, für den technischen Laien gut lesbaren Text zu erzeugen, andererseits aber dem Leser die für ihn erforderlichen Informationen so knapp wie möglich zu vermitteln, ist es sinnvoll, in Anleitungen niedrigen Fach(sprach)lichkeitsgrads beide Stile zu mischen (GÖPFERICH 1995: 369).

Charakteristisch für russische Anleitungen sind fachintern deontische Hinweise und Präsensformen, fachextern löst der Imperativ das Präsens ab. In den englischen Korpora dominiert der Imperativ, Alternativen haben Ausnahmestatus. Analoges zeigt sich im Korpus (R E): die deontischen Hinweise stammen überwiegend aus originär russischen Texten, die Imperative dagegen aus solchen fremder Provenienz.

### 2.4.3.2.2 Äußerungsformen für Empfehlungen

Der Unterschied zwischen deontischen Hinweisen in Instruktionen und solchen in Empfehlungen liegt in der Verbindlichkeit (vgl. in diesem Sinne auch MÖHN 1991: 202). In deutschen und „angloamerikanischen“ Texten ist der deontische Hinweis die primäre Äußerungsform für Empfehlungen, z.B.:

Wartungs- und Reparaturarbeiten **sollten** nur von entsprechend ausgebildetem Personal **durchgeführt werden**.
To prevent from erasing valuable recordings, record prevention tab **should be broken off** completely so that the fragment isn't left within the slot.

Im Übrigen werden für Empfehlungen (unpersönlich formulierte) Performative bevorzugt, z.B.:

**Empfehlenswert ist**, unterhalb des Big-Bags eine Palette zu stellen, auf die das gefüllte Big-Bag zum Abtransport abgesenkt werden kann.
Монтаж конвейера **рекомендуется** производить в такой последовательности: (...).
**It is recommended** that this be displayed in CIF mode.

## Analyseergebnisse:

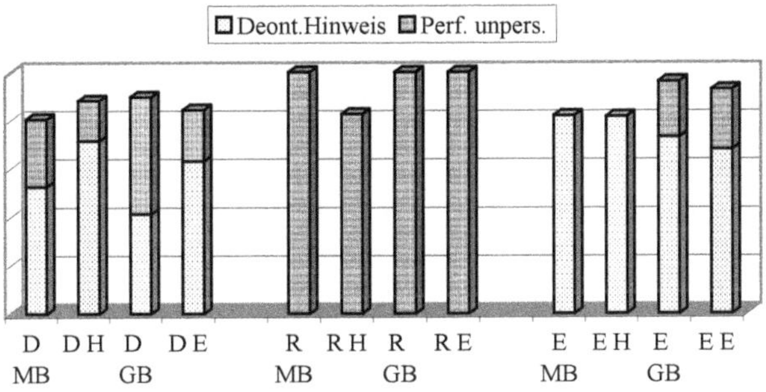


**Abb. 2.7: Äußerungsformen für Empfehlungen – Präferenzen**

Deutsche und „angloamerikanische" Textproduzenten favorisieren den deontischen Hinweis. Eine in fachinternen deutschen Texten und in den Korpora (E GB/E) häufige Alternative ist der unpersönliche (passivische) Performativ, der in russischen Anleitungen dominiert. Deontische Hinweise sind hier wegen des Konjunktivs zu umständlich, pragmatisch also keine echte Alternative.

## 2.4.3.2.3 Verbformen in Direktiva: Analyseergebnisse

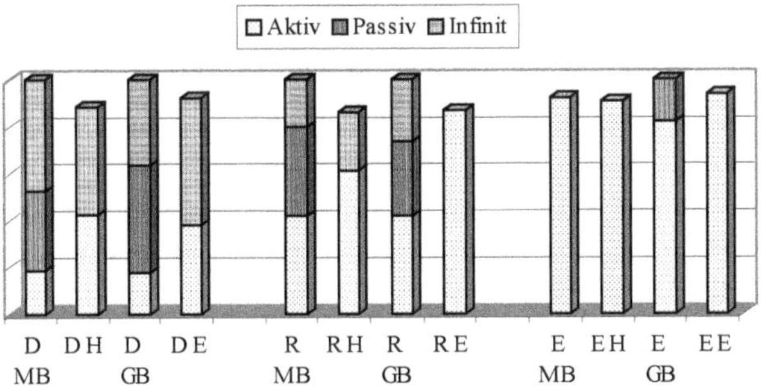


**Abb. 2.8: Verbformen in Instruktionen/Empfehlungen – Präferenzen**

In deutschen Anleitungen werden fachintern primär infinite und passivische Verbformen verwendet, fachextern lösen aktivische Formen die passivischen weitgehend ab. Der Appell, den PICHLER (1994: 31) aus der Sicht des „Technical Writing" an die Produzenten fachexterner Anleitungen richtet, wird also durchaus befolgt: „Passivkonstruktionen sind in Anleitungstexten *verboten*. Schaffen Sie Klarheit: Nennen Sie das handelnde Subjekt". Grund für die verbreitete Ablehnung passivischer Formulierungen ist nach KRINGS (1996: 94) die (offenbar irrige) Annahme von Schwerverständlichkeit:

> Aus der Tatsache, dass wir im Falle eines Abrufs aus unserem Gedächtnis die ursprünglich passivisch und/oder negativ formulierte Information aktivisch und positiv wiedergeben, wird geschlossen, daß wir die Information in aktivischer und positiver Form besser verstehen und besser behalten können. (...) Genau diese Hypothese konnten File und Jew mit Hilfe ihres Versuchsaufbaus überprüfen. Das Ergebnis lautete: Die Hypothese stimmt für die Negation, nicht aber für das Passiv.

Passivformen sind auch in russischen Anleitungen fachintern häufig, primäre Alternative sind hier allerdings Aktivformen. Fachextern ist der Passivanteil gering, es herrschen aktivische Verbformen vor. Englische Direktiva sind – als Ergebnis des dominanten Imperativgebrauchs – überwiegend aktivisch formuliert. Analog geht der extrem hohe Anteil von Aktivformen in den russischen Texten fremder Provenienz (R E) auf die Imitation dieser „angloamerikanischen" Präferenz zurück.

## 2.5 Merkmalkomplex: Stilistische Aspekte

Stilistische Merkmale von Fachtexten hält BAUMANN (1992: 54) im Hinblick auf ihre Textsorte für sehr aussagefähig: mit seinem Konzept der Textsortenstile können „übergreifende Tendenzen im Gebrauch stilistischer Mittel aufgezeigt werden". Dieses Konzept ist entsprechend zu erweitern, weil an den beiden Textsorten, die mit dem Bezug auf fachinterne bzw. fachexterne Adressaten korrelieren, neben makrokulturellen auch mikrokulturelle Besonderheiten untersucht werden.

### 2.5.1 Passivgehalt

Den „Passivanteil finiter Verbformen" (GLÄSER 1990: 73) nennt GÖPFERICH (1995: 412) „Passivgehalt", den sie definiert als „den prozentualen Anteil der Passivformen an der Summe aller finiten Verbformen".

Bei Analysen technischer Texte wurden nach SAGER et al. (1980: 209) Passivgehalte zwischen 26 % und 32 % festgestellt, sie folgern daraus, "that extensive use of the passive voice is one of the most prominent characteristics of technical writing". Diese Feststellung deckt sich durchaus mit den Ergebnissen anderer Arbeiten.

Am Passivgehalt wird nicht nur makro-, sondern auch mikrokulturelle Differenz sichtbar (vgl. auch HORN-HELF 2006b, Abb. 2). Abb. 2.9 zeigt Vergleichswerte zu deutschen, russischen und US-amerikanischen Fachzeitschriftenartikeln des Eisenhüttenwesens (Eh) und der Linguistik sowie der Kfz-Technik (vgl. GÖPFERICH 1995: 414, Fig. 7.5-1) und der (Kern-)Physik (vgl. STAHLHEBER 1992: 180-181, Abb. 12 u. 13a).

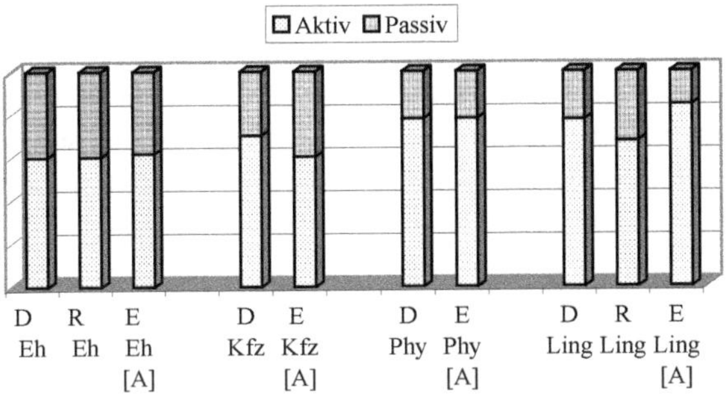


**Abb. 2.9: Passivgehalt in Fachzeitschriftenartikeln**

Abgesehen von den Artikeln der Kfz-Technik, laufen diese Ergebnisse allerdings dem zuwider, was nach der Einschätzung bei SAGER et al. (1980: 209-210) für das Englische im Vergleich zum Deutschen oder Russischen zu erwarten wäre:

A further reason for the high frequency of occurrence of the passive voice in SE is the lack of an alternative mode of expression. Whereas French, German and Russian, for example, use reflexive verbs, impersonal active clauses and predicate adjectives with passive force, English has no equivalents apart from a few constructions, since anything more than occasional use of the impersonal pronoun *one* makes even a text written in formal style sound stilted.

Eine deutliche Differenz besteht gemäß Abb. 2.9 im Passivgehalt technischer Artikel einerseits und natur- bzw. geisteswissenschaftlicher Artikel andererseits.

Weitere Unterschiede zwischen Texten einer Mikrokultur scheint der Adressatenbezug (fachinterne vs. fachexterne Kommunikation) zu begründen: FIEDLER (1992: 158) stellt zu ihren Analysen pädagogischer Rezensionen fest: „Im englischsprachigen Korpus wurde für die wissenschaftlichen Texte ein Passivgehalt von 21,7 % und für die populärwissenschaftlichen Texte ein erwartbar niedrigerer Wert von 16,7 % ermittelt". GÖPFERICH (1995: 414, Fig. 7.5-1) weist für deutsche und US-amerikanische Fach- und popularisierende Zeitschriftenartikel der Kfz-Technik (vgl. 480-481) ebenfalls signifikante Abweichungen im Passivgehalt aus:

| | | |
|---|---|---|
| Fachzeitschriftenartikel: | D: **29,73** % | E: **39,57** % |
| Popularisierende Zeitschriftenartikel: | D: **12,14** % | E: **8,63** %. |

### 2.5.1.1 Auszählmodus für deutsche und englische Texte

Der Passivgehalt wird durch Auszählung der in einem Text vorkommenden finiten Verbformen ermittelt. Es gilt als akzeptiert, dass es sich dabei um Formen entsprechend dem Eintrag „Finite Verbform" bei BUSSMANN (1983: 142) handelt:

Konjugierte, d.h. nicht nur hinsichtlich der Kategorien Tempus und Genus Verbi, sondern auch hinsichtlich Person, Numerus und Modus gekennzeichnete Verbform, vgl. *du kommst* gegenüber den infiniten Formen *kommen* (Infinitiv) und *gekommen* (Partizip II).

Entsprechend rechnen SAGER et al. (1980: 212-213) neben dem Infinitiv auch die Partizipien zu den infiniten Verbformen. Diese Sichtweise ist sowohl für das Englische als auch für das Deutsche einleuchtend. Gezählt werden die zugehörigen Hilfs- oder Modalverben, die Partizipien sind Indikatoren des Genus verbi, z.B.:

Da je nach Ansaugdruck der Schmutzfänger eine Drosselung des Saugvermögens bis zu 40 % **bewirkt**, **kann** bei sauberen Arbeitsprozessen der Schmutzfänger **herausgenommen werden**.
For continuous duty application, **inspect** the pump daily until a life pattern **is established**.

Die Beispiele enthalten jeweils zwei finite Verbformen, eine Aktivform (*bewirkt/inspect* – werden gezählt) und eine Passivform (*kann/is* – werden gezählt, *herausgenommen werden/established* – sind Passivindikatoren). Der englische Imperativ wird hier als Aktivform gezählt. Das entspricht der Beurteilung bei QUIRK/GREENBAUM (1996: 200), die zum Imperativsatz ("command") schreiben: "(…) it has an imperative finite verb (…)". GLÄSER (1990: 247-248) stellt dagegen fest, „daß durch den dominierenden Satztyp des Imperativsatzes der Anteil finiter Verbformen im Aktiv weiter reduziert wird", d.h., sie betrachtet ihn als infinit.

Im Übrigen entspricht der Auszählmodus weitgehend, d.h. mit einer Ausnahme, den Ausführungen bei GÖPFERICH (1995: 412-413) zur Klassifikation von Passivformen. Zum folgenden Beispiel schreibt sie: „(...) so habe ich die Konstruktion als zwei finite Verbformen gezählt, zum einen als Passiv- und zum anderen als Aktivform".

[10] ... der Hebel, der mit A verbunden und verschiebbar ist, ...
... der Hebel, der mit A verbunden ist und verschiebbar ist, ...

Dagegen werden hier Formen wie *ist verschiebbar* (und ihre englischen Entsprechungen) ebenfalls als Passivformen gezählt:

Die Relaiskontakte **sind** mit max. 250 V, 3 A (rein ohmsche Last) **belastbar** [können belastet werden].
Items #6 & #7 **are interchangeable** [can be interchanged].

Diese Auffassung wird u.a. gestützt durch die Beurteilung von Adjektiven auf *-bar* bei FLEISCHER/BARZ (1992: 5): „Als Ergänzung des Paradigmas **passivischer** Verbformen kann das Modell deverbaler Adjektivbildung auf *-bar* betrachtet werden" (Hervorhebung von mir – H-H). Des Weiteren werden entsprechende deutsche Reflexiva als Passivformen gezählt, z.B.:

**Lassen sich** die angegebenen Werte **nicht einstellen**, entsprechende Modul-Steckkarte austauschen, neue Karte abgleichen [können nicht eingestellt werden].

### 2.5.1.2 Besonderheiten der Auszählung russischer Texte

Die Verbformen des Russischen können zum Teil auch in der erwähnten Weise gezählt werden, die Beispiele enthalten eine Passiv- und zwei Aktivformen:

Через отверстие **добавляются** (при непрерывном процессе) компоненты для смешивания.
После того как сцепщик **разъединил** сцепку, помощник оператора **включает** звонок.

Russische Partizipien sind dagegen den deutschen bzw. englischen nicht ohne weiteres vergleichbar. Da sie nicht infinit sind gemäß obiger Definition, weist ihnen MULISCH (1993: 111) eine Mittelstellung zwischen Verben und Adjektiven zu:

einerseits verfügen sie über die verbalen Kategorien des Aspekts, Genus verbi und Tempus (meist nur relatives Tempus) und werden von Verbalstämmen mit bestimmten Suffixen gebildet, andererseits haben sie Adjektivendungen, werden wie Adjektive dekliniert und drücken damit die Kongruenzkategorien des Genus (Geschlechts), Numerus und Kasus aus, teilweise bilden sie auch Kurzformen wie Adjektive (vor allem Part.Prät.Pass.).

Russische Adverbialpartizipien sind dagegen unflektierbar, sie stehen nach MULISCH (1993: 113) zwischen Verb und Adverb (vgl. auch KALININA 1998: 85).

Die Besonderheiten erschöpfen sich nicht in der Feststellung, dass russische Partizipien nicht im üblichen Sinne infinite Verbformen sind. Wenn vergleichbare Ergebnisse erzielt werden sollen, müssen bei der Auszählung russischer Texte zudem finite Verbformen „hinzugedacht" werden. Deutsche bzw. englische Passivformen enthalten eine finite Form von *sein* bzw. *to be*, die Präsensformen des Verbs *быть* fehlen dagegen auf der Ausdrucksebene grundsätzlich, z.B.:

Der in sich geschlossene Ölvorratsraum **ist** mit Öl **gefüllt**.
В инструкции **даны** указания по монтажу, испытанию вагоноопрокидывателей, сдаче их в эксплуатацию, а также **приведены** положения по приемке и хранению оборудования на складах и основные правила по технике безопасности.
As the main frame assembly **is supported** by springs it **is** elastically **isolated**.

Sofern kein zählbares Modalverb vorhanden ist, steht das russische Partizip „allein". Auch adjektivischen Prädikaten und Gleichsetzungsnominativen kann im Präsens die Verbform fehlen, z.B.:

Die Turbo-Molekularpumpen der Reihe **sind** in ihrem konstruktiven Aufbau grundsätzlich **ähnlich**.
Der Werkstoff des Rotors **ist eine** hochwertige **Aluminiumlegierung** (...).
Фильтр 3 **разборный**.
Электропылесос „Вихрь" – универсальный бытовой прибор.
The pathlength of the CIRCLE **is** not **variable**.
Cylindrical Internal Reflection (CIR) **is a** relatively low throughput **technique**.

Dieses Faktum interpretiert AKIMOVA (1990: 66) als Nullzeichen, dem Bedeutung zugewiesen wird („нулевой признак с глагольным значением"). Das ist so neu nicht: In Wort- und Terminusbildung sind z.B. Null-Suffixe seit langem bekannt, und ihre Bedeutung ist bei der Bildung von Nomina agentis, instrumenti und actionis klar nachweisbar (vgl. HORN-HELF 1997a: 177-182). In diesem Kontext handelt es sich analog um „syntaktische Nullen“ mit der Bedeutung einer Präsensform von *быть*, diese werden daher als finite Verbformen gezählt.

Eine andere Variante der „syntaktischen Null“ (im Russischen auch repräsentiert als Gedankenstrich) findet sich in Satzellipsen (vgl. auch ROZENTAL’ et al. 1995: 427). Hier wird, im zweiten Teilsatz einer Satzverbindung, eine beliebige Form des Vollverbs getilgt (nicht wiederholt), das im ersten Teilsatz verwendet wurde, z.B.:

Два из них – верхний и высокотемпературный (гриль) – установлены в верхней части жарочного электрошкафа, а нижний – под днищем.
Большой фильтр рассчитан на шесть порций и маленький – на две.

Auch in englischen Satzverbindungen kann der zweite Teilsatz in dieser Weise elliptisch sein, ein Gedankenstrich zur Markierung ist nicht üblich. QUIRK et al. (1972: 578) geben zu „ellipsis of predication“ u.a. folgendes Beispiel:

I *work* in a factory, and my brother (works) on a farm.

In beiden Fällen sind die getilgten Verbformen zu zählen, für die russischen Beispiele als Passiv-, für das englische Beispiel als Aktivform.

Ein weiterer interlingualer Unterschied besteht in der Formulierung deontischer Hinweise (vgl. 2.4.3.2.1). Im Deutschen und Englischen ist – wie erwähnt – in der Regel ein zählbares Modal- oder Hilfsverb vorhanden, z.B.:

Frei zugängliche Saug- und Druckstutzen an Anlagen und Geräten **müssen**, sofern sie eine direkte oder indirekte Unfallgefahr darstellen, mit einem Drahtgitternetz **gesichert werden.**
Reparatur-, Montage- und Wartungsarbeiten **sind** nur dann **vorzunehmen**, wenn das Gerät bzw. die Anlage außer Betrieb gesetzt ist.
Orifices **must be put** in containers that are placed in water in the ultrasonic cleaner.
If orifice assemblies **are to be stored** before cleaning, place in containers marked with the orifice size.

Im Russischen können neben Modalverben auch modale Zustandswörter oder adjektivische Kurzformen (vgl. MULISCH 1993: 202) auftreten, z.B.:

При „бесподкладочных“ методах монтажа **следует соблюдать** требования „Инструкции по креплению технологического оборудования фундаментными болтами“.
В винтовых натяжных устройствах **необходимо обеспечить** параллельность и прямолинейность направляющих.
Для этого **нужно выполнить** следующие операции: (...).
Монтажные работы **должна выполнять** специализированная организация, имеющая опыт монтажа подъемно-транспортного оборудования.

Um Vergleichbarkeit herzustellen, werden bei der Zählung neben den russischen Modalverben auch diese Formen berücksichtigt. Abhängige Infinitive bzw. Partizipien fungieren ebenfalls als Aktiv- bzw. Passivindikatoren. Russische Reflexiva wie z.B. *является* werden als Aktivformen gezählt.

**Analyseergebnisse:**

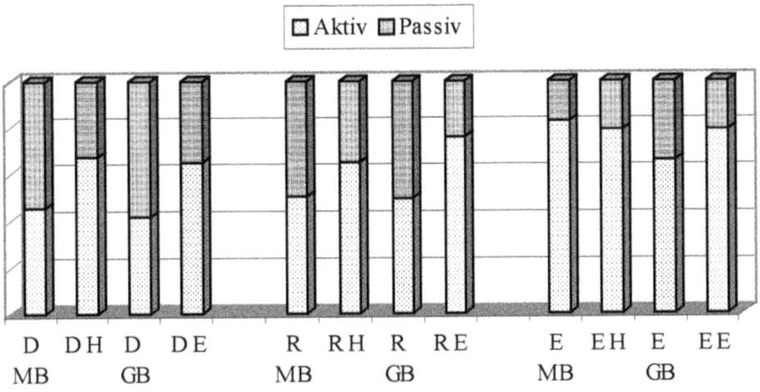


**Abb. 2.10: Passivgehalt in Anleitungen**

Gemäß Abb. 2.10 korreliert der Passivgehalt deutscher und russischer Anleitungen mit dem Adressatenbezug: in beiden Mikrokulturen werden fachextern mehr aktivische Formulierungen verwendet als fachintern. Eine analoge Verfahrensweise fachintern/-extern zeigen nur die englischen Korpora (GB/E).

## 2.5.2 Personeneinbezug

Die grammatische Kategorie „Person" ist nach GLÄSER Ausdruck der „Darstellungshaltung des Textautors" (1992: 81). Persönliche Formulierungen sprechen in ihrem Sinne für eine adressatenbezogene Darstellungshaltung. Ist diese dagegen objektbezogen, so herrschen unpersönliche Formulierungen vor, was sich nach GLÄSER (1990: 57) „in einer Bevorzugung passiver Verbformen niederschlägt" (zur Opposition „interpersonal focus" vs. „focus on content" vgl. auch 1.3.4.3).

Bisher werden unpersönliche Formulierungen beim Personeneinbezug nicht berücksichtigt, wie z.B. der folgende Hinweis bei SCHMITT (1999: 390) zeigt:

> In Anleitungen, deren Adressat kein Experte für den in der Anleitung behandelten Gegenstand ist (Gebrauchs-, Bedienungs- und Betriebsanleitungen, z.B. Software-Handbücher) gibt es einen Trend zu persönlichen Formulierungen, d.h.: Adressateneinbezug bei Instruktionen in der fachexternen Kommunikation.

Zudem werden persönliche Formulierungen nur mit einer Ansprache des Adressaten in Verbindung gebracht. Anleitungen weisen jedoch sowohl beim Adressaten- als auch beim Sendereinbezug persönliche und unpersönliche Formulierungen auf.

### 2.5.2.1 Adressateneinbezug

In dem von SCHMITT (s.o.) festgestellten Bemühen um persönliche Formulierungen sieht MÖHN (1991: 195) den Versuch, „ausbleibenden persönlichen Kontakt sprachlich zu kompensieren, etwa durch persönliche Ansprache des Adressaten". Die instruktive Textfunktion wird hier offenkundig durch eine kontaktive (vgl. dazu 2.4.1) ergänzt, die nach MÖHN dazu dienen soll, die „räumliche, zeitliche und sachliche Distanz in Instruktionstexten zu überwinden“ (196), z.B.:

**Persönliche Formulierung:**

Wir machen **Ihnen** auch gern besondere **Ihrem** Problem angepaßte Vorschläge.

**Вы** можете применять его для приготовления кремов и сладких блюд, супов и соусов, а также коктелей молочных, фруктовых или содержащих спирт.

Лучшим советчиком в этом будет **Ваш** личный опыт.

**You** will hear a noise as the compressor starts up.

Before using **your** fridge freezer for the first time the interior, including the door, and all removable parts should be wiped out.

Bei unpersönlichen Formulierungen erfolgt die Ansprache indirekt, dennoch dürfte sicher sein, dass der Rezipient auch solche Äußerungen auf sich bezieht, z.B.:

**Unpersönliche Formulierung:**

Wird es von nicht geschultem bzw. nicht eingewiesenem **Personal** unsachgemäß oder zu nicht bestimmungsgemäßem Gebrauch eingesetzt, so drohen hierdurch Gefahren für Leib und Leben des **Benutzers** oder Dritter, Beeinträchtigung des Gerätes und weiterer Sachwerte des **Anwenders**.

В случае утери руководства по эксплуатации и талонов дубликаты не выдаются и **владелец** лишается права на гарантийный ремонт.

Завод-изготовитель гарантирует нормальную работу электроплиты в течение двух лет со дня получения ее **потребителем** при соблюдении **потребителем** правил хранения и эксплуатации.

This warranty is extended to the original **purchaser** and any succeeding **owner** for products purchased for home use within the USA.

### 2.5.2.2 Sendereinbezug

Auch der Sender kann in seinem Text persönlich (mit dem „Unternehmens-*wir*“ und entsprechenden Possessivpronomen) in Erscheinung treten, z.B.:

**Persönliche Formulierung:**

Für das Abpumpen von Medien, die nicht mit der Umgebungsluft in Berührung kommen dürfen, bieten **wir** Sonderlösungen an.

Wird diese Temperatur bei Ihnen durch eine höhere Umgebungstemperatur überschritten, kann **unser** Kundendienst Spezialöle empfehlen.

Для уборки квартиры больших размеров, не заставленной мебелью, **рекомендуем** приобрести пылесос ЭП-5.

Требуйте пылесосы **нашей** марки!

If necessary **we** will arrange for an engineer to call.

Parts are available from **our** main Hotpoint Spares Centres (see back page).

Alternativ kann er auch unpersönlich (indirekt) auftreten durch die Nennung seiner Firma, seiner Funktion als Hersteller oder dergl., z.B.:

**Unpersönliche Formulierung:**

Nachstehend die **Siemens**-Kundendienst-Zentren, bei denen auch die nächstgelegene Vertragswerkstatt erfragt werden kann.

Defekte Teile sind aufzubewahren, damit ggf. eine sorgfältige Überprüfung beim **Herstellerwerk** vorgenommen werden kann.
Электромиксер, изготовленный **Армавирским электротехническим заводом**, продан в исправном состоянии.
В течение гарантийного срока неисправности, происшедшие по вине **завода**, устраняются за **его** счет.
If the Book is lost or damaged a copy may be obtained from **Hotpoint Ltd**.
Also, **factory** installed synthetic lubricants should be changed every two years or 6000 hours, whichever comes first.

### 2.5.2.3 Einbezug Dritter

Dritte können nur in unpersönlichen Formulierungen einbezogen werden. In den Anleitungen gehören zu diesen Dritten insbesondere: der Handel, der Spediteur sowie Hersteller von Zulieferteilen, z.B.:

In Deutschland können Sie die Verpackungen an den **Händler** zurückgeben, bei dem Sie das Gerät gekauft haben.
Sollten Sie irgendeine Beschädigung feststellen, benutzen Sie das Gerät nicht, sondern nehmen Sie zur Klärung der Ansprüche mit dem **Transporteur** Verbindung auf.
Die Ölfüllung der Getriebe überprüfen, ggf. Öl nachfüllen; hierzu die beigefügte Betriebsanleitung des **Getriebeherstellers** beachten.
За справками обращайтесь в **торгующую организацию**, где приобретен пылесос.
При отсутствии гарантийных **мастерских** гарантии осуществляются через **магазин**, продавший пылесос.
If damage has occurred, report damage to **delivery service** and fill out **delivery service's** claim form.
Failure to provide an adequate power supply and adequate overload protection may void the **motor manufacturer's** warranty.

### 2.5.2.4 Besonderheiten russischer Anleitungen (MB)

Adressaten der deutschen, englischen und der russischen fachexternen Anleitungen sind ausschließlich Kunden der Hersteller: die Betreiber der Maschinen (mit ihren Mitarbeitern) bzw. die privaten Nutzer der Geräte. Das gilt für die russischen Anleitungen (MB) zum Teil auch. Sofern dagegen vorgesehen ist, dass z.B. die Montage der Maschine weder durch den Hersteller noch durch den Betreiber, sondern durch Dritte erfolgen soll, gehören diese – neben dem Betreiber – ebenfalls zu den Adressaten, da sich Textteile auch bzw. vorzugsweise an sie richten, z.B.:

Представитель **монтирующей организации** совместно с представителем **заказчика** на месте установки мельницы производит ревизию поступившего на монтажную площадку оборудования и его состояния.
Расположение плашек и реперов дают в схеме геодезического обоснования, которую разрабатывает **проектная организация** в составе ППР и выдает **генподрядчику** до начала работ по возведению фундаментов.

In deutschen und englischen Anleitungen gehört der Hersteller mit seiner ganzen Organisation (incl. Kundendienst) zur Funktion des Senders (s.o.). Russische fachinterne Anleitungen (GB) sowie fachexterne Anleitungen generell werden offenbar ebenfalls vom Hersteller selbst produziert. Die Funktion des Senders/Textproduzenten der russischen Anleitungen (MB) wird dagegen von staatlichen Instituten wahrgenommen (das bringt größere Verbindlichkeit mit sich und verleiht den Texten eine anweisungsähnliche Funktion – vgl. 1.4.3), z.B.:

Подготовлена **Куйбышевским филиалом института „Оргэнергострой"**.

Der Hersteller wird manchmal genannt. Es gibt keinen Hinweis auf seine Beteiligung an der Textproduktion, daher wird er beim Einbezug Dritter berücksichtigt, z.B.:

Мельничный агрегат, изготовляемый **Ново-Краматорским машиностроительным заводом**, состоит из собственно мельницы, электромотора, соединенного с редуктором зубчатой муфтой, редуктора, соединенного зубчатой муфтой с приводным валом, и масляной системы.

Инструкция предусматривает выполнение монтажа вагоноопрокидывателя узлами, поставляемыми **заводом-изготовителем**, и охватывает работы по роторному вагоноопрокидывателю: приемка фундамента, монтаж роликоопор (...).

Bei der Präsentation der Analyseergebnisse werden Imperative gesondert ausgewiesen. Wenngleich ein Imperativ nur im Deutschen – nicht aber im Englischen und Russischen – ein Personalpronomen enthält, wird der Adressat auf diese Weise doch generell direkt angesprochen. Nicht gezählt werden allerdings Imperative in Verweisen, deren Qualität bei der Rezeption eine andere ist.

**Analyseergebnisse:**

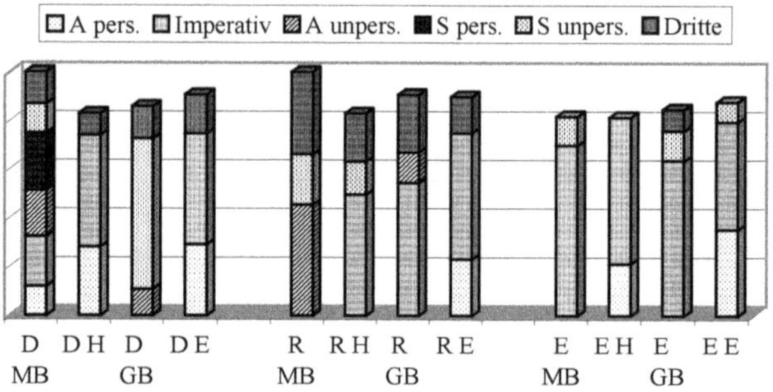


**Abb. 2.11: Personeneinbezug – Präferenzen**

Im deutschen Korpus (MB) kommt der Personeneinbezug zu etwa gleichen Teilen in persönlichen und unpersönlichen Formulierungen zum Ausdruck, die deutschen Texte (GB) beschränken sich auf unpersönliche Formulierungen (vgl. Abb. 2.11). In fachexternen Anleitungen beider Mikrokulturen überwiegen dagegen die persönlichen Formulierungen. Für die russischen Anleitungen sind – abgesehen vom Imperativ – unpersönliche Formulierungen typisch. In den englischen Korpora findet fachintern neben der Ansprache des Adressaten durch Imperative vor allem ein unpersönlicher Sendereinbezug statt, fachextern wird der Adressat zusätzlich mit persönlichen Formulierungen einbezogen (vgl. analog das Korpus R E).

## 2.5.3 Parenthesen

Eine Parenthese ist nach der Definition bei BUSSMANN (1983) ein

in einem komplexen Satz eingefügter selbständiger Ausdruck (Wort, Wortfolge oder Satz), der strukturell unabhängig ist vom gesamten Satzgefüge. Zu P[arenthesen] im weiteren Sinne zählen auch (...) Schaltsätze.

Die strukturelle Unabhängigkeit wird durch eine formale Trennung der Parenthese vom übrigen Satz markiert. Diese erlaubt eine elliptische Formulierung (ohne Pronomina, Präpositionen, Konjunktionen). Zwischen Parenthese und Satz bzw. dem entsprechenden Satzglied kann Kongruenz bestehen („морфолого-синтаксическая соотносительность" nach AKIMOVA 1990: 61). Andernfalls stehen die Wortformen in der Parenthese typischerweise im Nominativ, z.B.:

> Um die Glasfläche vor Überhitzungen zu schützen, z.B. bei Leerlauf (**unsachgemäßer Betrieb ohne Koch- oder Bratgut**), sind die Heizkörper mit Temperaturbegrenzern ausgestattet.
> Не допускайте соприкосновения поверхностей пластмассовых деталей с активными растворителями (**ацетон, дихлорэтан** и т.п.).

Dieses Merkmal lässt sich nur an Texten flektierender Sprachen analysieren, d.h., englische Texte können in eine solche Analyse nicht einbezogen werden.

### 2.5.3.1 Markierung

Im Hinblick auf die formale Abtrennung von Parenthesen besteht dagegen interkulturell Übereinstimmung. QUIRK/GREENBAUM (1996: 460) stellen z.B. zur Markierung von "included units" fest:

The punctuation marks are commas, parentheses, or dashes. (...) parentheses subordinate more definitely than commas, and dashes are particularly suitable for informal 'asides'.

In russischen Fachtexten erfreuen sich Klammern nach AKIMOVA (1990: 58 bzw. 150) einer im Vergleich zu Gedankenstrichen oder Kommata außerordentlich hohen Verwendungsfrequenz. Auch in den deutschen und englischen Anleitungen dominieren die Klammerausdrücke, Alternativen sind vergleichsweise selten.

**Klammern:**

> Wenn reines Wasser zur Kühlung nicht verfügbar ist, muß ein Filter oder feinmaschiges Schmutzfangsieb (**evtl. Kraftstoff-Filter-Patrone**) in die Kühlwasserleitung eingebaut werden.
> Прилагаемая к устройству эксплуатационная документация предохраняется от попадания в нее влаги и укладывается в ящик (**место № 1**).
> Volume is expressed in GPM (**gallons per minute**) and LPM (**liters per minute**).

**Kommata:**

> Kontrollampe, **Pos. 7 oder 8 in Abb. 3,** leuchtet.
> Периодически, **не реже чем через 72 ч**, необходимо разгружать емкость от взвешиваемого продукта и корректировать нуль шкалы.
> The control dial, **on the right-hand side of the fridge compartment interior**, controls the temperature inside the fridge compartment.

**Gedankenstriche:**

Dabei beachten, daß der obere Flügelkranz des Rotors am ganzen Umfang gleichen Abstand zu den Statorteilen – **oberen Distanzring** [sic] – hat.

Газоанализатор служит для преобразования неэлектрической измеряемой величины – **объемной доли кислорода в анализируемой газовой смеси** – в электрические стандартные выходные сигналы постоянного тока по п. 3.2.3.

Also, it will illuminate a front panel red alarm LED – **ABC STATUS (LED)** – when the optics loop can no longer compensate for optical contamination.

## Analyseergebnisse:

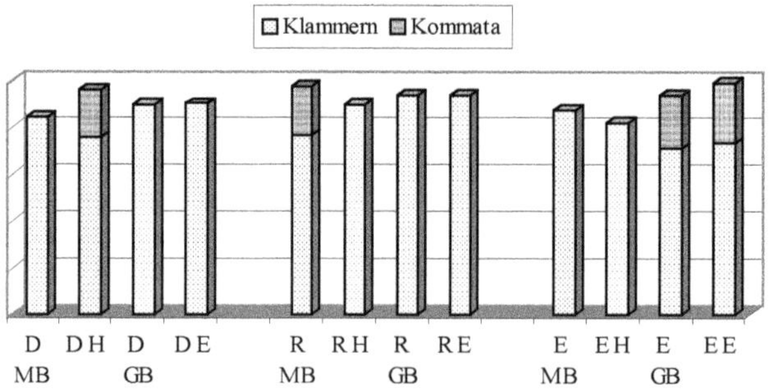


**Abb. 2.12: Markierung von Parenthesen – Präferenzen**

Parenthesen werden interkulturell primär durch Klammern markiert. Nur einzelne Korpora zeigen überhaupt nennenswerte Anteile von Parenthesen in Kommata: Anleitungen des Maschinenbaus (D H/R MB) und die englischen Korpora (GB/E).

### 2.5.3.2 Umfang

Parenthesen können im Umfang von der Zeichenfolge bis zum komplexen Satz variieren. Mehrheitlich enthalten sie Zeichen- bzw. Wortfolgen. Parenthesen mit Teilsatzumfang schließen z.B. einen Konditionalsatz zur Angabe einer Bedingung ein. Den Umfang eines ganzen Satzes haben primär Klammerausdrücke mit intra- oder intertextuellen Verweisen, mit Instruktionen, Empfehlungen oder Hinweisen.

**Zeichen-/Wortfolge:**

Kontrollieren Sie, ob in der Fernbedienung eine Batterie 9 V (**Typ IEC 6 F22**) eingebaut ist.

В случае отдельной поставки разделителя он должен быть завернут в оберточную бумагу (**ГОСТ 8273-57**) и уложен в картонную коробку, выполненную по чертежам предприятия-изготовителя.

For foods not listed in the Sensor Cooking Guide (**pages 27-28**), use Timed Cooking.

**Teilsatz:**

Mit der Taste 6 schalten Sie den Fernsehton schnell ab **(z.B. wenn das Telefon läutet)** und später in vorheriger Lautstärke wieder ein.

Вскипятить бульон с луком (**размельченным в отдельной кастрюльке**) и постепенно вливать в кастрюлю, перемешивая содержимое миксера.

Once the interconnecting cables, power cable, sample gas connections and, coolant connections **(if required)** are made and checked the instrument is ready for operation.

**Satz:**

Mit der Taste 25 betreffende Stelle anwählen (**Ziffer oder Buchstabe blinken** [sic]).

Реле вводится в щель трубы (насадки) и поворачивается на 90°, при этом направление потока должно совпадать с направлением стрелки на крышке (**заслонка реле устанавливается перпендикулярно к потоку**).

Clear blockage (**see "Clearing blockages" section**).

**Analyseergebnisse:**

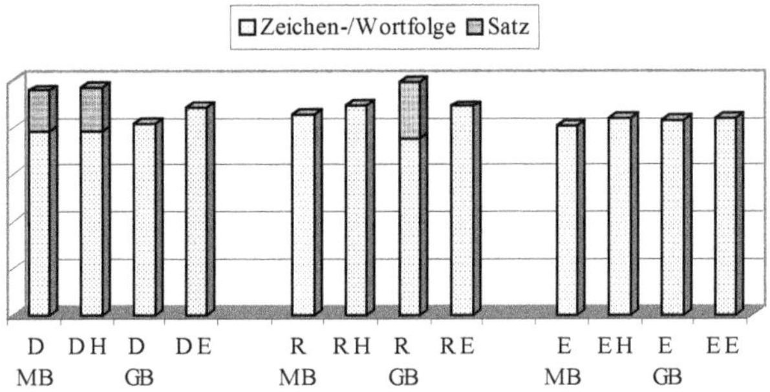


**Abb. 2.13: Umfang von Parenthesen – Präferenzen**

Der interkulturell einheitlichen Präferenz bei der Markierung entspricht eine eben solche beim Umfang. Die Mehrzahl aller Parenthesen enthält eine Zeichen-/Wortfolge. Nur die deutschen Korpora (MB/H) und die russischen Anleitungen (GB) enthalten Parenthesen mit Satzumfang überhaupt in nennenswerter Frequenz.

### 2.5.3.3 Inhalt

Bei der Untersuchung von Parenthesen ist ein Hinweis auf ihre Funktion im Satz unvermeidlich: die Bereitstellung von Informationen als Ergänzung der übrigen Satzaussage oder eines ihrer Teile, u.a. zur Erläuterung oder als Kommentar (vgl. z.B. FIEDLER 1991: 168-169, ROZENTAL' et al. 1995: 461). Ähnlich formuliert die DUDEN-Grammatik (1984: 87):

Einzelne Wörter, Sätze, ja ganze Abschnitte können in Klammern stehen und dadurch auch sichtbar als Nebensächliches oder Ergänzung ausgewiesen werden. Gedankenstriche weisen auf einen Einschub hin.

Bei der inhaltlichen Analyse müssen die Relationen zwischen Parenthese und Satz bzw. Satzglied möglichst konkret spezifiziert werden, die erwähnten Möglichkeiten (s.o. Erläuterung, Kommentar, Nebensächliches, Ergänzung) sind wegen ihres hohen Abstraktionsgrades ungeeignet.

In den Anleitungskorpora werden Parenthesen mit einer Vielzahl von Inhalten verwendet. Sie verteilen sich auf zwei große funktionale Gruppen, die auch in nichttechnischen Texten erkennbar sind (vgl. z.B. FIEDLER 1991: 81): zum einen Parenthesen mit Verweisfunktion, zum anderen solche mit Präzisierungsfunktion. Für Parenthesen mit Verweisfunktion („ссылочные вставки“ nach AKIMOVA 1990: 61) bietet sich eine Differenzierung nach dem Bezug des Verweises an, z.B.:

1. **Verweis auf Abbildung**
   Der Faltstapel muß vor dem Einlegen beidseitig aufgelockert werden (**siehe Bild** 7).
   Присоединительные размеры соответствуют габаритным чертежам (**рис. 1, 2, 3**).
   As part of our pre-alignment and check-out procedures we have scanned the cell vs. the open beam "background" (**Figure 3**).

2. **Verweis auf Abbildungsposition**
   Bei Erreichen der Nenndrehfrequenz erlischt diese Kontrollampe, die Kontrollampe „NORMALBETRIEB“ (**14**) zeigt an, daß die Pumpe mit Nenndrehzahl läuft.
   Активной частью электрода является шарик (**2**) из электродного стекла.
   Fit the two wall spacers supplied – your fridge freezer is fitted with one of alternative condensers (**a**) or (**b**) as shown below.

3. **Intertextueller Verweis**
   Der mechanische Wert läßt sich in den elektrischen Wert umrechnen (**siehe Umrechnungsfaktoren auf der Programmkarte**).
   В комплект поставки входит блок типа П1730 или П1731 (**в зависимости от заказа**).
   Put the measured amount (**follow manufacturer's instructions**) into compartment "c".

Zu Parenthesen mit Präzisierungsfunktion werden inhaltliche Untergruppen ausgewiesen, soweit ihr Aufkommen das sinnvoll erscheinen lässt. Die übrigen sind in der Gruppe „Präzisierung einer Aussage“ zusammengefasst, z.B.:

4. **Präzisierung einer Aussage**
   Diese Meldung dient zur Anzeige eines außergewöhnlichen Betriebszustandes im Vakuumsystem, **z.B. eines Lecks oder eines überdurchschnittlich hohen Gasanfalls**.
   Результаты измерений, **т.е. установленные зазоры**, заносятся в формуляр.
   It is able to sense when a larger amount of dirt particles, **especially embedded dirt**, are [sic] removed.

Gemäß Abb. 2.14 gehören zu den (zumeist interkulturell parallelen) Präferenzen in den Anleitungen insbesondere folgende:

5. **Spezifizierung eines Oberbegriffs**
   Bei Eingangssignalen werden häufig die Eingänge mehrerer Geräte (**Schreiber, Regler, usw.**) in Reihe angeschlossen.
   Суммарная массовая концентрация коррозионно-активных примесей (**сероводорода, хлоридов**) не более 0,001 г/м$^3$.
   Optional equipment (**motors, stands and sides**) added to the basic unit increases versatility.

6. **Einführung einer Abbreviatur**
   Hierbei sind die Unfallverhütungsvorschriften (**UVV**) unbedingt zu beachten.
   Блоки предназначены для работы с узкопрофильными приборами унифицированного комплекса аналоговых сигнализирующих и контактных приборов со световым указателем (**АСК**).
   Know and understand lockout/tagout procedures as defined by American National Standards Institute (**ANSI**) and Occupational Safety and Health Administration (**OSHA**).

7. **Technische Daten**
   Der Durchmesser des Aufnahmezapfens am Handrad muß sein bei langsamen Nähmaschinen 22,2 mm (**Toleranz k8**) und bei schnellen Nähmaschinen 22,2 mm (**Toleranz p6**).
   Высота установки (**1,5 м от пола**) должна обеспечить удобство обслуживания.

Universal drive mount can be specified, underslung or top mounted (**4-1/8" clearance from belt**) and right-hand or left-hand drive.

Parenthesen mit einer alternativen Maßeinheit finden sich dagegen vor allem in „angloamerikanischen" Texten, die metrische Einheit ist in britischen Anleitungen die primäre, in amerikanischen Texten die sekundäre in Parenthese, z.B.:

**8. Alternative Maßeinheit**
E [B]: It should have an internal diameter of at least 38mm (**1 ½ inches**).
E [A]: While holding unit in position, torque nuts to 455 ft-lbs (**63 kgm**).

**Analyseergebnisse:**

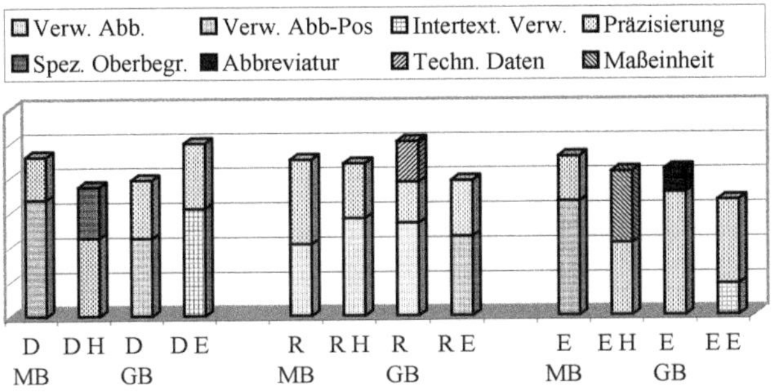


**Abb. 2.14: Inhalt der Parenthesen – Präferenzen**

Abb. 2.14 zeigt die zwei bzw. (bei gleichen Anteilen) drei größten Gruppen, die zum Inhalt von Parenthesen jeweils ermittelt wurden. In deutschen fachinternen Anleitungen und im englischen Korpus (MB) enthalten Parenthesen primär intratextuelle Verweise auf Abb.-Positionen, während in russischen Texten fachintern wie -extern auf die Abbildung insgesamt verwiesen wird. Der untypisch hohe Anteil von Verweisen auf Abb.-Positionen im Korpus (R E) geht eindeutig auf fremde (nicht unbedingt amerikanische) Konventionen zurück. Im entsprechenden deutschen und englischen Korpus sind Verweise primär intertextuell orientiert. Allgemeine präzisierende Parenthesen kommen in allen Korpora vor. Das deutsche Korpus (H) enthält zusätzlich zahlreiche Parenthesen, in denen Oberbegriffe spezifiziert werden, das englische solche mit alternativen Maßeinheiten.

### 2.5.3.4 Parenthesendichte: Analyseergebnisse

In den deutschen und russischen Korpora korreliert die Parenthesendichte (Anzahl je 100 Sätze) gemäß Abb. 2.15 eindeutig mit Mikrokultur und Adressatenbezug, in englischen dagegen primär mit der Mikrokultur. In deutschen und russischen Texten (GB/E) ist die Dichte höher als in den Anleitungen (MB/H), bei den englischen Texten ist es umgekehrt. Deutsche Texte enthalten fachintern mehr Parenthesen als fachextern, in russischen dagegen ist die Dichte jeweils fachextern höher.

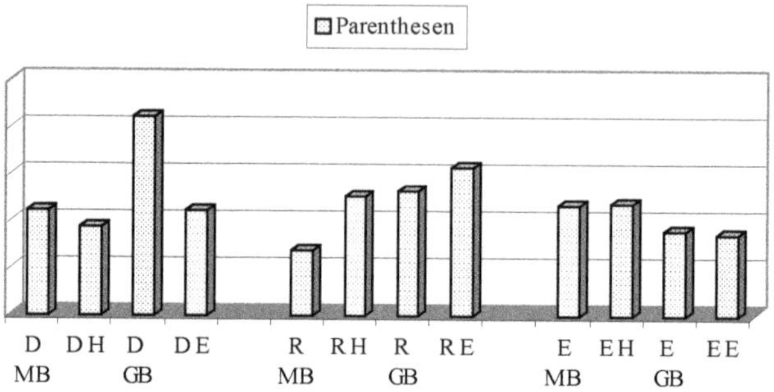


**Abb. 2.15: Parenthesendichte**

Abb. 2.15 scheint die Feststellung bei BAUMANN (1998: 310-311) zumindest für Anleitungen des Gerätebaus zu bestätigen:

Der Exkurs befindet sich (...) in einer Parenthese und dient der Präzisierung der Aussage. Statistische Untersuchungen zur relativen Vorkommenshäufigkeit von Exkursen zeigen, daß der Anteil in den ausgewerteten deutschsprachigen Fachtexten höher ist als in den englischsprachigen.

Dagegen belegt Abb. 2.14 gerade für diese Korpora das Gegenteil: die Parenthesen der deutschen Anleitungen (GB) sind mehrheitlich Verweisparenthesen, die der englischen Texte dagegen Präzisierungsparenthesen.

### 2.5.4 Intertextualität: Bezug intertextueller Verweise

Während „intratextuelle Relationen" durch Verweise zwischen Textteilen (z.B. TT und Abbildungen/Tabellen) hergestellt werden, repräsentiert Intertextualität „extratextuelle Relationen" im Sinne COSERIUS (1994: 110, FN 25):

Intertextualität im hier diskutierten, intersubjektiv leicht zu überprüfenden Sinn ist für Coseriu nur einer unter mehreren Aspekten der ‚Unabgeschlossenheit' des Textes, d.h. der Tatsache, daß der ‚Sinn' des Textes eine Resultante intra- und extratextueller Relationen darstellt.

Die Analyse intertextueller Verweise ergibt folgende Präferenzen:

1. **Verweis auf Normen/Vorschriften**
   Vor dem Probelauf müssen alle rotierenden Teile entsprechend den **Unfallverhütungsvorschriften** (UVV) vor unbeabsichtigter Berührung geschützt werden.
   Сварку стыков бандажа и приварку к нему деталей производят сварщики, прошедшие испытание в соответствии с действующими **правилами Госгортехнадзора**.
   Therefore it is hoped that common sense will prevail in handling this equipment which complies with all the recommendations of the **British Standards** as well as the **US Department of Health, Education and Welfare regulations** Nos 21CFR1040.10 and 1040.11.
2. **Verweis auf andere Texte** (des Senders/Dritter)
   Bei Lagerungen mit Nachschmiereinrichtung beachten Sie die Angaben des Motorherstellers (**Typenschild** oder **Betriebsanleitung**).
   Затем проверяется комплектность согласно данным прилагаемых **паспортов**.
   Compare the pump with the **packing list**.

3. **Verweis auf Zeichnungen** (des Senders/Dritter)
   Bei der Big-Bag-Befüllstation handelt es sich um eine Ausführung gem. unserer **Zeichnung** Nr. 486.937(0).
   Отверстия для высокопрочных болтов должны быть выполнены в соответствии с **чертежами завода-поставщика**.
   Outputs are provided for remote display or recording as well as for controlling purposes and all other connections are shown on **Drawing** No 1432-124.
4. **Verweis auf potenzielle Texte** (vorzugsweise des Rezipienten)
   Veränderung am Übersetzungsverhältnis bei keilriemenangetriebenen Ventilatoren bedarf deshalb unbedingt einer **Rücksprache** mit dem Hersteller.
   В случае появления других неисправностей **обращайтесь** в мастерскую по ремонту.
   Once the unit has been put into operation, a routine **schedule** should be set up.
5. **Verweis auf Texte des Rezipienten**
   Выявление ремонтных работ в первую очередь определяется на основании **актов** предыдущего ремонта, дефектов оборудования, отмеченных в **журнале** эксплуатации машины, и директивных указаний вышестоящих организации.

Bei den „potenziell" genannten Texten (4.) bleibt offen, ob sie je produziert werden, weil der Sender ihre Produktion bestenfalls anregen kann. Dabei geht es im Wesentlichen um Kontaktaufnahmen z.B. mit dem Sender bzw. seinem Kundendienst für den Fall, dass bestimmte Umstände eintreten. Beim Ausbleiben dieser Umstände dürfte auch die Kontaktaufnahme unterbleiben. Davon zu unterscheiden sind „Texte des Rezipienten" (5.): ihre Produktion steht dem Rezipienten nicht frei, sie wird im Text vorgeschrieben.

**Analyseergebnisse:**

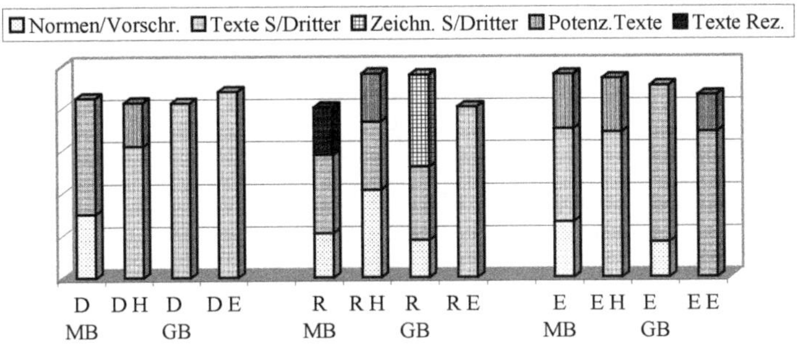


**Abb. 2.16: Bezug intertextueller Verweise – Präferenzen**

In den deutschen und englischen Korpora beziehen sich intertextuelle Verweise primär auf andere Texte des Senders/Dritter, ebenso im Korpus (R E). Verweise auf Normen/Vorschriften sind in fachinternen Texten besonders häufig. Während solche Verweise in den deutschen und englischen Korpora fachextern selten sind, weist Abb. 2.16 zum russischen Korpus (H) eine im Vergleich zu den fachinternen Texten drastisch erhöhte Frequenz aus. Typisch für die englischen Korpora sowie deutsche und russische Anleitungen (H) sind Verweise auf potenzielle Texte, Verweise auf textexterne Abbildungen kommen nur im Korpus (R GB) vor.

## 2.6 Merkmalkomplex: Syntax

Der Syntax fällt die Rolle „des ‚organisierenden Zentrums' der Sprache" zu, denn „die Einheiten der anderen Ebenen des Sprachsystems nehmen an der Bildung von Gedanken in ihren kommunikativen Ausdrucksformen nur über die Syntax teil" (GABKA 1976: 42). Obwohl also ohne Syntax weder Textpoduktion noch Kommunikation auf entwickeltem Niveau möglich ist, wird sie im Allgemeinen – vermutlich gerade wegen ihrer Omnipräsenz – als Organisationsinstrument der Sprachverwendung kaum wahrgenommen:

> Aus der Perspektive der Leute und der Laien-Linguistik ist die Syntax überhaupt kein Thema. Für gelingendes sprachliches Handeln ist alles andere viel wichtiger als Syntax (sofern man sie beherrscht!) (ANTOS 1996: 199-200).

Die Fachtextlinguistik indes weiß um die Rolle der Syntax in der Fachkommunikation. HOFFMANN (1988: 145) hält z.B. die Satztypen sogar für ein Kriterium zur Klassifizierung von Fachtexten. Zudem haben (intra- bzw. interkulturell) kontrastiv angelegte Arbeiten (z.B. GLÄSER 1990/1992, FIEDLER 1991, STAHLHEBER 1992, GÖPFERICH 1995) bereits gezeigt, dass gerade die Syntax interessante Ansatzpunkte zur Aufdeckung (makro- und mikro-)kultureller Differenz bietet.

### 2.6.1 Satzkomplexität

Satzkomplexität kann man unter verschiedenen Aspekten betrachten. HOFFMANN (1988: 134) referiert eine synchrone Sichtweise. Danach

> stimmen fast alle bisherigen Aussagen über die (wissenschaftlich-technische) Fachprosa darin überein, daß in ihr (6.) bei den Satztypen der einfache erweiterte Aussagesatz noch vor dem Satzgefüge das Bild bestimmt (...).

Wenn HOFFMANN den Primat des einfachen Satzes in wissenschaftlich-technischen Fachtexten betont, so geht es indirekt auch um das Verhältnis von einfachen und komplexen Sätzen, das bei AKIMOVA (1990: 38) als „коэффициент сложности" (Komplexitätskoeffizient) und hier als „Komplexitätsgrad" bezeichnet wird.

In die Ermittlung dieses Komplexitätsgrades gehen alle komplexen, also auch parataktische, Konstruktionen ein. Insofern besteht ein fundamentaler Unterschied zur „syntaktischen Komplexität" bei GÖPFERICH (1995: 435) bzw. zur „Satzkomplexität" bei STAHLHEBER (1992: 173), denen eine Differenzierung in einfache und komplexe Sätze nicht zugrunde liegt.

GÖPFERICH bestimmt „syntaktische Komplexität" als Frequenz der Nebensätze (NS) pro 100 Sprechakte/Sätze (hier „NS-Dichte" genannt). STAHLHEBER versteht dagegen unter „Satzkomplexität" einen Mittelwert, den sie aus dem Satzbestand eines Textes errechnet und definiert als: Anzahl der Teilsätze pro Ganzsatz (d.h. sie zählt im Satzgefüge den Hauptsatz (HS) als Teilsatz mit).

Die NS-Dichte eignet sich zur Demonstration makrokultureller Differenz, an ihr lassen sich aber auch mikrokulturelle Unterschiede ablesen: KRETZENBACHER (1991: 124) referiert aus der Untersuchung wissenschaftlicher Texte verschiedener Disziplinen von BENEŠ (1981) eine NS-Frequenz von 0,61/Satz, er selbst hat in einem Korpus geisteswissenschaftlicher Texte 0,8 NS/Satz gefunden.

„Satzkomplexität" wird hier in einem sehr allgemeinen Sinne verstanden. Die NS-Dichte ist z.B. nur eines der Merkmale, die den Komplexitätsgrad beeinflussen. Ein weiteres ist die Dichte satzwertiger Konstruktionen, die z.B. im Englischen wesentlich zur Satzkomplexität beiträgt. GÖPFERICH (1995: 435, Fig. 7.5-5) weist zur „syntaktischen Komplexität" fachexterner Anleitungen jeweils zwei Analyseergebnisse aus (ohne/mit Berücksichtigung NS-wertiger Konstruktionen):

| **Nebensatzfrequenz pro 100 Sprechakte** | **ohne satzwertige Konstruktionen** | **mit satzwertigen Konstruktionen** |
|---|---|---|
| Bedienungsanleitung E | 42,18 | 62,23 |
| Betriebsanleitung E | 34,81 | 54,22 |

**Tab. 2.6: Nebensatzfrequenz (GÖPFERICH)**

Eine Differenz von ca. 20 % ist nicht vernachlässigbar. Analoge Unterschiede sollten sich für russische Texte ergeben, weil dort – anders als in deutschen – Partizipialkonstruktionen (PartK) z.B. ebenfalls außerordentlich frequent sind.

### 2.6.1.1 Diachroner Aspekt

Die Analyseergebnisse, die AKIMOVA (1990) zur modernen russischen Syntax vorgelegt hat, bestätigen die Feststellung bei HOFFMANN (s.o.). Allerdings haben ihre diachronen Vergleiche einen Prioritätenwechsel vom komplexen zum einfachen Satz ergeben, und dieses Faktum zeigt sich bei ihr als Resultat einer Entwicklung. „Wandel im Sprachgebrauch" bedeutet in diesem Kontext: „Veränderungen in der Gebrauchshäufigkeit von sprachlichen Strukturen" (STAHLHEBER 1992: 184).

Im 18. Jh. – so berichtet AKIMOVA (1990: 40) – war die Komplexität noch sehr hoch. Der Anteil komplexer Sätze konnte in wissenschaftlichen Texten bis zu 68 % betragen, bei Texten aus den 70-80er Jahren des 20. Jh. stehen einfache und komplexe Sätze dagegen in einem Verhältnis von 53 : 47 %.

STAHLHEBER hat bei ihrer diachronischen Betrachtung deutscher Syntax in Fachzeitschriften ebenfalls eine Abnahme der Komplexität festgestellt:

> Die Satzkomplexität der deutschen Texte hat in den 75 Jahren von 1913 bis 1987 signifikant um eine ganze Einheit (von 2,64 auf 1,77, d.h. um einen ganzen Teilsatz) abgenommen (1992: 185).

Der Teilsatz, um den sich nach STAHLHEBER die deutsche Satzkomplexität im Untersuchungszeitraum reduziert hat, kann ein HS oder ein NS sein, d.h. anstelle einer Satzverbindung (SV) aus 2 HS bzw. eines Satzgefüges (SG) aus HS+NS werden heute einfache Sätze verwendet. Komplexere SG enthalten demnach einen NS weniger als zu Beginn des 20. Jh.

Zur englischen Satzkomplexität verzeichnet STAHLHEBER (1992: 177, Tab. 5) dagegen einen Wert von 2,8 für das Jahr 1987. Die moderne englische Syntax ist folglich noch komplexer, als es die deutsche zu Beginn des 20. Jh. – zu Beginn der dokumentierten Reduktion – war. Bei Berücksichtigung englischer satzwertiger Konstruktionen dürfte sich dieser Wert noch beträchtlich erhöhen (vgl. Tab. 2.6). Diese sind zwar allgemein als "clauses" anerkannt, dennoch grenzt STAHLHEBER sie bei ihrer Zählung aus: „Da ihnen ein Subjekt und ein finites Verb mangelt, wurden Infinitivsätze und Partizipialsätze nicht als Teilsätze berücksichtigt" (173).

Mit diesem Ergebnis widerlegt STAHLHEBER (1992) nicht nur die überraschend langlebige Legende von der Einfachheit englischer Syntax, sondern auch ihre eigene Schlussfolgerung:

> Außerdem spielt das Vorbild der englischsprachigen Fachliteratur eine große Rolle; in einer interkulturellen Gegenüberstellung ist der Syntax des Deutschen im allgemeinen eine Neigung zur Komplexität und der Syntax des Englischen eher ein Streben nach Einfachheit zu bescheinigen. (...) Es ist deshalb zu vermuten, daß die zunehmende Rezeption englischer Fachliteratur ihre Spuren im Sprachgebrauch deutscher Fachleute hinterläßt (185).

Die bei AKIMOVA (1990: 41) festgestellte Abnahme komplexer Sätze in russischen wissenschaftlichen Texten geht einher mit einer Erweiterung des einfachen Satzes, z.B. durch PartK und Adv.-PartK, Parenthesen, Reihungen von Satzgliedern usw., deren syntaktischer Wert allerdings uneinheitlich beurteilt wird.

### 2.6.1.2 Klassifikationsunterschiede

Zur Ermittlung des Komplexitätsgrades werden die Korpustexte in ihren Anteilen einfacher bzw. komplexer Sätze gezählt. Das Deutsche, Russische und Englische gestatten die Bildung einfacher und komplexer Sätze. Die Grammatiken lassen eine entsprechende Differenzierung, aber auch erhebliche Unterschiede erkennen im Hinblick auf die Konstitution einfacher bzw. komplexer syntaktischer Strukturen.

#### 2.6.1.2.1 Der einfache Satz

Die abweichenden Auffassungen zur Konstitution des einfachen Satzes betreffen im Wesentlichen zwei Punkte: Ist 1. eine Prädikatreihung oder 2. eine Infinitiv- (InfK) bzw. Part.-Konstruktion Bestandteil eines einfachen Satzes?

Dem einfachen Satz, dem wichtigsten Satztyp in deutschen wissenschaftlich-technischen Texten, liegt nach Auffassung der DUDEN-Grammatik (1984: 566) „grundsätzlich e i n Verb zugrunde". QUIRK/GREENBAUM (1996: 166) definieren einfache Sätze als "sentences consisting of only one clause". Sie erfassen damit u.a. Imperativsätze ("Commands" 200) und die von ihnen "Block language" (205)[62] genannte Ausdrucksweise in Form einzelner Wörter oder Phrasen. Als Sonderfall des einfachen Satzes im Englischen gilt bei QUIRK/GREENBAUM (1996: 414) "the cleft sentence, so called because it divides a single clause into two separate sections, each with its own verb".[63]

**Prädikatreihung:** *Einfacher Satz oder elliptische Satzverbindung?*

ASTACHOVA (1993: 88) referiert widersprüchliche Auffassungen zu Sätzen mit „gleichartigen Prädikaten": nach Ansicht der AG 1980 handelt es sich um SV, deutsche Grammatiker und ŠACHMATOV betrachten sie als einfache Sätze. Diese Feststellung zur Prädikatreihung bestätigt sich bei DUDEN (1984: 566):

Ebenfalls innerhalb der Syntax des einfachen Satzes werden wir Erscheinungen der Reihung von Finita behandeln, wenn sich aus dieser Reihung nicht selbständige Sätze oder Teilsätze ergeben. (Beispiel: Ich *kam, sah* und *siegte*.)

Daraus könnte man folgern, dass „mehrwortige Besetzung" (DUDEN 1984: 595) eines Satzgliedes den Status des einfachen deutschen Satzes im Allgemeinen nicht tangiert. GABKA (1976: 101) vertritt für das Russische ebenfalls die Ansicht, dass das prädikative Zentrum eines einfachen Satzes auch aus einer Prädikatreihe bestehen kann, die z.B. mit einer Subjektreihe verbunden ist:

Я встал, вымылся, позавтракал и сел за работу.
Иван и Алексей утром приехали, а вечером уже уехали.

Dagegen entsteht nach QUIRK et al. (1972: 570) durch eine Prädikatreihung zum gemeinsamen Subjekt eine SV (unter Tilgung identischer Elemente):

Identical items are ellipted in two or more conjoined clauses: *They were* married in 1960, (they were) divorced in 1970, and (they were) reconciled in 1972.

Interessanterweise teilt DUDEN (1984: 636) diese Sichtweise und bewertet ein analoges Beispiel als „Zusammenfassung gleichwertiger Sätze mit gemeinsamen Satzgliedern", die durch Sprachökonomie motiviert ist. TARLANOV (1995: 88) kritisiert die Beurteilung als Ellipse, weil die Vollform (mit Wiederholung des Subjekts) in der Sprachverwendung nicht üblich ist („так обычно не говорят").

**Infinitiv-/Partizipialkonstruktion:** *Einfacher Satz oder Satzgefüge?*

DUDEN (1984: 666) verzeichnet satzwertige InfK und PartK, englische Entsprechungen gelten als "non-finite clauses" (QUIRK et al. 1972: 722; 1996: 310f.). Im Hinblick auf derartige, nach Auffassung der deutschen und englischen Grammatik satzwertige, Konstruktionen besteht unter russischen WissenschaftlerInnen Uneinigkeit. AKIMOVA (1990: 44) weist darauf hin, dass der traditionellen Grammatik (gemeint ist die AG 1970) ein Satz mit PartK bzw. Adv.-PartK, Parenthese, Reihung von Satzgliedern usw. nicht mehr als einfacher Satz gilt. Die AG 1980 (180-181)

---

62 QUIRK/GREENBAUM (ebd.): "It appears in such functions as labels, titles, headings, notices, and advertisements". Dabei handelt es sich um „номинальные предложения" (AKIMOVA 1990: 87) bzw. „Nominalsätze" (MULISCH 1993: 297).

63 Beispiel: It was John who/that wore his best suit to the dance last night (415).

behandelt dagegen PartK, Adv.-PartK und InfK unter der Überschrift „Распространение простого предложения“ [Erweiterung des einfachen Satzes].

MULISCH (1993: 323) teilt die Auffassung der AG 1980: PartK und Adv.-PartK gehören als „isolierte Satzglieder“ zu den „Besonderheiten im einfachen Satz“. ROZENTAL’ et al. (1995: 428) führen dagegen in die Diskussion den Begriff „осложненное предложение“ ein (als Übergangsphänomen zwischen einfachem und komplexem Satz). Ausweislich ihrer Beispiele rechnen sie dazu Sätze mit sog. „isolierten Satzgliedern“, u.a. postponierten Attributen, die z.B. QUIRK/GREENBAUM als „verbless adjective clauses“ (1996: 119) bezeichnen.

ZOLOTOVA (1995: 103) schlägt vor, die Differenzierung zwischen einfachen und komplexen Sätzen zu Gunsten einer solchen zwischen mono- und polyprädikativen Sätzen aufzugeben. In Bezug auf satzwertige Konstruktionen trägt dieser Vorschlag nicht zur Aufhebung der Differenzen bei, sondern beschert der Forschung vielmehr das alte Problem in neuem Gewand. Aus dieser Perspektive sind PartK und Adv.-PartK zwingend Bestandteile des komplexen Satzes, weil sie zusätzliche Prädikate in den Satz einbringen (vgl. auch KOČERGINA 1991: 178).

**Parenthese:** *Einfacher oder komplexer Satz?*

Nach BUSSMANN (1983: 370) ist eine Parenthese ein

> in einem komplexen Satz eingefügter selbständiger Ausdruck (Wort, Wortfolge oder Satz), der strukturell unabhängig ist vom gesamten Satzgefüge: *Cherubim – er ist ein leichtentflammter Jüngling – wirbt um Susanne.*[64]

Angesichts der strukturellen Vielfalt von Parenthesen wählt AKIMOVA (1990: 88) die neutrale Bezeichnung „вставные конструкции“, und QUIRK/GREENBAUM (1996: 459) sprechen aus gutem Grund von “included units”. Demgegenüber legt sich DUDEN (1984: 665) auf den Schaltsatz, d.h. auf den Satzumfang, fest.

AKIMOVA (1990: 56) betrachtet Parenthesen als Mittel zur Erweiterung des einfachen Satzes. Auch für ROZENTAL’ et al. (1995: 428) ist selbst eine Parenthese mit Satzumfang Bestandteil des einfachen Satzes, z.B.:

> В жаркое летнее утро (это было в исходе июля) разбудили нас ранее обыкновенного.

### 2.6.1.2.2 Grundformen des komplexen Satzes: Satzverbindung/Satzgefüge

Der einfache Satz besteht aus Wörtern und Wortverbindungen, der komplexe Satz aus Sätzen: Eine Satzverbindung (SV) umfasst zwei oder mehr Teilsätze in Koordination (vgl. z.B. DUDEN 1984: 562, MULISCH 1993: 326), ein Satzgefüge (SG) enthält einen HS und zumindest einen Teilsatz in Subordination.

Bei der Behandlung des “complex sentence” unterscheiden QUIRK/GREENBAUM analog “coordination” und “subordination” (1996: 309). Zudem verzeichnen sie “non-

[64] Bei diesem Beispiel wird ein einfacher Satz erst durch die Parenthese komplex.

finite clauses"[65] (mit Inf. bzw. Part. als infiniter Verbform) und "verbless clauses" vom Typ "*When ripe*, these apples will be delicious" (329). Auch Strukturen vom Typ "I suppose you're right" gehören zu den SG, wenngleich der NS keinen "marker of subordinate status" enthält (315).

Das Kriterium zur Unterscheidung von SV und SG ist – wie bei DUDEN und QUIRK/GREENBAUM, so auch bei ROZENTAL' et al. (1995: 472) – die Verwendung koordinierender bzw. subordinierender Konj..

**Asyndetische Satzverbindung oder asyndetisches Satzgefüge?**

Die Präsenz einer koordinierenden Konj. ist jedoch laut DUDEN (1984: 665) nicht Bedingung für das Vorliegen einer SV:

Die Teilsätze einer Satzverbindung können syndetisch (mit Konjunktionen) oder asyndetisch (ohne Konjunktionen) miteinander verknüpft sein. Dabei kann die Beziehung, die durch die Verknüpfung gestiftet wird, den Wert einer bloßen Anreihung (= kopulative Verbindung) oder Ausschließung (disjunktive Verbindung) haben. (…) Es können aber auch speziellere Werte (z.B. der Begründung, der Bedingung, der Folge usw.) vorliegen.

QUIRK/GREENBAUM (1996: 253-254) sprechen analog von "syndetic" bzw. "asyndetic coordination". Bei syndetischen SV wird generell davon ausgegangen, dass die Teilsätze gleichwertig sind.

Die Tatsache, dass die AG den beiden grundlegenden Erscheinungsformen des komplexen Satzes traditionell (vgl. bereits AG 1960: 381) den „konjunktionslosen zusammengesetzten Satz" (сложное предложение с бессоюзной связью – GABKA 1976: 247, den „asyndetischen Satz" – MULISCH 1993: 326) als dritte Variante an die Seite stellt, markiert einen der Streitpunkte zum Wesen des russischen komplexen Satzes. Bei DUDEN (s.o.) wird zwar auf inhaltliche Nuancen asyndetischer SV hingewiesen, darin jedoch kein Grund für eine abweichende Klassifikation gesehen. Die Schwierigkeit bei der Beurteilung „konjunktionsloser" komplexer Sätze besteht darin, dass sie sich nur zum Teil den SV zuordnen lassen. Im Übrigen ähneln sie SG, weil die Beziehungen zwischen ihren Teilsätzen weitgehend denen zwischen HS und NS entsprechen (vgl. AG 1960: 381f., ebenso ROZENTAL' et al. 1995: 519).

Da der Teilsatzinhalt die Ergänzung passender Konj. ermöglicht, schlägt KOČERGINA (1991: 182) vor, den konjunktionslosen Satz als elliptische Variante des in seinen Teilen durch Konj. verbundenen Satzes zu interpretieren. TARLANOV (1995: 85 bzw. 86) hält dagegen den Status des konjunktionslosen Satzes als dritte Erscheinungsform des komplexen Satzes für gerechtfertigt: als Vorläufer von SV und SG hat er seine eigene Geschichte, eigene Strukturen, eigene Funktionen und Inhalte. Aus diachroner Perspektive sieht GABKA das ähnlich:

Es ist anzunehmen, dass zunächst die Wiederholung eines bereits im ersten einfachen Satz gebrauchten Wortes, d.h. ein lexikalisches Mittel, dazu diente, die inhaltliche Nebenordnung und dann auch die inhaltliche Unterordnung deutlich zu machen. (...) Aber erst die Entwicklung spe-

[65] Ihre Beispiele sind u.a.: He took up anthropology, *stimulated by our enthusiasm*. He opened his case *to look for a book*.

zieller Bindemittel und eine entsprechende Gestaltung der Intonation ließen zwei einfache Sätze zu einem einheitlichen Ganzen zusammenfließen (1976: 243).

In der russischen Fachliteratur wird vielfach beklagt, dass die Grundfragen nach dem Wesen des komplexen Satzes wegen der vorrangigen Beschäftigung mit dem einfachen Satz noch immer unbeantwortet seien (TARLANOV 1995: 83, PEČNIKOV 1998: 151, ebenso KOČERGINA 1991: 179). Aus diesem Grund dauern zwangsläufig auch die Diskussionen darüber an, welche Strukturen als einfach bzw. als komplex zu beurteilen sind. Diese Situation begünstigt zudem in einzelnen Untersuchungen die Etablierung von Zwischenformen, sowohl zur Klassifikation von SV und SG (vgl. NIKOLAEVA/FUŽERON 1999: 22) als auch zur Klassifikation von Gliedern des einfachen Satzes und NS (vgl. ROZENTAL' et al. 1995: 473 bzw. 471[66]).

### 2.6.1.2.3 Komplexere Strukturen

Syntaktische Strukturen, deren Komplexität die der beiden Grundformen (SV/SG) übersteigt, sind weder der deutschen, noch der englischen Grammatik mehr als einen (gelegentlichen) Hinweis wert:

Bei der folgenden Darstellung gehen wir den Möglichkeiten gestufter und in sich komplexer Abhängigkeit zwischen Teilsätzen nicht weiter nach; in der Regel werden wir mit Beziehungen zwischen zwei Teilsätzen arbeiten. Die Aussagen dazu lassen sich unschwer auf komplexere Gebilde übertragen (DUDEN 1984: 667).

The device of subordination enables us to organize multiple clause structures. Each subordinate clause may itself be superordinate to one or more other clauses, so that a hierarchy of clauses, one with another, may be built up, sometimes in sentences of great complexity (QUIRK/GREENBAUM 1996: 309).

Die Grammatiken bescheiden sich mit beiläufigen Bemerkungen zur Bildung mehrgliedriger SV (vgl. z.B. QUIRK/GREENBAUM 1996: 256) wie auch zu SG mit mehreren NS (vgl. z.B. DUDEN 1984: 666, ROZENTAL' et al. 1995: 510). In diesem Sinne kommentieren auch QUIRK et al. (1972: 725) das mehrgliedrige SG: *Too nervous to reply*, he stared at the floor (*being* too nervous to reply…): "Here the verbless clause itself contains a non-finite clause, *to reply*".

Angesichts einer fehlenden Kodifizierung, die auch die Didaktik beeinträchtigt, wundert sich ANTOS zu Recht darüber, dass komplexe Syntax in der Sprachverwendung so wenig Probleme verursacht (vgl. 1996: 197). Eine der Konsequenzen dieses „Verzichtes" ist jedoch, dass sich die Grammatiken der Notwendigkeit einer Klassifikation komplexerer Strukturen (und der Schaffung der entsprechenden Terminologie) entziehen.

---

[66] ROZENTAL' et al. (1995): „Отсутствие четкой границы между сочинением и подчинением предложений позволяет рассматривать некоторые конструкции как переходные случаи в пределах сложного предложения" (473). - „Так, в предложении *Командир послал конную разведку вправо и влево от дороги, чтобы уточнить характер вражеской обороны* (...) инфинитивный оборот с союзом *чтобы* образует переходный случай между обстоятельством цели как членом простого предложения (...) и придаточным предложением цели как частью сложного предложения" (471, Hervorhebung von mir – H-H).

Für das Russische ist der Ansatz einer (sehr allgemeinen) Klassifikation erkennbar: Zu den SV gehören gemäß AG 1960 (177-178). u.a. folgende Strukturen: SV oder SG+einfacher Satz, SV+SG, SG+SG. ROZENTAL' et al. (1995: 512) beurteilen die Kombination „SG+einfacher Satz“ dagegen als mehrgliedriges SG. Parallel dazu (und mit teilweiser Überschneidung) werden komplexere russische Strukturen auch als „komplexe syntaktische Konstruktionen” bezeichnet. Hier „sind Satzverbindungen und Satzgefüge auf die verschiedenste Weise miteinander verknüpft“ (GABKA 1976: 300). ROZENTAL' et al. (1995: 523) rechnen dazu:

1. SV, die auch SG enthalten (auch „komplexe Sätze mit Ko- und Subordination oder gemischt-komplexe Sätze“ genannt)
2. komplexe Sätze, deren Teile SG enthalten und syndetisch oder asyndetisch verbunden sind.

#### 2.6.1.3 Komplexitätsgrad

##### 2.6.1.3.1 Ermittlung des Komplexitätsgrades

Der Komplexitätsgrad eines jeden Korpustextes wird ermittelt durch Auszählung einfacher und komplexer Sätze nach den folgenden Festlegungen und unter Nivellierung abweichender Auffassungen der Grammatiken:

1. Der Regelfall einer Prädikatreihung in den Korpustexten ist die Reihung direktiver Äußerungsformen (von Imperativen, imperativischen Inf. usw.), die in den Grammatiken nicht explizit behandelt wird. Vielfach ist das Vorliegen einer SV mit zwei vollständigen Teilsätzen offensichtlich, z.B.:

   Knaggen lösen **und** das Gerät aus der Schalttafel herausnehmen.
   Зачистить контакты, снизить силу тока.
   Turn off the pump **and** watch the gauge.

   Sätze mit diversen Satzteilellipsen werden einheitlich als SV angesehen, z.B.:

   **Ellipse des Objekts** (vgl. DUDEN 1984: 637, QUIRK/GREENBAUM 1996: 264)
   Meßröhre demontieren **und** [*Meßröhre*] gründlich reinigen.
   Один раз в сутки проверить [*объемный расход*] **и** при необходимости корректировать объемный расход анализируемой газовой смеси.
   Align fan and motor sheaves with a straight-edge or string **and** tighten [*fan and motor sheaves*].

   **Ellipse von Subjekt und Prädikat bzw. Modalverb**
   Als Verbindungsleitungen zwischen Wandlern und Relais genügen normalerweise Leitungen mit einem Querschnitt von 2,5 mm² (Cu), für die Verbindungen im Auslösekreis bei Gleich- und Wechselstromauslösung und für die Meldungen [*genügen Leitungen mit einem Querschnitt von*] 1,5 mm².
   Габаритные, присоединительные и монтажные размеры разделителей указаны на рис. 1, 2, 3, 4, 5, 6, [*габаритные, присоединительные и монтажные размеры*] гибкого рукава – [*указаны*] на рис. 7.
   It is not designed for such use and you could injure yourself or [*you could*] damage the appliance by such abuse.

2. Die Subjekt- oder Objektreihung wird demgegenüber als Koordination von Satzgliedern behandelt (“phrasal coordination” QUIRK et al. 1972: 594), z.B.:

Transport **und** Lagerung sind sachgemäß durchzuführen.
Включение **и** выключение моторедуктора производится [sic] клавишным переключателем, расположенным с правой стороны панели (рис. 2).
Aluminium **or** Bronze is the Metal of which the Pump Chamber is Made.

Vorratsschale (2) **und** Führungskufe (3) aufklappen.
После установления теплового равновесия (по истечении времени прогрева по п. 3.2.6) проверить „нуль" **и** чувствительность.
Replace bolts (E) **and** nuts (D).

3. Russische Sätze mit Part.- und anderen „satzwertigen" Konstruktionen werden – wie deutsche und englische – als komplex angesehen. Auch ein funktionaler Vergleich englischer und russischer PartK gibt keinen Anlass, die einen als satzwertig anzuerkennen und den anderen Satzwertigkeit abzusprechen (sie komprimieren generell NS).
4. Parenthesen werden nach dem Umfang (Zeichen-/Wortfolge, Teilsatz oder Satz) beurteilt. Es wird daher festgelegt, dass der Status eines Satzes unverändert bleibt, wenn die Parenthese den Umfang einer Zeichen- oder Wortfolge hat, z.B.:

Prüfen Sie, ob die auf dem Typenschild (**unten am Gerät**) angegebene Netzspannung mit der örtlichen Netzspannung übereinstimmt.
К выходу усилителя Д3 с помощью транзисторов выходного коммутатора Д4 поочередно (**точно через один период рабочей частоты**) подключаются демодуляторы Д7 и Д9, которые собраны по схеме удвоения напряжения.
Loosen set screws at the wheel hub and remove wheel (**inlet side**).

Dagegen wird ein einfacher Satz mit einer Parenthese vom Umfang eines NS oder eines HS als komplex eingestuft (als SG bzw. SV). In komplexen Sätzen erhöht der Einschub einer teilsatz- oder satzförmigen Parenthese entsprechend die Anzahl der HS oder NS. Parenthesen mit Satzumfang werden bei der Ermittlung des Komplexitätsgrades mit ihrer tatsächlichen Struktur berücksichtigt, die auch ein SG darstellen kann, z.B.:

Nach einem kurzen Moment erscheint die gesamte Anzahl der Stücke (**Ist keine CD eingelegt, erscheint im Wechsel nd = no disc**).
Затем опустить наконечник ниже уровня раствора (**при этом раствор хлористого калия должен медленно вытекать из отверстия, образуя на выходе выпуклый мениск**) и, не поднимая его, ввернуть в него на 2-3 оборота винт с пористой прокладкой.
Use SAE #30 oil to lubricate chain for above freezing weather. (**Use #10W30 oil to lubricate chain for below freezing weather**.)

**Analyseergebnisse:**

Zwar wäre anzunehmen, dass die Satzkomplexität in fachexternen Anleitungen zur leichteren Verständlichkeit geringer ist als in Texten für Fachleute. Abb. 2.17 zeigt jedoch, dass die deutschen und russischen Mikrokulturen fachintern wie -extern Texte mit etwa konstantem Komplexitätsgrad produzieren. In den englischen Korpora ist der Anteil komplexer Sätze fachextern sogar noch höher als -intern.

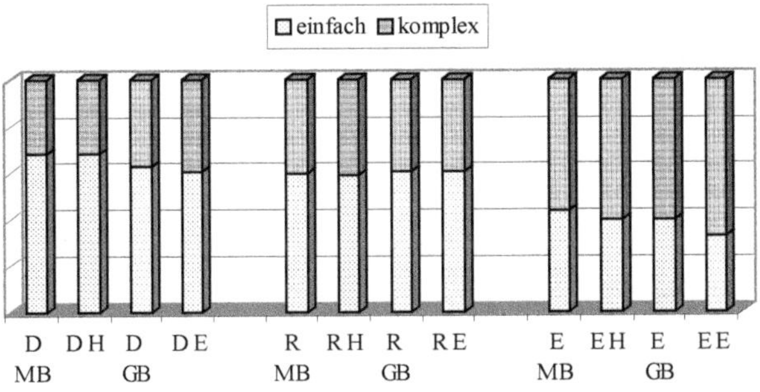


**Abb. 2.17: Komplexitätsgrad**

### 2.6.1.3.2 Konstitution des Komplexitätsgrades: Analyseergebnisse

Abb. 2.18 zeigt, wie der jeweilige Komplexitätsgrad zustande kommt. Abgesehen davon, dass in den deutschen und russischen Korpora der einfache Satz dominiert, werden hier zusätzlich parataktische Konstruktionen verwendet. Eine SV gilt zwar als komplex, stellt jedoch lediglich eine Reihung von zwei oder mehr einfachen Sätzen dar, die (häufig) ebenso gut getrennt aufeinander folgen könnten. Nur hypotaktische Strukturen repräsentieren die Form von Satzkomplexität, die bei der Rezeption auch als solche wahrgenommen wird.

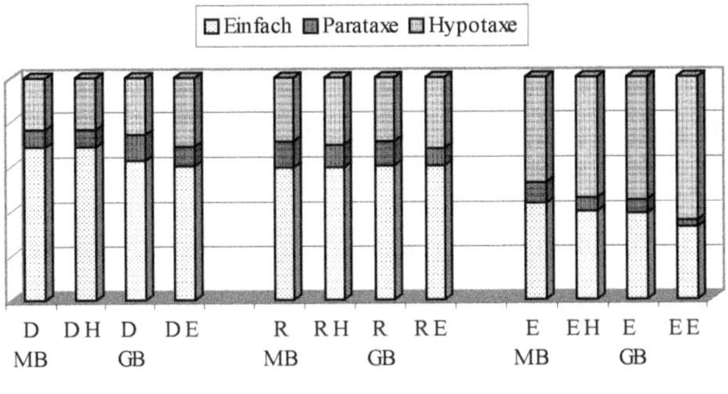


**Abb. 2.18: Konstitution des Komplexitätsgrades**

Zwischen den Anteilen von einfachen Sätzen und SV scheint generell Proportionalität zu bestehen. Wenn sich die Konvention einer Kultur, Texte überwiegend aus einfachen Sätzen zu produzieren, tatsächlich in der Verwendungsfrequenz parataktischer Konstruktionen spiegelt, liefert das eine einleuchtende Begründung für den vergleichsweise geringen Anteil der Parataxe an den komplexen Satztypen in den englischen Korpora.

### 2.6.1.3.3 Dichte hypotaktischer Konstituenten: Analyseergebnisse

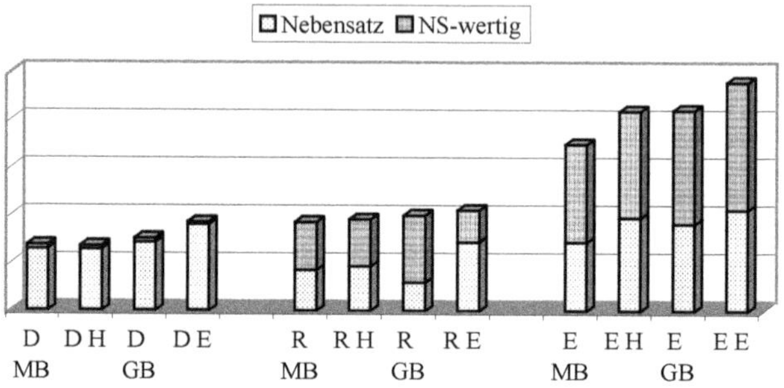


**Abb. 2.19: Dichte hypotaktischer Konstituenten**

Interkulturell ist die NS-Dichte (Anzahl je 100 Sätze Textumfang) in Anleitungen fachextern üblicherweise höher als fachintern. Wenngleich die makrokulturellen Unterschiede hier eher gering sind, ist die NS-Dichte in den englischen Korpora doch grundsätzlich höher als in den deutschen. Gemäß Abb. 2.19 ist der hohe Komplexitätsgrad englischer Texte allerdings weniger eine Folge der NS-Dichte als vielmehr Ausdruck der Dichte NS-wertiger Konstruktionen, die das deutsche Sprachsystem nicht in dieser Weise zur Verfügung stellt. In den russischen Korpora sind NS-Dichte und Dichte NS-wertiger Konstruktionen vergleichsweise gering. Deshalb überwiegt in diesen Texten dennoch der einfache Satz. Das atypische Übergewicht der NS im russischen Korpus (E) dürfte ein Abbild fremder Konventionen sein.

### 2.6.1.4 Klassifikation komplexer Satztypen

Für das Deutsche und Englische kann – wie dargelegt – nicht auf eine von der Grammatiktheorie erarbeitete Klassifikation komplexer Strukturen zurückgegriffen werden. Für das Russische steht sie in sehr allgemeiner Form zur Verfügung, angesichts der Vielfalt von Strukturen, die z.B. als SV oder „komplexe syntaktische Konstruktionen" gelten, erweist sich eine Übernahme dieser Begriffe als unmöglich.

Bei der syntaktischen Analyse der Korpustexte werden die jeweils bevorzugten Formen des Satzbaus ermittelt, die nach HOFFMANN (1988: 67) „entscheidende Kriterien zur Beschreibung der Fachsprachen" liefern können. Auch hier ist für die kontrastive Analyse deutscher, russischer und englischer Syntax durch einheitliche Kriterien Vergleichbarkeit herzustellen. Es werden daher bestimmte Strukturtypen definiert, die verschiedene konkrete strukturelle Varianten subsumieren können.

Der besondere Status „konjunktionsloser" komplexer Sätze in der russischen grammatischen Tradition wird ignoriert. Sie werden im Sinne von DUDEN bzw. QUIRK et al. ohne weitere Differenzierung als SV gezählt.

**S V, zweigliedrig (syndetisch/asyndetisch):**

(Variante: einfacher Satz + Parenthese mit Satzumfang)

Kurzschlußbrücke vom Meßpunkt (16) abziehen, Voltmeter anschließen.
Zum Umbau sind folgende Teile erforderlich **(bitte unter der angegebenen Bestell-Nummer separat bestellen)**.
Для проверки установленного значения уровня сигнализации необходимо изменить выходной сигнал от 4,1 мА (82 мВ) до 4,5 мА (90 мВ) и обратно, **при этом** одновременно следить за показаниями измерительного прибора и состоянием лампочки.
В комплект поставки входят упакованный холодильник с набором комплектующих изделий **(см. табл. 3.1)** и руководство по эксплуатации.
Remove any object or fluff **and** replace the filter.
Align sheaves properly **(see page 7)**.

**S G, zweigliedrig:**

(Varianten: einfacher Satz mit satzwertiger Konstruktion oder Parenthese mit Teilsatzumfang)

Beim Auftreten dieser Störung fällt das Störrelais ab, **dessen** Umschaltkontakte auf Klemmen geführt sind.
Das Einlassen von Nebenluft – **genannt** Gasballast – verhindert eine Kondensation von Dämpfen im Schöpfraum der Pumpe.
С другой стороны платы вилками присоединяются к розеткам соединительной платы, от **которой** начинаются жгуты.
Включение и выключение моторедуктора производится [sic] клавишным переключателем, **расположенным** с правой стороны панели (рис.2).
Установку обрамления на полку производите по большей стороне (**где имеется стык**) в соответствии с рис. 5.1.
Check with the aid of a spirit level **when** the machine is in its permanent operating position.
Use correction factor **to** adjust for temperature/altitude.
Locate the discharge from the separator in an area of the washer **remote** from the suction skimmer.
Run a “background” with the empty cell (**as just aligned**).

**S G, mehrgliedrig:**

(Varianten: SG, zweigliedrig, erweitert durch einen oder mehrere NS, eine oder mehrere satzwertige Konstruktionen oder Parenthesen mit Teilsatzumfang)

Weiterhin ist ein Störmelder eingebaut, **der** dann wirksam wird, **wenn** der Meßdraht oder die Verbindung zum Meßdraht unterbrochen ist, **da** in diesem Fall der Druck Null nur vorgetäuscht würde.
Wenn ein ausländischer Film synchronisiert mit deutscher Sprache im Kanal 1 ausgestrahlt wird, kann man (**sofern der Sender eine zweisprachige Übertragung anbietet**) durch Umschalten auf Kanal 2 den ausländischen Originalton hören.
**Если** пылесос работает, **но** плохо всасывает, проверьте, **не засорен ли** шланг **или не забит** [sic] **ли** чрезмерно пылью фильтр и нижний корпус.
Кронштейны вставляются под углом **так, чтобы** их конца с вырезками, **обращенными** вниз, вошли в прямоугольные окна каркаса, **после чего** кронштейны приводят в горизонтальное положение.
Don’t risk washing coloured articles **unless** you are sure [**that**] they are colourfast.
Check all guarding (**if supplied**) **to** ensure **that** it is securely attached **and** not interfering with rotating parts.

**SG, zwei- oder mehrgliedrig, + HS (Reihenfolge beliebig):**
(Variante: SG, zwei- oder mehrgliedrig, + Parenthese mit Satzumfang)

Die linke Rändelscheibe mit der linken Hand festhalten **und** mit der rechten Hand die rechte Rändelschraube entgegen dem Uhrzeigersinn drehen, **bis** sich der Bajonettverschluß löst.
Im allgemeinen wird es notwendig sein, den Anodenring (5/11) und das an der Gehäuseinnenwand anliegende Katodenblech (5/12) heraus**zuziehen** **(siehe Abschnitt 3.2) und** alle Teile mit feinem Schmirgelleinen mechanisch **zu** reinigen, **sofern** man nicht Katodenblech und Anodenring ganz austauscht.
Электромиксер **(см. рис. 1)** состоит из коллекторного электродвигателя 3, **встроенного** в пластмассовый корпус.
Щетка устанавливается так, **чтобы** скосы на них были направлены в сторону, **обратную** вращению якоря (**см. рисунок**).
Discharge batteries completely by running the unit **until** the energy is completely discharged **and** then remove from the product.
Rotation is always determined by viewing the wheel from the drive side **and** should correspond to the rotation decal **affixed** to the unit (**CCW rotation is correct as viewed from the fan inlet**).

In den Korpustexten kommen außerdem vor: mehrgliedrige SV, SG+SV, Doppel-SG sowie Strukturen höherer Komplexität, die bei der Auszählung zwar mit ihren Konstituenten berücksichtigt, strukturell aber nicht weiter differenziert werden.

**Analyseergebnisse:**

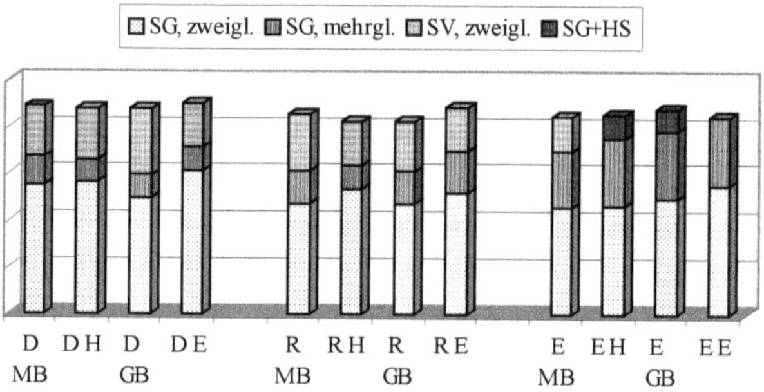


**Abb. 2.20: Konstitution und Frequenz komplexer Satztypen – Präferenzen**

Abb. 2.20 zeigt das zweigliedrige SG als interkulturell gemeinsame Präferenz. Seine Anteile sind fachextern generell höher als fachintern. In den deutschen und russischen Anleitungen werden zudem häufig zweigliedrige SV verwendet, während in den englischen Korpora ein entsprechender Anteil auf das mehrgliedrige SG entfällt (der hohe Anteil im Korpus (R E) ist auf eine Imitation englischer Hypotaxe zurückzuführen). In zwei englischen Korpora kommt die Konstruktion „SG+HS“ hinzu.

Die Präferenzen bestätigen für Anleitungen interkulturell das von HOFFMANN (1992: 98) so benannte Phänomen der „syntaktischen Stereotypie“: trotz (seltener) komplexerer Strukturen (SV+SG, Doppel-SG etc.) bleibt die Variationsbreite der Satztypen insgesamt gering.

### 2.6.2 Syntaktische Kompression

In der Entwicklung der Satzstruktur der russischen Gegenwartssprache (Standardvarietät) stellt AKIMOVA (1990: 37) Veränderungen fest, die sie „Kompression syntaktischer Konstruktionen“ (сжатие синтаксических конструкций) nennt. HOFFMANN (1992: 104) spricht analog von der Informationsverdichtung durch „syntaktische Kompression“. Nach QUIRK et al. (1972: 724) erfolgt diese Kompression insbesondere durch Reduktion von Adv.- bzw. Relativsätzen (u.a. zu satzwertigen Konstruktionen im Sinne der DUDEN-Grammatik):

The absence of the finite verb from non-finite clauses means that they have no distinctions of person, number, or modal auxiliary. Together with the frequent absence of a subject, this suggests their value as a means of syntactic compression.

SAGER et al. (1980: 205) ist an englischen Fachtexten ebenfalls aufgefallen, dass “Technical writers utilise a variety of devices to shorten or avoid finite clauses and especially compound verbal predicates”. Dazu eignet sich neben einem “non-finite” z.B. auch ein “verbless clause”. Adv.-Sätze lassen sich u.a. durch Adj.-Sätze (vgl. QUIRK/GREENBAUM 1996: 120) mit Konjunktion reduzieren, z.B.:

> **If necessary** loosen the socket head screw holding the input lens in the bracket so that the lens can be moved to provide a better input focus.

Diese Formen sind zwar reduziert, haben jedoch noch immer den Status von NS. Entsprechungen sind im Deutschen und Russischen möglich (vgl. analog zum englischen Beispiel die Konstruktionen *falls notwendig/erforderlich* bzw. *если необходимо*), für die syntaktische Reduktion in den technischen Korpustexten jedoch ohne Bedeutung. Hier wird eine andere Wahl bevorzugt: eine Präpositionalgruppe (*bei Bedarf* bzw. *при необходимости* – vgl. 2.6.3), nach SAGER et al. (1980: 205) die dritte Möglichkeit zur Vermeidung finiter NS.

#### 2.6.2.1 Partizipial- und Adverbialpartizipialkonstruktionen

Als infinite Verbformen zur Reduktion von NS werden im Russischen und Englischen u.a. Part. verwendet. QUIRK/GREENBAUM (1996: 384-385) führen an diversen Beispielen den funktionalen Zusammenhang zwischen Relativ- und Part.-Satz vor, sie korrelieren in Bezug auf das Genus verbi:

The antecedent head is identical with the deleted subject of the *-ed* postmodifying clause as it is with the *-ing* construction, but in this case the participle concerned is as firmly linked with the passive voice as that in the *-ing* construction is linked with the active (385).

PartK, bei QUIRK/GREENBAUM (1996: 252) „postmodifying participle clauses“ genannt, substituieren daher im Russischen wie im Englischen, je nach Part., aktivische bzw. passivische Relativsätze, z.B.:

> Монтажные работы должна выполнять специализированная организация, **имеющая** опыт монтажа подъемно-транспортного оборудования, в соответствии с проектом про-

изводства работ (ППР), **согласованным** в установленном порядке и **утвержденным** главным инженером МУ.
The percent of the energy **getting** through the accessory without sample present is usually between 15 % and 20 %.
For others, first install the mating baseplate **shown** in Figure 2A on next page.

Dieses funktionalen Zusammenhangs zwischen NS und PartK waren sich russische Linguisten bereits im 19. Jh. bewusst. Das zeigen die bei AKIMOVA (1990: 45) zitierten Beurteilungen von Sätzen mit PartK als „verdeckte" (GREČ) oder „verkürzte" (BUSLAEV) komplexe Sätze oder als „Ergebnis einer gedanklichen Kompression" (POTEBNJA).

In deutschen Anleitungen sind PartK eher selten. Zwar besteht die Korrelation beim Genus verbi auch im Deutschen, in der fachlichen Sprachverwendung scheint jedoch nur das deutsche Part. Aktiv eindeutig mit einem Relativsatz zu korrespondieren, z.B.:

Vielstufen-Wechselgetriebe für Kraftfahrzeuge, **bestehend aus** drei (...) in sich sperrbaren Planetengetrieben (GÖPFERICH 1995: 422).

Part.-Sätze können im Deutschen – wie im Englischen – durch entsprechende (häufig konditionale oder modale) Konj. eingeleitet sein, z.B.:

Neue Packungsringe, **wenn noch nicht zugeschnitten**, dem Wellendurchmesser anpassen und mit einem scharfen Messer sauber auf Maß schneiden.
Die längstmöglichen Schmierfristen sind abhängig von Normgröße und Wellendrehzahl, **wie** in der nachfolgenden Tabelle **angegeben**.
Turn the lock switch clockwise to secure the operation **if required**.
In this case, the accessory **as received** will not align properly.

Fehlt dagegen die Konj., ist die Ermittlung des der Reduktion zugrunde liegenden NS eine Frage der Interpretation, z.B.:

Kaffeepulver (**nicht zu fein gemahlen**) einfüllen.
Hierdurch werden Fehlerquellen, **hervorgerufen durch Zug-, Falschluft usw.**, weitgehend abgebaut.
**Mit sauberem Wasser gefüllt**, ermöglicht dieses Gerät einen einwandfreien Betrieb auch bei nicht stationärem Einsatz der Pumpe.
**Den Erfordernissen des Rührmediums angepaßt**, besteht sie aus Stahl, Edelstahl oder Stahl mit einer resistenten Verkleidung.

Zur Paraphrasierung der ersten beiden PartK bietet sich offenbar ein Relativsatz an. Im dritten Beispiel scheint ein Temporalsatz notwendig zu sein, während beim vierten die Annahme eines Kausalsatzes näher liegt. "Semantic versatility" eines "non-finite clause" demonstrieren auch QUIRK/GREENBAUM (1996: 387) an einem Part.-Satz, den sie als reduzierten Relativ-, Kausal- bzw. Temporal-Satz interpretieren.

Neben PartK stellen die russischen Adv.-Part. eine weitere sprachökonomische Alternative dar, um eine Anhäufung von NS zu vermeiden. PartK sind nach AKIMOVA in wissenschaftlichen Texten besonders frequent, Adv.-PartK dagegen u.a. in publizistischen Texten (vgl. 1990: 50). In den technischen Texten der russischen Korpora werden beide verwendet, durchaus auch innerhalb eines Satzes, z.B.:

Устройство обеспечивает безопасность персонала, **обслуживающего** комплекс, **предотвращая** перемещение промышленного робота к оператору, **находящемуся** в рабочей зоне.

Während das Russische zur Substitution von Adv.-Sätzen über besondere Adv.-Part. verfügt, wird diese Funktion im Englischen ebenfalls von den „normalen" Part. erfüllt. Von den bei MULISCH (1993: 330-331) angeführten Varianten[67] sind für die Korpora insbesondere folgende relevant:

1. **Reduktion von Modalsätzen, z.B.:**
   При монтаже выключающего устройства регулируют, **натягивая** канат и **зажимая** его стопорным винтом, зазор между выключающим рычагом и роликом выключателя в пределах 3±1 мм.
   Flip the mating plate over, and install the dowel pins from the opposite side, **moving** one of them to the new position, as shown.
2. **Reduktion von Temporalsätzen (Gleichzeitigkeit), z.B.:**
   Регулировку производить, **ориентируясь** по кулачково-дисковой муфте, путем разворота всего привода относительно продольной оси конвейера.
   Replace the cell, **assuring** that it is properly seated and aligned with the lenses.
3. **Reduktion von Temporalsätzen (Vorzeitigkeit), z.B.:**
   Соединение ветвей цепи осуществляют через смотровое окно, **обогнув** цепью концевой блок.[68]
   Switch the Indicator Unit on, **having made sure** that the installation procedures have been followed carefully, and that the lock switch is in the counter clockwise position.

Zur Verwendung adverbialer Part.-Sätze berichten QUIRK et al. (1972) von einem in wissenschaftlichen Texten offenbar besonders häufigen „Stilfehler":

A so-called 'fault of style', traditionally termed the unattached or unrelated participle, arises when the noun phrase with which the understood subject of the non-finite clause should be identified does not appear in the main clause at all: *Flying through the air at the speed of sound, a sudden thought struck me* (757 – Hervorhebung von mir – H-H). – In scientific literature (...) the use of 'unattached participles' is such a convenient solecism as to be almost accepted as an institution (758).

„Isolierte" Part.-Sätze dieser Art finden sich in größerer Zahl auch in den englischen Anleitungen. Ein Grund für ihre Beliebtheit dürfte sein, dass sie unauffällig sind und keinen Anlass zu Missverständnissen bieten: wenngleich eine explizite Verbindung zwischen HS und Part.-Satz fehlt, wird diese bei der Rezeption quasi automatisch (und korrekt) hergestellt, z.B.:

The **diameter** in mm is then calculated **using** calibration data stored on dual in line switches within the unit.
**Right and left hand** referred to in this manual are determined **when standing** at idler end of the conveyor looking toward drive end.

---

[67] Zu kausalen, konzessiven Beziehungen vgl. auch AG 1980 (182).

[68] Vgl. dazu auch FORSYTH (1970: 300): "It is frequently stated that the function of the perfective gerund is to denote sequence of action, and indeed in the majority of sentences in which it occurs, it does express an action performed as a whole before the action denoted by the main verb".

Sowohl in der russischen mündlichen Umgangssprache als auch in schriftlichen Texten werden nach GLOVINSKAJA (1996: 277) „verbotene Adv.-PartK" („Запретные деепричастные обороты") verwendet. Zum Ausdruck des „semantischen Subjektes" gibt sie u.a. folgende Beispiele:

Но оставалась надежда, что, **увидев** старых и больных родителей, **сердца детей** смягчатся (Ausdruck des Subjekts metonymisch).
**Прочитав** его <документ>, **сон** как рукой сняло (Ausdruck des Subjekts fehlt ganz, 284).

Obwohl sich die Verwendung solcher „unabhängigen Adv.-PartK" im „Prozess der Legalisierung" befindet (vgl. GLOVINSKAJA 1996: 278), enthalten originär russische fachexterne Anleitungen nur solche, die allgemein als „normal" gelten, z.B.:

**Перекрывая** пальцем отверстие, **можно регулировать** плотность распыления жидкости.
**Проверить** наличие напряжения в розетке, **включив** в нее настольную лампу.
**Необходимо смазывать** манжетный уплотнитель 6 в месте выхода вала любым пищевым жиром, **пропустив** несколько капель в зазор между валом и манжетом.

In russische Texte fremder Provenienz (vgl. 1.4.3.3) haben dagegen „isolierte" PartK nach englischem Vorbild (s.o.) Eingang gefunden, z.B.:

В зависимости от спецификации вашего компьютера **полное отключение** электропитания возможно только **отключив** шнур питания от электророзетки.
**Постоянная память** в отличие от РОМ позволяет многократно записывать данные, **используя** программный способ записи средствами самой операционной системы.

In deutschen Fachtexten wird Analoges zumeist durch Teilsätze ausgedrückt, die von Konj. eingeleitet oder durch Pronominaladv. markiert sind, z.B.:

Der zulässige Einschaltdruck errechnet sich, **indem** man die zulässige Druckdifferenz durch das um 1 verminderte Kompressionsverhältnis teilt.
Drehen Sie das Laufrad von Hand durch, **und** achten Sie **dabei** auf Schleifgeräusche.
Die Schnecke können Sie herausziehen, **nachdem** Sie die Sechskantmutter nach rechts gedreht und danach ganz abgeschraubt haben.

Das deutsche Sprachsystem bietet zwar ebenfalls Part. an, doch ihre Verwendung ist – von Ausnahmen abgesehen – im fachlichen Kontext unüblich. Sie erfüllen ihre Funktionen eher als Mittel poetischer Sprachverwendung, deren sich u.a. MORGENSTERN in seinen Gedichten und Versen ausgiebig bedient, z.B.:

Drauf Petrus sprach: „Geschrieben steht,
daß ein Kamel weit eher geht
durchs Nadelöhr als du, du Heid,
durch diese Türe groß und breit!"
Ich, **glaubend** fest an Gottes Wort,
ermunterte das Tier sofort,
ihm **zeigend** hinterm Nadelöhr
ein Zuckerhörnchen als Douceur.
Und in der Tat! Das Vieh ging durch,
obzwar **sich quetschend** wie ein Lurch! (aus „Die Probe").[69]

---

[69] Zitiert nach MORGENSTERN (1994: 43).

Hier zeigt sich, dass ein Part. Aktiv auch im Deutschen weitere Funktionen erfüllen kann, d.h., außerhalb eines fachlichen Kontextes eignet es sich durchaus zur Reduktion eines Kausal-, Konzessiv-, Modal- oder Temporal-Satzes.

### 2.6.2.2 Infinitivkonstruktionen

Nach Auffassung des DUDEN (1984: 666) gehören InfK ebenfalls zu den Mitteln syntaktischer Reduktion:

Es handelt sich hier um Infinitivkonstruktionen, die – etwa in der Ersatzprobe – für Teilsätze eintreten können. Wie diese erfüllen sie die Aufgaben von Satzgliedern im übergeordneten Satz. So steht der einfache Infinitiv mit *zu* wie der *daß*-Satz in der Rolle des Subjekts, des Objekts oder des Gleichsetzungsnominativs (...).

In allen Analysekorpora werden InfK zur Reduktion von Subjekt- und Objektsätzen (vgl. auch QUIRK/GREENBAUM 1996: 361) verwendet, z.B.:

**Reduktion von Subjektsätzen**

Es wird empfohlen, die PR31 – auch bei Verwendung der Dampfsperre – in regelmäßigen Abständen **zu reinigen**.

При выпечке не рекомендуется часто **открывать** дверку жарочного электрошкафа, чтобы не охлаждать его.

It is, however, not always necessary **to remove** the crystal from its cell for cleaning.

**Reduktion von Objektsätzen**

Bei Wärmeübertragung durch die Anschlußleitung empfehlen wir, einen Teil der Leitung durch eine Kühlschlange **zu kühlen**.

Собственный опыт и вкус позволит [sic] Вам **внести** необходимые изменения.

This time is required to allow compressor fluid **to drain**.

Inf.-Sätze unterscheiden sich von Adv.-Sätzen insbesondere durch die Konj.. Unter diesem Aspekt ist z.B. die Reduktion von Final- zu Inf.-Sätzen (durch Tilgung der Konj.) nur im Englischen möglich:

**Reduktion eines Finalsatzes**

Move the slide around in a circular motion **to disperse** the powder.

Im Deutschen und Russischen ist die Konj. unverzichtbar. Daher werden die im Folgenden als „InfK“ behandelten russischen Strukturen als Konj.-Sätze gezählt. Analog beurteilt GABKA (1976: 282) finale SG:

Wenn die Handlungen von Haupt- und Nebensatz von ein und derselben Person ausgeführt werden, so wird die Konjunktion чтобы mit der Infinitivform des Verbs verbunden.[70]

Nach QUIRK et al. (1972: 758-759) gilt die “Attachment rule” nicht nur für PartK, sondern auch für InfK. Zur „isolierten“ Variante, in der das Subjekt der InfK formal mit dem Subjekt des HS nicht identisch ist, geben sie u.a. folgendes Beispiel:

**To climb** the rock face, **various precautions** had to be taken.

---

[70] Dagegen macht die AG 1960 für das Vorliegen eines Finalsatzes zur Bedingung, dass HS und NS verschiedene Subjekte haben. Andernfalls handelt es sich um einen finalen Satzteil (vgl. 331 bzw. 376).

In den englischen Anleitungen sind derartige Beispiele überaus zahlreich, z.B.:

Any **dirt accumulation** on the wheel or in the housing should be removed **to prevent** unbalance and possible damage.
**To insure** a successful installation, **the instructions** in this manual should be read and adhered to.

Analog gibt es im Russischen auch „verbotene InfK" („Запретные инфинитивные обороты" nach GLOVINSKAJA 1996: 289). Zu finalen und temporalen InfK hat sie u.a. folgende Beispiele gefunden:

**Чтобы** политически **не потерять** свое лицо, идет медленная, тлеющая **работа**.
Ведь **прежде чем стать** тканью, шерсть **распаривают, краснят** и **закрепляют** серной кислотой (290).

Dazu gibt es in den Anleitungen – fachintern und -extern – einzelne Beispiele, in der Regel zeigen sich jedoch die „normalen" Muster: Subjekt des HS ist der Adressat eines Imperativs oder eines unpersönlichen Direktivums, z.B.:

**Прежде чем** начать пользоваться машиной, внимательно **ознакомьтесь** с данным руководством.
Чашу 5 с фильтром **надо** тоже немного **отвинтить**, **чтобы** освободить резиновое уплотнение 14.
**Чтобы** не повредить испаритель, сосуд **следует устанавливать** на решетку 1 (рис. 3.1).

Für das Englische erwähnen QUIRK/GREENBAUM (1996: 386) des Weiteren InfK, die einen Relativsatz reduzieren, z.B.:

The case *to be investigated* (= that will *or* is to be investigated).

Äquivalent einer solchen InfK ist im Deutschen ein pränominal gebrauchtes *Participium necessitatis*, im Russischen ebenfalls pränominal ausgedrückt durch das Part. Präs. Pass., dem diese Modalität inhärent ist, z.B.:

Check that the Gauge Head is correct for the range of product diameter **to be measured**.
Beim Aufsetzen und Ausrichten des Getriebes, des Motors und des evtl. vorhandenen Kriechantriebes ist auf axiale Übereinstimmung der **zu kuppelnden** Wellen besonderer Wert zu legen, da hiervon der Verschleiß und die Lebensdauer der Kupplungen abhängen.
Проверить перемещения рабочих органов по всем трем **управляемым** координатам.

### 2.6.2.3 Erweiterte postponierte Attribute

Eine weitere Möglichkeit zur Kompression von Relativsätzen, über die das Deutsche so nicht verfügt, stellen im Russischen und Englischen postponierte erweiterte Attribute dar („адъективные обороты" nach AKIMOVA 1990: 50), z.B.:

Для этого барабаны с лентой устанавливают по оси конвейера в местах, **удобных для разматывания ленты**.
Рабочие участки профилей зубьев звездочек приводных валов должны лежать в плоскости, **параллельной оси вала**.
Note that since the background was taken with the DRIFT accessory in the instrument, the peaks **due to atmospheric absorption** are no longer present.
O-rings can be prestretched over a pen or similar rod **slightly larger than 1/4" dia**.

Nach den Erkenntnissen von SAGER et al. (1980: 221) sind postponierte Attribute in englischen Fachtexten selten. Im Vergleich zur Frequenz von PartK ist das auch für englische (und russische) Anleitungen richtig. Im Deutschen sind Attribute zur Reduktion von Relativsätzen überhaupt nur pränominal möglich.

### 2.6.2.4 Erweiterte pränominale Attribute

Als Entsprechungen zu englischen und russischen PartK, soweit diese Relativsätze reduzieren, werden im Deutschen überwiegend pränominale Attribute verwendet (vgl. Abb. 2.21), z.B.:

**In die Saugstufen einfallende** Moleküle erhalten durch die schnell umlaufenden Schaufeln Einzelimpulse in Förderrichtung.

Unzulässige Überhitzung des Motors bei erhöhter Leistungsaufnahme wird durch Abschalten des Frequenzwandlers mit Hilfe eines **in der Pumpe eingebauten** Thermoschutzschalters vermieden.

Im Englischen und Russischen stellen erweiterte pränominale Attribute u.U. eine syntaktische Alternative zu PartK dar, von der jedoch in technischen Texten äußerst zurückhaltend Gebrauch gemacht wird.

Wie die entsprechenden satzwertigen Konstruktionen, so wird auch ein erweitertes pränominales Attribut als Ergebnis einer Relativsatz-Kompression interpretiert. Um diese Sichtweise zu rechtfertigen, ist zu postulieren, dass die Konstituenten eines konkreten Attributes die Formulierung eines Relativsatzes nach den Gepflogenheiten fachlicher Sprachverwendung gestatten müssen.

Ein geeignetes Kriterium zur Definition eines erweiterten Attributes ist offenbar seine Struktur: Deutsche Attribute enthalten häufig eine Präpositionalgruppe (PräpG) und ein Adj./Part.. Diese Grundstruktur kann erweitert werden, z.B.:

PräpG + Adj./Part. [Aktiv/Passiv]

Der Wälzkolbenpumpe wird die **zum Betrieb der Pumpe erforderliche** Ölfüllung beigestellt.

Da alle **mit dem Fördermedium in Berührung kommenden** Teile aus Kunststoff gefertigt sind, ist hier ein zusätzlicher Schutz nicht notwendig.

Eine Änderung der **in dieser Gebrauchsanweisung angegebenen** Daten und der Konstruktion behalten wir uns vor.

Russische Attribute dieser Struktur zeigen eine im Vergleich zu den deutschen invertierte Konstituentenfolge, die gleichfalls erweitert werden kann, z.B.:

Adj./Part. [Aktiv/Passiv] + PräpG

Разгрузка и погрузка должны производиться **удобным для данной площадки** способом.

При работе гидравлическим домкратом в качестве рабочей жидкости применяется [sic] масло или **незамерзающие при низкой температуре** смеси (глицерин с водой).

Вмятые места у лопаток выпрямляют при помощи **специально изготовленных по профилю каналов** оправок различной толщины.

Alternativ kann das Attribut neben dem Part. ein Pronominaladv./Pronomen enthalten, das seinerseits ein Substantiv oder eine PräpG substituiert. Die Wortfolge im Russischen ist auch hier im Vergleich zum Deutschen gegenläufig, z.B.:

Pronominaladv. + Part. Pass.

Es ist vorteilhaft, die Pumpe mit dem **dafür vorgesehenen** Ausheizmantel ca. 5 bis 6 Stunden auszuheizen.

Durch das **dadurch erzielte** höhere Saugvermögen wird eine Verkürzung der Auspumpzeit erreicht.

Part. Pass. + Präp. + Pronomen

Платформа представляет собой сварную рамную металлоконструкцию с **уложенными на ней** рельсами.

Рамы приводов вместе с **укрепленными на них** узлами устанавливаются на фундаментные болты.

GÖPFERICH (1995: 422) bezeichnet „längere pränominale Attribute" als im Englischen „unüblich". Das stimmt im Hinblick auf Strukturen mit PräpG (wie in den obigen Beispielen). Andere Strukturen können durchaus gefunden werden: Attribute mit Part.-Kompositum, dessen erste (substantivische) Konstituente eine PräpG ersetzt, zeigen Parallelen zu deutschen und russischen Attributen:

Komp. Part. Pass. (K1 = S)

Zur Atmosphäre hin ist die Wellendurchführung mit zwei **ölüberlagerten** Radial-Dichtringen gedichtet [mit zwei **von Öl überlagerten** Dichtringen].

Масса ТУДЭ в **пылебрызгозащищенном** исполнении не превышает 2 кг, во **взрывозащищенном** исполнении не первышает 5 кг.

**Factory installed** motors do not come wired.

Zu dieser Struktur werden für das Deutsche und Englische außerdem entsprechende Komposita mit passivischem Adj. (vgl. 2.5.1.1) gerechnet, z.B.:

Komp. Adj. Pass. (K1 = S)

Das Gerät nur im Haushalt zum Waschen von **maschinenwaschbaren** Textilien verwenden.

The standard instrument offers several **customer selectable** options.

Zweiteilige Attribute aus Adv. und Part. markieren bei der Analyse den Grenzfall, weil die Adv. im Sinne von QUIRK/GREENBAUM (1996: 136) als "adverbs equivalent to prepositional phrases" angesehen werden können, z.B.:

Adv. + Part. Pass.

**Unsauber verschlossene** Ölschrauben führen zur Verölung im Schöpfraum.

Бетонную смесь закачивают растворонасосом через **специально привариваемые** патрубки.

One of the **most frequently encountered** problems with Centrifugal Fans is motors which are wired to run in the wrong direction.

Die Paraphrasierung zwei- oder mehrteiliger Attribute aus Adv. und Adj. ergibt dagegen fachlich unübliche Relativsätze, die nicht als Ergebnis syntaktischer Reduktion angesehen werden.

Abgesehen von den dargestellten Typen, kommen in den englischen Korpora noch Attribute anderer Struktur vor, die u.a. – im Sinne von QUIRK/GREENBAUM (1996: 139) – als "nouns as premodifiers of nouns" zu betrachten sind. Diese attributiven

Komplexe sind primär auf die extreme Flexibilität der englischen Komposition zurückzuführen, die, wie einzuräumen ist, im Deutschen nur teilweise, im Russischen keine Parallelen hat. Die Grenzen zwischen Attributen und Terminuskonstituenten sind fließend, das Unterscheidungsmerkmal „Bindestrich" (vgl. GÖPFERICH 1995: 430) ist in dieser Hinsicht nicht sehr vertrauenerweckend.

Für das Englische sind daher weitere Typen pränominaler Attribute so abzugrenzen, dass entsprechende Bildungen auch im Deutschen pränominal nicht möglich sind. Technische Daten können als Bestandteil von Attributen in deutschen oder russischen Texten vereinzelt pränominal gefunden werden, z.B.:

Es handelt sich dabei um eine **20 m lange** Kupfer-Einfachleitung.
Допускается кратковременная **5-10 мин.** промывка концентрированными кислотами.

Im Deutschen pränominal nicht mehr möglich sind dagegen Kombinationen technischer Daten als Attribute zu (häufig selbst mehrgliedrigen) Komposita, z.B.

**Kombination technischer Daten**

Place vegetables in a ½ **quart to 2 quart** microwave-safe casserole dish.
The Cermet Monitor is a control and readout unit in a DIN standard **96 x 96 x 172 mm** instrument panel mounting housing which can also conveniently be used as a bench mounting instrument.
The assembly part numbers in Table III represent **230/460 volt, 3-phase, 60 Hz** vibrators.

Eine andere Gruppe pränominaler Attribute enthält Kombinationen aus Eigennamen (zumeist Firmennamen), Warennamen und Typenbezeichnungen. In Anlehnung an einschlägige Arbeiten (u.a. MORGENROTH [Hrsg.] 1996) werden diese Benennungstypen als Nomenklaturzeichen zusammengefasst. Zu Warennamen als „Einheiten der kommerziellen Nomenklaturen" (1996: 92) führt GLÄSER aus:

Ein selbständiger Typ von Warennamen besteht aus einem Blockkompositum, in dem ein Firmenname ein Appellativum, das die Warensorte bezeichnet, determiniert, wobei Buchstaben- und Zahlenangaben das Produkt zusätzlich spezifizieren (104).

Den Firmennamen versteht GLÄSER als Teil des Warennamens, in den englischen Korpora kommen beide jedoch auch getrennt vor. Die erwähnten Buchstaben- und Zahlenangaben bilden die Typenbezeichnung. Diese kann auch – unter Auslassung des Warennamens – nur mit dem Firmennamen kombiniert sein. Das Appellativum ist nicht Teil, sondern Träger des Attributs, z.B.:

**Kombination von Nomenklaturzeichen:**

The DT-178 can receive from and transmit data to the **IBM S/360**, S/370, 4300 or compatible host computer.
If your cleaner was originally equipped with a micro filtration bag, it is important to use only Genuine **HOOVER Allergen Filtration Type Z** disposable bags in order to maintain the original cleaning effectiveness of your cleaner.
Lubricate the vibrator with 6.5 grams of **Kluber Isoflex Topas NB 52** grease.

Eine weitere für das Englische typische Variante, die weder im Deutschen noch im Russischen möglich ist, besteht in der pränominalen Attribuierung durch Text- (auch TT-) Titel, z.B.:

**Text-, TT-Titel u. dergl.**

Refer to the **Series 4000/4100 RS232 Serial Command Set** manual.
Reference **Radial Gap, Overlap & Alignment** section.
In the **OSM Turn Off Time** submenu, you can select how long the monitor waits after the last touch of a button to shut off the OSM control menu.

**Analyseergebnisse:**

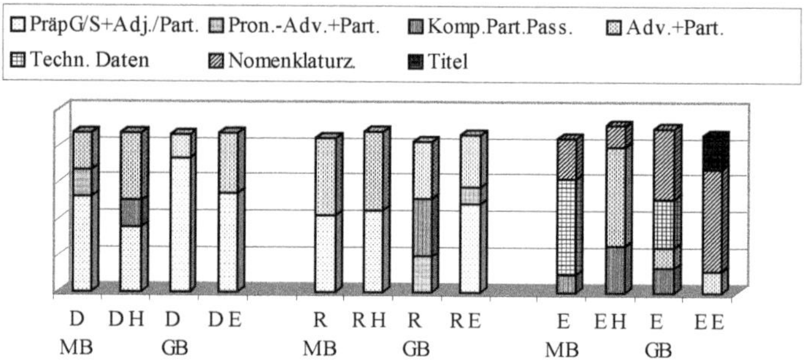


**Abb. 2.21: Strukturen bzw. Inhalte pränominaler Attribute – Präferenzen**

### 2.6.3 Syntaktische Kondensation[71]

Nicht nur für englische Texte gilt die folgende Feststellung bei QUIRK/GREENBAUM (1996: 387-388):

> A prepositional phrase is by far the commonest type of postmodification in English; it is three or four times more frequent than either finite or non-finite clausal postmodification.

Auch deutsche und russische Anleitungen enthalten Präpositionalgruppen (PräpG) in einer Dichte (häufig mehrere pro Satz), die für andere syntaktische Mittel unerreichbar ist. PartK z.B. substituieren teils Adv.-, teils Relativ-Sätze. Daher dienen PräpG, nach HOFFMANN (1992: 104) ein weiteres Mittel „syntaktischer Kompression“, vermutlich auch zur Reduktion beider Teilsatzarten. Das ist u.a. gemeint, wenn Nominalisierung als „Strategie textueller Reduktion“ (KRETZENBACHER 1991: 119) oder

---

71 Die Analogie, die nach HORN-HELF (1997a: 68) zwischen den Prozessen von Kompression und Kondensation in Technik und Wortbildung (WB) besteht, lässt sich auch auf die Vorgänge syntaktischer Reduktion übertragen: „Im Unterschied zur Definition der ‚Kompression‘ (...) ist hier die Rede von Reaktionen, die unter Abspaltung eines Teils eine neue Bindung bewirken. Wegen dieser beiden Faktoren, der neuen Bindung (es entsteht ein Ganzes) und der Abspaltung einer Komponente (Ausdruck für die Tilgung von Teilen der WV) ist *Kondensation* in der WB besser motiviert als *Kompression* (...), bei der aufgrund der Analogie im Rahmen der Verdichtung alle Komponenten erhalten bleiben müßten“. Im Gegensatz zu satzwertigen Konstruktionen bzw. pränominalen Attributen, die die Konstituenten des ursprünglichen Nebensatzes weitgehend bewahren, ist die Reduktion zur PräpG nur mit einer radikalen Tilgung möglich. Angesichts des damit verbundenen Zuwachses an semantischer Vagheit (vgl. 2.6.3.2.3) ist *Kondensation* auch in diesem Kontext besser motiviert als *Kompression*.

als „Verfahren der beschleunigten Informationsübermittlung" (BAUMANN 1992: 157) bezeichnet wird.

Ein grundlegendes Unterscheidungskriterium für PräpG ist demnach darin zu sehen, welche Art von Teilsatz sie reduzieren. QUIRK/GREENBAUM (1996: 316) bestätigen, dass Adv.-Sätze häufig durch PräpG ersetzt werden können (zum Russischen vgl. sinngemäß ROZENTAL' et al. 1995: 400). Sowohl Adv.- als auch Relativ-Sätze können als Attributsätze aufgefasst werden, der wesentliche Unterschied liegt in ihrem Bezug, d.h., in dem Teil des HS, den sie attribuieren. Mit Final-, Konditional-, Modalsätzen usw. wird die im HS genannte Handlung näher bestimmt, sie stehen in Bezug zu dessen Verb, auf ihre Kondensation beziehen sich BIRKENMAIER/MOHL (1991: 102):

> Syntaktisch äußert sich die Kondensierung darin, dass selbständige Prädikationen unterdrückt und durch verschiedene Präpositionalgruppen ersetzt werden. (...) Innerhalb des Satzes haben die kondensierten Prädikationen die Funktion adverbialer Bestimmungen.

Relativsätze dagegen attribuieren einen substantivischen Satzteil des HS, mit dem das Pronomen in bestimmter Weise kongruent sein muss. Sie werden daher auch als „adsubstantivische Sätze" bezeichnet (MULISCH 1993: 328). Wenn PräpG sowohl Adv.- als auch Relativ-Sätze reduzieren können, müssen sich entsprechende Parallelen im Bezug finden lassen. Anhaltspunkte für eine solche Differenzierung sollten sich bei einer Strukturanalyse ergeben, sofern das jeweilige Bezugswort, das ja außerhalb der PräpG steht, ebenfalls berücksichtigt wird.

### 2.6.3.1 Struktur von Präpositionalgruppen: Analyse und Formalisierung

PräpG, für deren Analyse im Folgenden entsprechende Kriterien vorgestellt werden, haben im Deutschen und Russischen zumindest zwei Konstituenten: eine Präp. und ein Substantiv. Präp. können einfach oder komplex sein (vgl. z.B. SAGER et al. 1980: 197). Für das Englische definieren QUIRK/GREENBAUM (1996: 143) analog:

> A prepositional phrase consists of a preposition followed by a prepositional complement, which is characteristically a noun phrase or a *wh*-clause or V-*ing* clause.

Diese ersten Definitionen sind zutreffend, jedoch zu allgemein, um für irgendeine Klassifikation hilfreich zu sein. Die Gliederung nach Präp. allein führt angesichts der Vagheit solcher Gruppen (vgl. 2.6.3.2.3) auch nicht allzu weit. Als Ordnungsfaktor kann z.B. die Art des Substantivs dienen: danach lassen sich z.B. Abstrakta und Konkreta unterscheiden. Das ist theoretisch sehr klar und einleuchtend, und so liest es sich auch bei MULISCH (1993: 208):

> *Konkreta*, (...) d.h. Bezeichnungen materieller, stofflich vorhandener, sinnlich wahrnehmbarer Gegenstände, und *Abstrakta* (...), d.h. ideelle, gedankliche Gegenstände, darunter Adjektivabstrakta, die Eigenschaften (...) oder Beziehungen (...) bezeichnen, und Verbalabstrakta, die Zustände (...) oder Tätigkeiten (...) bezeichnen.

Bei der praktischen Analyse liegen die Dinge nicht ganz so einfach, weshalb JELITTE (1982: 118-119) zwar für eine als Abstraktum bezeichnete Bildung im Russischen zwei wesentliche formale Merkmale anführt: die Substantivform und den Singular, gleichzeitig aber zu bedenken gibt, dass

> die vornehmlich nach logischen Gesichtspunkten erfolgende Abgrenzung gegenüber Konkreta (...) nur relativer, d.h. kontextbezogener Art sein kann, da sämtliche Übergänge der Abstrakta in bestimmte Kategorien der Konkreta nur aus dem kontextlichen Zusammenhang registrierbar sind.

Diese „Relativität" ergibt sich u.a. daraus, dass eine „Verbalabstraktum" (VA) genannte Bildung nicht nur in der prozessualen Bedeutung gebraucht werden kann, die MULISCH (s.o.) erwähnt. VA erlauben sowohl im Russischen, als auch im Deutschen und Englischen eine Verwendung in kollektiver, resultativer oder instrumentaler Bedeutung (vgl. dazu z.B. HORN-HELF 1997a: 168). Eine entsprechende Polysemie in der Wortbildungsbedeutung sehen FLEISCHER/BARZ (1992: 174 bzw. 176) u.a. bei deutschen Derivaten auf *-ung*. Während Kollektiva, die nach FLEISCHER/BARZ (ebd.) auch „verdeckte Personenbezeichnungen" sein können, und Nomina instrumenti in der Regel Konkreta sind, liegt das eigentliche Problem in der Zuordnung der Resultativa (Nomina acti).

FLEISCHER/BARZ (1992: 86) definieren ein Nomen acti als „Bezeichnung eines Zustands als Folge oder Ergebnis einer Handlung". Für ihr Beispiel *Bildung* ist die Definition als Zustand zutreffend. Außerhalb des Derivationsmusters auf *-ung* scheint ihre Gültigkeit eher zweifelhaft, z.B.:

Zum Verb *austragen* sind im Deutschen zwei VA üblich:

*das Austragen*
(gebildet durch Infinitivkonversion – vgl. FLEISCHER/BARZ 1992: 212) und
*der Austrag*
(gebildet durch syntaktische Derivation mit ∅-Suffix).

Das dritte VA – *Austragung* – ist im technischen Kontext weniger gebräuchlich. Zum prozessualen VA *Austrag* gibt es

1. ein homonymes Nomen instrumenti – *der Austrag* als Mittel zum Austragen (≈ Austragsvorrichtung)
2. ein homonymes Nomen acti – *der Austrag* als Ergebnis des Austragens (≈ das Ausgetragene).

Dieses Nomen acti ist eine Sachbezeichnung, ein Konkretum.

Vergleichbare Beispiele zur Vagheit englischer VA geben QUIRK/GREENBAUM (1996: 438): *building* (abstract noun – activity) – *building* (concrete noun – result of activity). Formales Kennzeichen des Wechsels zum Konkretum kann – wie von JELITTE (s.o.) vermerkt – die Pluralform sein. Zweifellos ist ein Konkretum pluralfähig, was nach allgemeinem Verständnis für ein Abstraktum nicht gilt. Dennoch kommen in technischen Texten Pluralformen vor, die sich nicht als Konkreta interpretieren lassen, z.B.:

> Folgende Daten sind **durch routinemäßige Betriebsaufschreibungen** ständig aufzunehmen.
> Регулировку натяжения цепи производят вначале **при кратковременных включениях** привода.
> Once the energy is peaked **with these adjustments**, M6 and M2 should next be adjusted.

Die Pluralformen dienen hier offensichtlich dazu, die Wiederholung der bezeichneten Handlung zu betonen. Eine mögliche Entsprechung im Deutschen wäre z.B.:

Pumpe durch **wiederholtes Betätigen** der „STOP“- und „START“-Taste in Betrieb nehmen.

Eine Vorstellung von Komplexität könnte hinter der Pluralbildung zum VA *Arbeit/ работа* stehen, das im Singular kaum verwendet wird. Die (im Russischen häufige, im Deutschen mögliche) Ergänzung eines anderen VA spricht für eine eher schwache prozessuale Bedeutung in einem fachlichen Kontext, z.B.:

Unsachgemäß durchgeführte **Wartungs- und Reparaturarbeiten** gefährden die Haltbarkeit bzw. Einsatzfähigkeit entscheidend und führen zu Schwierigkeiten bei eventuellen Garantieansprüchen.

Andererseits teilen diese Pluralformen ein Merkmal, das nach FLEISCHER/BARZ für VA in prozessualer Bedeutung charakteristisch ist: sie können sich mit Temporal-Präp. verbinden (vgl. 1992: 176), z.B.:

При **производстве работ** следует выполнять правила глав СНиП по монтажу.

Über diese sehr grobe Differenzierung in Abstrakta/Konkreta kann man noch einen Schritt hinausgehen. Eine (onomasiologische) Klassifikation der Substantive als Bezeichnungen (vgl. auch HORN-HELF 1997a: 193-241) scheint für eine Betrachtung in technischen Kontexten eher geeignet, z.B.:

Bezeichnungen für Ausrüstungen und ihre Teile, Geräte, Werkzeuge usw.
Stoffbezeichnungen
Bezeichnungen für Vorgänge, Zustände, Verhältnisse
Bezeichnungen für Eigenschaften/Messgrößen.

Im Hinblick auf die Intertextualität technischer Texte (vgl. auch 2.5.4) ist die erste Gruppe um Bezeichnungen für Texte aller Art zu ergänzen. Damit klärt sich die Differenzierung in Konkreta (1+2) und Abstrakta (3+4), wobei VA mit resultativer Bedeutung häufig in die Kategorie der Messgrößen fallen. Bei der Formalisierung der Strukturanalysen werden daher folgende Abbreviaturen verwendet:

**VA** für Verbalabstrakta in prozessualer Bedeutung (Vorgangsbezeichnungen)[72]
**A** für Merkmal- und sonstige Abstrakta (u.a. Bezeichnungen für Eigenschaften, Zustände, Messgrößen)
**K** für Konkreta (Gegenstands-, Stoff-, Text- und andere Sachbezeichnungen).

Die Strukturformel

$$V \leftarrow (\text{Präp.} + [\text{Adj./Part.}] + \text{VA/A/K})$$

erfasst drei strukturelle Typen und ist wie folgt zu lesen: diese Gruppe besteht aus Präposition und Verbalabstraktum, Abstraktum oder Konkretum. Bezugswort ist ein Verb (V). Als Ergänzungen sind möglich Adjektiv und Partizip.

Satzwertige Konstruktionen und pränominale Attribute der in 2.6.2 behandelten Typen lassen sich generell als Ergebnis syntaktischer Kompression interpretieren. Die wesentliche Schwierigkeit bei der Beurteilung von PräpG besteht darin, dass sie

---

72 QUIRK/GREENBAUM (1996: 391) unterscheiden “verbal noun” (V-*ing*) und “deverbal noun” (VA, z.B.: arrival), die hier als „VA“ ausgewiesene Konstituente umfasst ggf. beide Typen.

nicht pauschal als syntaktische Kondensate eingestuft werden können, sondern im Detail auf diese Eigenschaft hin untersucht werden müssen. Als Voraussetzung für die Annahme sprachökonomischer Substitution soll gelten, dass als Umkehrprobe eine syntaktische Dekondensation möglich ist, die zu in der fachlichen Sprachverwendung üblichen Teilsätzen führt (hier: zu Adv.- oder Relativ-Sätzen). PräpG sind u.a. dann syntaktische Kondensate, wenn sie als "Postmodifier in a noun phrase" im Sinne von QUIRK/GREENBAUM (1996: 146) dienen (zur Funktion als "Complementation of a verb/an adjective" vgl. 2.6.3.4).

### 2.6.3.2 Kondensation von Adverbialsätzen

#### 2.6.3.2.1 Bedingungen

Damit eine PräpG als Kondensat gelten kann, müssen 2 Bedingungen erfüllt sein:

1. Das Bezugswort (Antezedens) der PräpG ist ein Verb.
2. Die PräpG drückt in Bezug auf die vom Prädikat des Satzes genannte Handlung ein Verhältnis aus, das auch durch einen entsprechenden Adverbialsatz formalisiert werden kann.

Die zweite Bedingung erfüllen z.B. lokale PräpG nicht, weil lokale Konjunktionen in den Sprachsystemen des Deutschen und Englischen unbekannt sind. Nach MULISCH (1993: 329) ist das im Russischen nicht anders. Belege mit lokalen Präp. (Ortsangaben) haben u.a. die Struktur: V ← (Präp. + A/K), z.B.:

V ← (*neben/под/in* + K), z.B.:

**Neben dem Anschluß** der Meßleitung auf der Rückseite des Meßgerätes ist eine Erdungsschraube zum Anschluß eines Schutzleiters vorgesehen.
Преобразователь перемещения ленты (рис. 2) располагается **под лентой** конвейера и состоит из приводного ролика, редуктора и тахогенератора ТМГ-30П.
The crystal is now held **in the cell** only by the O-rings.

In allen Fällen deutet V als Antezedens auf die Kondensation eines Adv.-Satzes hin. Eine solche ist hier jedoch ausgeschlossen, weil entsprechende Konj. nicht verfügbar sind. Infolgedessen erweist sich die Dekondensation lokaler PräpG als äußerst schwierig. Mit den Ortsangaben (s.o.) z.B. korrelieren Gruppen, die ein Konkretum bzw. ein Abstraktum enthalten. Die einzige denkbare Alternative ist ein pronominalkorrelativer Satz (vgl. MULISCH 1993: 329) mit *dort, wo* bzw. *там, где*. QUIRK/GREENBAUM (1996: 380) verzeichnen entsprechende "adjunct forms", z.B. *the place where*. Diese Dekondensation führt zu sehr groben und ungenauen Paraphrasen, die bei präzisen Ortsangaben die Präp.-Semantik bis zur Unkenntlichkeit verwischen bzw. die Information insgesamt verfälschen, z.B.:

Der Ausheizmantel wird direkt **unter** dem Ansaugflansch montiert [Der Ausheizmantel wird direkt **dort** montiert, **wo** sich der Ansaugflansch befindet].[73]

Abgesehen von der „untechnischen" Ausdrucksweise, führen solche Sätze auch inhaltlich nicht zum Ziel. Sie sind als syntaktische Alternative zu PräpG ungeeignet.

---

[73] In der Paraphrase kann die Instruktion ebenso als „Ersetze durch" bzw. „Setze an die Stelle von" aufgefasst werden.

Antezedens zu lokalen PräpG kann auch ein VA sein. Bei dieser Struktur – VA ← (Präp. + A/K) – ist in der Regel die Dekondensation zu einem Relativsatz möglich, weil die Bedingung eines Substantivbezuges erfüllt ist (vgl. 2.6.3.3).

Modale PräpG zur Modalität des Instrumentes sind in Anleitungen ebenfalls hochfrequent. Auch sie können nicht als syntaktische Kondensate von Adv.-Sätzen gelten, weil die zweite Bedingung wiederum nicht erfüllt ist: in allen drei Sprachsystemen gibt es modale Konj. ausschließlich zur Modalität der Art und Weise. PräpG zur Modalität der Begleithandlung bzw. des Begleitumstandes (vgl. DUDEN 1984: 709) lassen sich jedoch mit progredienten NS paraphrasieren (eingeleitet z.B. durch *wobei*). Die Besonderheiten der Modalität des Begleitumstandes zeigen sich in der Struktur der entsprechenden PräpG, die anstelle eines VA ein anderes Abstraktum enthalten, z.B.:

V ← (*bei/npu/at* [+ Adj.] + A)

Bei diesem Vorgang wird das Fett **bei einer niedrigen Drehzahl** gleichmäßig im Lager verteilt.

ТУДЭ должны храниться в сухом отапливаемом помещении **при температуре** воздуха от 5 до 53°С и **относительной влажности** не более 80%.

It should be noted that the COLLECTOR can also be used to obtain high quality specular reflectance spectra of films, coatings et cetera **at** a fixed 50 degree mean **angle of incidence**.

### 2.6.3.2.2 Umkehrprobe: Dekondensation adverbialer PräpG

Für die Dekondensation gilt folgende Regel:

Der Wechsel von Präp. zu Konj. ist zwingend. Notwendige Transformationen hängen insbesondere von der Struktur der PräpG ab. Typisch sind z.B.:

*finale Präp. → finale Konj., z.B.:*
*zu → um zu, для → для того чтобы, for → in order to*

**Zum Anbau** des Membrandruckschalters den Verschlußstopfen am Außenrand des saugseitigen Flansches herausschrauben.

**VA → V:**

→ Um den Membrandruckschalter anzubauen, den Verschlußstopfen am Außenrand des saugseitigen Flansches herausschrauben.

**Для обеспечения** правильности положения ветвей цепи сборку ходовой части следует производить посредством подборки отдельных секций.

**VA → V:**

→ **Для того чтобы обеспечить** правильность положения ветвей цепи сборку ходовой части следует производить посредством подборки отдельных секций.

Again adjust the sample stage height **for maximum throughput.**

**Einfügen eines passenden Verbs, A bleibt A:**

→ Again adjust the sample stage height **in order to achieve** maximum throughput.

*konditionale Präp. → konditionale Konj., z.B.:*
*bei → falls, npu → если, with → if*

**Bei falschem Drehsinn** zwei Phasen im Pumpenstecker vertauschen.

**Adj. → Prädikat, A bleibt A:**

→ **Falls** der Drehsinn **falsch ist**, zwei Phasen im Pumpenstecker vertauschen.

**При отсутствии** специальных указаний отклонения от прямолинейности не должны превышать 2 мм на 1 м, но не более 15 мм на всю длину машины.

**VA → V:**

→ **Если отсутствуют** специальные указания, отклонения от прямолинейности не должны превышать 2 мм на 1 м, но не более 15 мм на всю длину машины.

Throughput **with the macro cup** will usually be lower since there will be some vignetting of the diffuse energy by the rim of the sample cup.

**Einfügen eines passenden Verbs, K bleibt K:**

→ **If** the macro cup is **used**, throughput will usually be lower since there will be some vignetting of the diffuse energy by the rim of the sample cup.

Die Dekondensation englischer PräpG verlangt zumeist das Einfügen eines entsprechenden Verbs, was bei deutschen und russischen Gruppen nicht in diesem Ausmaß notwendig ist. Der Grund ist die vergleichsweise „elliptische“ Ausdrucksweise (vgl. auch 2.6.3.2.5) im Englischen, bei der das in den beiden anderen Sprachen fast obligatorische VA normalerweise nicht in Erscheinung tritt.

### 2.6.3.2.3 Semantische Vagheit adverbialer PräpG

Satzwertige Konstruktionen mit Part. und postponierten Attributen wie auch pränominale Attribute bringen im Vergleich zu entsprechenden Teilsätzen nur mäßige semantische Einbußen mit sich. In PräpG dagegen ist die Satzsemantik zum großem Teil nur noch implizit präsent, d.h., proportional zur syntaktischen Sprachökonomie wächst auch die semantische Vagheit (“semantic versatility” im Sinne von QUIRK/GREENBAUM 1996: 387). Deshalb sind vielfach mehrere Interpretationen möglich, und es ergeben sich einige Schwierigkeiten, die weniger das Verstehen dieser Einheiten im Kommunikationskontext betreffen als vielmehr ihre Klassifikation zu Analysezwecken.

Die Reduktion zu PräpG ermöglicht ein Höchstmaß an Sprachökonomie. Gleichzeitig bildet sie angesichts ihrer Radikalität offensichtlich die Grenze, jenseits deren weitere Reduktionsmöglichkeiten nicht mehr zur Verfügung stehen. Auf der syntaktischen Ebene entspricht sie daher dem, was SCHÖNLE (1975: 32) in der Wortbildung „Totalreduktion“ nennt. Schon die Klassifikation von Adv.-Sätzen ist nach GÖPFERICH (1995: 433) oft schwierig:

Temporal- und Konditionalsätze habe ich zu einer Kategorie zusammengefaßt, da in den Fachsprachen der Naturwissenschaften und der Technik zahlreiche Nebensätze vorkommen, bei denen schwer entschieden werden kann, ob sie eher temporale oder eher konditionale Funktion haben.

Das gilt umso mehr für entsprechende Kondensate, deren Vagheit eine Unterscheidung zusätzlich erschwert. Die Präp. reichen – wie auch die Konj. (s.o.) – zur Einordnung in der Tat nicht immer aus. Selbst eine Strukturanalyse liefert nicht unbedingt brauchbare Unterscheidungskriterien.

Beispiel: Temporalität vs. Konditionalität

Mit den Präp. *bei/npu* können PräpG – Struktur: V ← (*bei/npu* + VA) – gebildet werden, die sich als temporal oder konditional interpretieren lassen. Die temporale Variante mit VA signalisiert Gleichzeitigkeit der durch die Gruppe genannten Handlung zur Haupthandlung. Voraussetzung für ein temporales Verhältnis ist generell, dass sich die Aussage auf einen im Kontext normalen Vorgang bezieht, der weder eingeschränkt noch in Frage gestellt wird, z.B.:

temporal (Gleichzeitigkeit): V ← (*bei/npu* + VA)

**Beim Anschluß** des Hochvakuumflansches ist auf größte Sauberkeit zu achten.

**При жарении** как на вертеле, так и на решетке необходим противень для сбора подливок и жиров.

Das Problem einer solchen Differenzierung stellt sich auch für Gruppen mit Part. und Konkretum. Diese Struktur tritt in zwei Varianten auf. Bei einer Gruppe mit Part. Präs. ist zweifellos eine temporale Zuordnung (Gleichzeitigkeit) angezeigt, das Part. benennt eine zur Haupthandlung parallele Handlung, z.B.:

temporal (Gleichzeitigkeit): V ← (*bei/npu* + Part. Präs. Akt. + K)

Der Ölstand wird **bei stillstehender Pumpe** geprüft.

Приготовление продукта на вертеле производится с применением рамки, двух вилок **при работающем моторедукторе**.

Analoge Strukturen mit Part. Passiv werden dagegen als vorzeitig interpretiert, z.B.:

temporal (Vorzeitigkeit): V ← (*bei/npu* + Part. Perf. Pass. + K)

Von Zeit zu Zeit ist die Laufruhe des Ventilators **bei eingeschaltetem Motor** zu überprüfen.

Укладку скребковой цепи в конвейер производят **при снятых крышках** смотровых люков приводной головки и **снятой торцевой крышке** натяжной головки.

Hier ist anzunehmen, dass die von der PräpG bezeichnete Handlung (z.B. das Abnehmen der Deckel) vor Beginn der Haupthandlung abgeschlossen sein muss.

Demgegenüber knüpfen konditionale PräpG das Stattfinden der Haupthandlung an eine Bedingung, die Satzaussage wird eingeschränkt. Das kann u.a. durch ein qualifizierendes Attribut oder auch durch Negation eines Satzteiles bzw. des ganzen Satzes geschehen. Daher korreliert Konditionalität mit einer Satzaussage, die sich auf Unerwünschtes, Fehlendes oder eine von mehreren Alternativen bezieht, z.B.:

konditional: V ← (*bei/npu* [+ Adj.] + VA)

Die Vorvakuumpumpe muß mit einem Sicherheitsventil ausgerüstet sein, damit eine unzulässige Belüftung **bei Ausfall** der Vorvakuumpumpe vermieden wird.

**При непосредственном соединении** прибора с разделителем температура измеряемой среды должна быть в пределах температуры, допускаемой для эксплуатации прибора.

PräpG mit Part. Pass. werden ebenfalls als konditional angesehen, wenn die Satzaussage in der erwähnten Weise eingeschränkt ist. Dabei kann das Part. Pass. selbst die Funktion des qualifizierenden Attributs erfüllen, alternativ oder ergänzend liegt eine Form von Negation vor, z.B.:

konditional: V ← (*bei/npu* + Part. Perf. Pass. + K)

**Bei nicht geschlossenem Einfüllfenster** verhindert ein Sicherheitsschalter die Inbetriebnahme des Gerätes.

Съем крышки пружинного буфера нельзя производить **при сжатой пружине**.

Beispiel: Kausalität vs. Modalität

Ein weiteres Beispiel für semantische Vagheit sind deutsche PräpG mit *durch*. Schon die Unterscheidung konsekutiver und modaler Adv.-Sätze ist oft schwierig, weshalb in den Grammatiken versucht wird, den Unterschied an Beispielen und Prüfkriterien verständlich zu machen. In der DUDEN-Grammatik (1984: 364) wird das einzige Beispiel zu einer kausalen PräpG mit *durch* mit dem Hinweis bedacht, dass korrekterweise *wegen* bzw. *infolge* zu verwenden wäre.

Kausale/konsekutive PräpG mit *durch* geben die Ursache für die genannte Handlung an bzw. stellen die Handlung als Folge dessen dar, was sie selbst bezeichnen. Das bestätigt die Ersatzprobe mit *wegen* bzw. *infolge*, z.B.:

kausal/konsekutiv: V ← (*durch* [+ Adj.] + VA/A/K)

**Durch Verschmutzung oder Verspannung** sind die Abstände zwischen Rotoren und Gehäuse verengt [infolge von Verschmutzung oder Verspannung].

Der Edelstahl-Überfallrand kann **durch die hohen Temperaturen** der Kochstelle anlaufen [wegen der hohen Temperaturen].

**Durch unser Einschraubsystem** der Bohrnadeln mit Normgewinden ist es sehr einfach, den richtigen Bohrnadeldurchmesser an den Ziehsteindurchmesser anzupassen [wegen/dank unseres Einschraubsystems].

Über Ursachen und Konsequenzen wird zumeist dann gesprochen/geschrieben, wenn Unbeabsichtigtes unerwünschte Konsequenzen hat. Das gilt in besonderem Maße für einen technischen Kontext, wo Konsequenz in der Regel „Störung" bedeutet. So ist das Fehlen einer adäquaten Intention ein konstitutives Merkmal kausaler/ konsekutiver PräpG mit VA, das sie eindeutig von modalen unterscheidet. Diese bezeichnen die Art und Weise, in der die Haupthandlung ausgeführt werden soll, und beinhalten daher unbedingt ein Element der Intentionalität, z.B.:

modal (Art und Weise): V ← (*durch* [+ Adj.] + VA)

Nach der Reinigung Betriebsfähigkeit der Pumpe **durch langsames Durchdrehen** der Wälzkolben von Hand prüfen.

### 2.6.3.2.4 Kondensate aus Adverbialsätzen

Eine nahe liegende Systematik für die Ordnung adverbialer PräpG, die als syntaktische Kondensate interpretiert werden können, ergibt sich aus der gängigen Klassifikation von Adv.-Sätzen. Da solche Gruppen analoge Funktionen erfüllen, stellen sie ein Attribut zur (zumeist durch ein Verb repräsentierten) Handlung des Satzes dar.

**Finalität: Zweck**

**Für den Umgang** mit gesundheitsgefährdenden Stoffen ist das Wartungs- und Bedienungspersonal speziell zu schulen.

**Zum Anbau** des Membrandruckschalters den Verschlußstopfen am Außenrand des saugseitigen Flansches herausschrauben.

**Для надежной и качественной работы** устройств необходимо регулярное выполнение требований настоящего и аналогичного раздела, приведенного в техническом описании и инструкции по эксплуатации.

При установке прибора с разделителем на объект, а также в процессе эксплуатации категорически воспрещается разъединение прибора с разделителем **во избежание вытекания** жидкости.
This switch must be set to NORMAL **for** regular **operation**.

**Strukturen finaler PräpG, z.B.:**
V ← (*für/zu* + VA)
V ← (*для/во избежание* + VA)
V ← (*for* + VA).

**Kausalität: Ursache/Konsekutivität: Folge**

**Durch unsachgemäße Reparaturen** können erhebliche Gefahren für den Benutzer entstehen.
So kann es vereinzelt vorkommen, daß sie **wegen erhöhter Fettviskosität** beim ersten Starten nicht hochläuft.
При этом перемещение может быть неравномерным **вследствие наличия** воздуха в гидросистеме робота.
**В результате неоднократного кипячения** на полированной алюминиевой поверхности кофеварки могут остаться пятна от кофе или воды.
**Due to the introduction** of new self cleaning linings the list of parts should read as follows.
At low flowrates, the temperature inside of the flow tube will increase **because of the heat** generated by the thermal flow sensor.

**Strukturen kausaler/konsekutiver PräpG, z.B.:**
V ← (*durch* + VA)
V ← (*wegen* + A)
V ← (*вледствие/в результате* + VA)
V ← (*due to* + VA)
V ← (*because of* + A).

**Konditionalität: Bedingung**

**Bei unruhigem Lauf** muß das Laufrad gesäubert werden.
Nur **mit eingebautem Grillheizkörper** möglich!
**Im** Fehler**fall** ist der Austausch eines Steuerungsgehäuses einfach zu realisieren.
**При отсутствии** в заказе указаний о длине провода, электроды поставляются с проводом длиной 15 см.
Средний срок службы до капитального ремонта **при условии соблюдения** правил хранения, транспортирования и эксплуатации не менее 8 лет.
**In the event of replacing** a fuse in the plug supplied, a 13A ASTA approved fuse to BS1362 must be fitted.
It is almost never necessary to exclude the specular component **with KBr matrixed samples**.

**Strukturen konditionaler PräpG, z.B.:**
V ← (*bei/im Fall* + VA/A)
V ← (*mit* + K)
V ← (*при/при условии* + VA)
V ← (*in the event of* + VA)
V ← (*with* + K).

Strukturen vom Typ V ← (*with no/without* + K) sind für englische Texte sehr typisch. Deutsche und russische Entsprechungen enthalten üblicherweise ein VA (+ Genitiv K) und zeigen erst nach dessen Tilgung eine solche Struktur. Gegenüber dem „Normalfall" hat die elliptische Form die Qualität einer Besonderheit (vgl.

2.6.3.2.5). Zwar ließe sich für die englischen Belege durchaus ein geeignetes VA finden (z.B. *application*), die „reduzierte" Struktur ist jedoch die gebräuchliche:

V ← (*with no/without* + K)

If throughput is below 15 % for a ZnSe crystal **with no** sample check the following.

Although they may exhibit high energy throughput **without** the blocker, most of this is specular energy.

**Modalität: Art und Weise**

Der Hochlauf wird **durch Aufleuchten** der grünen Kontrollampe angezeigt.

Das Stromversorgungskabel muß **der Leistungsaufnahme entsprechend** dimensioniert sein.

Signallampen können **ohne Zwischenschaltung** eines Schaltschützes angeschlossen werden.

Maschine nur in technisch einwandfreiem Zustand sowie bestimmungsgemäß und **unter Beachtung** der Betriebsanleitung benutzen.

При покупке машины продавец в присутствии покупателя проверяет комплектность, отсутствие механических повреждений и работоспособность **путем пробного пуска**.

Упаковка обеспечивает сохранность ТУДЭ при транспортировании любым крытым транспортом на любое расстояние и **без ограничения** скорости.

Монтаж заземляющего проводника к заземляющему устройству производить **по ГОСТ 12.2.007.0-75**.

The volume of the alarm can be adjusted **by turning** the adjustment knob; the level should be set **according to the amount** of background noise typically found in the room where the terminal is located.

In addition, a mechanism is provided to slide the sample cup forward to remove it **without sliding** the ellipsoids.

**Strukturen modaler PräpG (Art und Weise), z.B.:**

V ← (*durch/ohne/unter* + VA)

V ← (*entsprechend* + A)

V ← (*без/путем/с* + VA)

V ← (*по* + K)

V ← (*by/without* + VA)

V ← (*according to* + A).

Als syntaktische Kondensate sind auch russische VA mit der Form des reinen Instrumentalis (Modalität der Art und Weise) zu berücksichtigen, deren deutsche und englische Entsprechungen nur als PräpG gebildet werden können, z.B.:

Die Reinigung kann mit Hochdruckreiniger oder **durch** vorsichtiges **Abkratzen** erfolgen.

Предварительное закрепление оборудования перед его подливкой следует производить **равномерной затяжкой** болтов с помощью стандартных гаечных ключей.

Peak up the energy of your spectrometer **by adjusting** the beamsplitter.

**Temporalität: Gleichzeitigkeit**

**Während der Anlaufphase** kann der Wert das 6-8-fache des Nennstroms betragen.

Es ist weder notwendig noch empfehlenswert, **beim Betrieb** des Projektors den Raum vollständig abzudunkeln.

**При составлении** графиков в качестве контролируемой жидкости была использована вода.

ТУДЭ **во время эксплуатации** особого ухода не требуют.

This mode can be used **during setting-up**.

**At installation**, position the top edge of the sleeve about 1" below the lowest operating level in your tank.

**Strukturen temporaler PräpG (Gleichzeitigkeit), z.B.:**
V ← (*bei/während* + VA/A)
V ← (*во время/при* + VA)
V ← (*at/during* + VA).

**Temporalität: Vorzeitigkeit**

Eine Änderung der Einsatzbedingungen ist nur **nach Rücksprache** mit dem Hersteller zulässig.
Eine Sichtscheibe 1.12 ermöglicht die Beobachtung des Prüflings **bei geschlossener Schutzverkleidung.**
**После окончания** процесса стирки снимите крышку.
Установка винтов производится **при вынутом вспомогательном шкафчике**.
The spray pattern and the angle of the spray can be adjusted easily **after installation**.
Align the CIRCLE, noting the final throughput **at the end of the alignment procedure**.

**Strukturen temporaler PräpG (Vorzeitigkeit), z.B.:**
V ← (*nach* + VA)
V ← (*bei* + Part. Perf. + K)
V ← (*после/после окончания* + VA)
V ← (*при* + Part. Perf. + K)
V ← (*after/at the end of* + VA/A).

**Temporalität: Nachzeitigkeit**

Sichern Sie umlaufende Teile **vor dem ersten Probelauf** gegen unbeabsichtigtes Berühren.
Um Standspuren in den Lagern zu vermeiden, muß der Rotor **bis zur Inbetriebnahme** einmal in der Woche mehrmals von Hand gedreht werden.
**Перед установкой** электрода в сосуд необходимо с него снять защитный колпачок, пробку и резиновое уплотняющее кольцо.
Затем усилие постепенно уменьшают **до момента обратного срабатывания** реле.
The difference factor is multiplied by the reference file **before subtraction**.
Lubricate bearings **prior to periods of extended shutdowns** or storage and rotate shaft monthly to aid in preventing corrosion.

**Strukturen temporaler PräpG (Nachzeitigkeit), z.B.:**
V ← (*bis zu/vor* + VA)
V ← (*до момента/перед* + VA)
V ← (*before* + VA)
V ← (*prior to* + A).

## 2.6.3.2.5 Elliptische Kondensation adverbialer Kondensate

PräpG vom Typ (Präp.+VA) werden im Deutschen und Russischen manchmal weiter kondensiert zu (Präp.+A/K). Eine solche Reduktion fällt dadurch auf, dass beide Strukturen („normale“ und elliptische) parallel auftreten können, z.B.:

konditional: V ← (*без* + VA) ⇒ V ← (*без* + K)

**Без предъявления** паспорта с отметкой магазина о дате продажи и гарантийных талонов претензии не принимаются.

⇒ **Без паспорта** миксера и отметки магазина о его продаже претензии покупателя не принимаются.

Direkte Parallelen dieser Art sind selten, strukturell korrespondierende Paare lassen sich häufiger finden. Das elliptische Pendant zu russischen modalen PräpG erweist sich (infolge der Negation – vgl. 2.6.3.2.3) zumeist als konditional z.B.:

modal: V ← (*без* + VA) ⇒ konditional: V ← (*без* + K)

Томаты размельчают в миксере до получения пюре **без добавления** воды.

Чтобы не распаять самовар и не вывести из строя электронагреватель, нельзя включать его в электросеть **без воды** или выливать ее полностью при включенном самоваре.

Произвести нагрев всех элементов электроплиты в течение часа при минимальной мощности, **без установки** посуды.

Не включайте пылесос **без пылевого фильтра**.

Voraussetzung für eine solche elliptische Reduktion scheint zu sein, dass das VA der „normalen" PräpG in Form eines Genitiv-Syntagmas mit einem Konkretum verbunden ist, das das Objekt der vom VA bezeichneten Handlung nennt (Konstituentenbeziehung: K2 = Objekt von K1, vgl. auch HORN-HELF 1997a: 221).

Ausweislich der Beispiele führt die Tilgung des VA nicht zur Beeinträchtigung der Kommunikation. Das VA wird mitverstanden, weil Handlungen mit dem genannten Konkretum im gegebenen Kontext nur sehr begrenzt möglich sind. Die Semantik der übrigen Satzteile schließt zudem alle „nicht-gemeinten" Varianten aus, z.B.:

final: V ← (*zu/для* + VA) ⇒ V ← (*für/для* + K), z.B.:

**Für die Pumpe** muß ein Öl der Viskositätsklasse ISO VG 100 verwendet werden [zur Schmierung der Pumpe].

**Для ручных переносных ламп** следует применять напряжение 12 в [для питания/электроснабжения ручных переносных ламп].

konditional: V ← (*bei/для* [+ Adj.] + K), z.B.:

**Bei nicht zu großen Vakuumbehältern** können nach Öffnen des Kühlwasserzuflusses Vorpumpe und Turbomolekularpumpe gleichzeitig eingeschaltet werden [beim Einsatz nicht zu großer Vakuumbehälter].

Неравномерность загрузки емкости допускается до 20% от величины массы материала **для устройств** без фальтопор [в случае применения устройств без фальтопор].

temporal: V ← (*bei* + K), z.B.:

**Bei den Meßröhren** TR 201 und TR 206 Schrauben (7) herausschrauben und die Meßzelle (6) aus dem Meßkopf (10) herausziehen [bei der Wartung der Messröhren TR 201 und TR 206].

Elliptische Gruppen, die durch Tilgung des VA entstehen, sind in russischen fachexternen Anleitungen besonders frequent. Die Vermutung liegt nahe, dass es sich bei dieser elliptischen Kondensation um eine Annäherung an die Umgangssprache handelt.

### 2.6.3.3 Kondensation von Relativsätzen

#### 2.6.3.3.1 Bedingungen

Für die Kondensation von Relativsätzen gelten folgende Bedingungen:

1. Bezugswort ist ein substantivischer Satzteil. Nach QUIRK/GREENBAUM (1996: 145-146) dienen PräpG in diesem Fall als "Postmodifier in a noun phrase".
2. Der Satz selbst enthält keine dem Verhältnis zwischen Antezedens und PräpG entsprechende Verbform.

Das Bezugswort einer attributiven PräpG in deutschen und russischen technischen Texten ist gelegentlich ein VA. Dafür kann es verschiedene Gründe geben:

1. In einer Reihung hängt eine PräpG von einer anderen oder von einem nominalen Syntagma ab, z.B.:

VA ← (*ohne/путем* + VA)

Bei zu hoher **Leistungsaufnahme ohne Temperaturerhöhung** der Pumpe liegt ein Defekt im Motor vor.
ВО роторного типа предназначен для **разгрузки** полувагонов грузоподъемностью 60 и 93 т **путем опрокидывания** их во вращающемся роторе.

2. Es handelt sich um einen Nominalsatz (QUIRK/GREENBAUM (1996: 205) sprechen von “block language”), z.B.:

**Deformierung** des Laufrades **durch Überhitzung**.

Nominalsätze kommen z.B. in Überschriften vor. Sie sind kurz zu halten, deshalb ist die Dichte nominaler Syntagmen häufig besonders hoch, und von einem VA können mehrere PräpG abhängen, z.B.:

Рекомендации по **приготовлению** пищи **в жарочном электрошкафу** на решетке при пользовании грилем
Рекомендации по **приготовлению** пищи в жарочном электрошкафу **на решетке** при пользовании грилем
Рекомендации по **приготовлению** пищи в жарочном электрошкафу на решетке **при пользовании грилем**

Nur attributive PräpG zu 1. lassen sich sinnvoll dekondensieren. Sie werden daher in der Klassifikation berücksichtigt (vgl. 2.6.3.3.3). PräpG in Nominalsätzen lassen sich natürlich auch zu Attributsätzen kondensieren. Praktisch ist das jedoch unsinnig, weil sich die Dekondensate z.B. nicht mehr als Überschriften eignen.

### 2.6.3.3.2 Umkehrprobe: Dekondensation attributiver PräpG

Für die Dekondensation gilt folgende Regel:

Die Präposition wird um ein dem Verhältnis entsprechendes Verb ergänzt. Das mit dem Antezedens korrelierende Relativpronomen wird in der Regel Subjekt des Nebensatzes, z.B.:

*finale Präp. → finale Präp. + Verb mit finaler Semantik*

Das **Öl für die räder- und motorseitigen Ölvorratskammern** wird zentral eingefüllt.
→ Das Öl, **das für** die räder- und motorseitigen Ölvorratskammern **bestimmt ist**, (...).
Монтаж двойного **скребка для очистки** ленты производят в такой последовательности: (...).
→ Монтаж двойного скребка, **который предназначен для** очистки ленты, (...).
It carries the **electronics for processing** the Gauge Head output signals.
→ It carries the electronics **which/that is used for** processing (…).

*ornative Präp. → ornative Präp. + Verb mit ornativer Semantik*

Bei **Lagerungen mit Nachschmiereinrichtung** beachten Sie die Angaben des Motorherstellers.
→ Bei Lagerungen, **die mit** Nachschmiereinrichtung **versehen sind**, (...).
У **конвейеров с желобчатыми роликоопорами** из трех роликов верхние образующие средних роликов должны быть расположены в одной горизонтальной плоскости.
→ У конвейеров, **которые предусмотрены/выполнены с желобчатыми роликоопорами** из трех роликов, верхние образующие (...).

The Switch **Box** (not supplied) **with stop button and lock out feature** supplies power to motor that drives the belt.

→ The Switch Box **which is provided/equipped with** stop button and lock out feature (…).

Zu ergänzen ist grundsätzlich eine finite Form desjenigen Verbs, das in einem analogen deutschen pränominalen Attribut z.B. als Part. enthalten wäre:

(...) das für die räder- und motorseitigen Ölvorratskammern **bestimmte** Öl
(...) bei mit Nachschmiereinrichtung **versehenen** Lagerungen

Im Russischen und Englischen wäre das Part. des entsprechenden Verbs vorzugsweise Teil einer postponierten Konstruktion, z.B.:

(...) скребка, **предназначенного для** очистки ленты.
У конвейеров, **предусмотренных/выполненных с** желобчатыми роликоопорами (…).
(...) the electronics **used for** processing the Gauge Head output signals.
The Switch Box **provided/equipped with** stop button and lock out feature (…).

### 2.6.3.3.3 Kondensate aus Relativsätzen

Die in 2.6.3.2 behandelten PräpG kondensieren nach der hier vertretenen Auffassung entsprechende Adv.-Sätze. Allerdings stellen sie nur einen Teil der in Anleitungen vorzufindenden Belege dar, es bleibt ein „großer Rest".

Part.-Sätze und pränominale/postponierte Attribute lassen sich als Ergebnis einer syntaktischen Kompression von Relativsätzen interpretieren (vgl. 2.6.2, sinngemäß auch SAGER et al. 1980: 223), für die der Bezug zu einem substantivischen Satzteil zwingend ist. Bei den PräpG erfüllen (zumindest theoretisch!) alle Strukturen diese Bedingung, deren Antezedens nicht V ist. Folglich kann es ein VA, A oder K sein.

**Strukturen attributiver PräpG, z.B.:**
VA ← (*durch/infolge/zu* + VA)
VA ← (*an/auf/durch/in/innerhalb/von-auf/zwischen* + K)
A ← (*in/mit* + A)
A ← (*an/für/hinter/in/zwischen* + K)
K ← (*für/zu* + VA)
K ← (*an/auf/aus/für/hinter/in/mit/nach/oberhalb/über/um/unter/vor/zu/zwischen* + K)
VA ← (*за счет/от/по/после/с последующей* + VA)
VA ← (*вследствие/по* + A)
A ← (*на/по* + A)
A ← (*в/для/между/от/под* + K)
K ← (*для/на/по/под* + VA)
K ← (*в/внутри/для/из/между/на/над/около перед/по/под/после/от/с* + K)
VA ← (*in* + A)
VA ← (*between/in* + K)
A ← (*due to* + VA)
A ← (*between/for* + K)
K ← (*for* + VA)
K ← (*at/between/for/in/on/ under/with/within* + K).

Eine Möglichkeit, Ordnung in diese Vielfalt zu bringen, bietet das Verfahren der Konstituentenanalyse, mit dem u.a. die deutsche Wortbildungsforschung die Beziehungen zwischen den Konstituenten von Komposita untersucht (vgl. z.B. FLEISCHER/BARZ 1992: 98-99). Im Bereich der Terminusbildung lässt sich dieses Verfahren auch auf zweigliedrige russische Syntagmen anwenden (vgl. HORN-HELF 1997a, 4.1-4.3). Attributive PräpG und substantivisches Antezedens gestatten eine ebensolche Analyse, Indikator für die Art der Beziehung ist die Präposition.

Im Folgenden werden einige Relationen zwischen PräpG und ihrem Antezedens exemplarisch vorgestellt. Zur Formalisierung werden das Antezedens mit S1 und das Substantiv der PräpG mit S2 bezeichnet, d.h. S2 hat Spezifikatorfunktion.

**Final:** S1 dient zu/ist bestimmt für S2

K ← (*für/zu/для/for* + VA), z.B.:

Die **Schraube zum Einstellen** des Nullpunktes befindet sich oben am Rand der Gehäusetür und ist durch das **Symbol für die Nullpunktkontrolle** gekennzeichnet.

Нижняя часть имеет **отверстие для присоединения** гибкого шланга и четыре **колесика для передвижения** пылесоса.

The LI800 Indicator Unit carries the **electronics for processing** the Gauge Head output signals.

K ← (*für/под/for* + K), z.B.:

Auf der Rückseite der Anlage befinden sich die restlichen Steuerungsventile sowie die **Klemmkästen für die Elektronik**.

К корпусу верхней части элеватора присоединяют на монтажных болтах **площадку под привод**, после выверки **площадку под привод** и подкосы приваривают.

On the high setting it is powerful enough to sear and seal **meat for dishes** such as rare steaks.

**Konsekutiv/Kausal:** S1 ist Folge von S2/S2 ist Ursache von S1

VA ← (*durch/вследствие* + A/K), z.B.:

Als normal gilt danach eine Atmosphäre ohne wesentliche **Verunreinigungen durch Rauch, aggressive Gase, Dämpfe oder Salzgehalt** (...).

Поэтому при **изменении** положения ПР **вследствие** отдельных **сбоев** или **ошибки** оператора выполнение управляющей программы будет прервано.

A ← (*aufgrund/from* + VA/A), z.B.:

Wir haften nicht für versäumte Termine oder andere **Folgeschäden aufgrund eines technischen Defekts oder Fehlbedienung des Gerätes.**

Failure to have the electricity installed correctly will result in damage to the pump and potential bodily injury, loss of life and property **damage from electrical shock** and fire.

**Konstitutional-materiell:** S1 besteht aus S2

K ← (*aus / из* + K), z.B.:

**Gefäße aus Kunststoff** oder Aluminiumfolie sind zur Erwärmung von Speisen nicht zulässig, da sie durch die hohen Temperaturen Schaden nehmen.

Продольные балки связаны между собой **раскосам из труб** и образуют легкую и жесткую конструкцию.

**Lokal-dynamisch:** S1 findet statt an Ort S2

VA ← (*an/в/in* + K), z.B.:

Bei **Reparaturarbeiten am Antrieb** (besonders am Netzmodul und am Steuerungskasten) ist auf Spannungsfreiheit zu achten, d.h. Anschlußstecker aus der Netzsteckdose ziehen!

При **прокладке** кабеля **в трубах** в местах стыковки датчик-труба и соединительная коробка-труба рекомендуется устанавливать переходники (рис. 6).

Signal **processing in the LI800** is controlled by a TMS 9980 micro-processor.

**Lokal-statisch:** S1 ist vorhanden/befindet sich an Ort S2

A ← (*in/перед/in* + K), z.B.:

Der unvermeidliche **Strömungswiderstand im Ansaugkanal** ist dadurch sehr klein gehalten.
При этом в зависимости от влажности угля надо регулировать **температуру перед мельницей.**
When # is selected the **position** of the profile **in the gate** is displayed on the panel meter.

K ← */hinter/vor/внутри/inside* + K), z.B.:

Besteht die Gefahr einer Zerstörung des Ventilators durch das eventuelle Hereinfallen oder Ansaugen von Fremdteilen, muß die bauseitige **Rohrleitung vor und hinter dem Ventilator** mit einem Schutzgitter versehen werden.
Четыре направляющих **паза внутри жарочного электрошкафа** предназначены для установки на желаемом уровне противней или решетки.
Wire vibrator according to wiring **diagram inside terminal box** or see Figure 4.

**Modal:** S1 erfolgt auf Art und Weise S2

VA ← (*durch/путем/by* + VA), z.B.:

Grundsätzlich kann die Endlosverbindung mittels der unlösbaren **Verbindung durch Vulkanisation** erfolgen.
ВО роторного типа предназначен для **разгрузки** полувагонов грузоподъемностью 60 и 93 т **путем опрокидывания** их во вращающемся роторе.
**Diluting** the slurry **by increasing** the amount of liquid may solve the problem.

VA ← (*bei/c/at* + A), z. B.:

Das Stärkenprogramm dauert ca. 25 Minuten und endet mit einem kurzen schonenden **Schleudern bei 800 Umdrehungen** pro Minute.
При **работе** оборудования **с динамическими нагрузками** гайки фундаментых болтов предохраняют от самоотвинчивания посредством их стопорения.
Correct method of feeding to insure even **feed at elevator's rated capacity**.

**Ornativ:** S1 ist versehen mit S2

K ← (*mit/c/with* + K), z.B.:

Mit Verlassen des Laufrades gelangt der Luftstrom in das **Spiralgehäuse mit parallelen Seitenwänden**.
Для мельничных **установок с промежуточными бункерами** рекомендуется производить загрузку мельниц наибольшим количеством (по весу) шаров.
Hydraulic **hose with full swivel fittings** works well.

**Qualitativ:** S1 hat das Merkmal S2 (nicht)

K ← (*mit/c/with/with no* + A), z.B.:

**Ventilatoren mit einer Motorleistung** größer 3 kW sollten mit Sternschaltung angefahren und mit Dreieckschaltung weiter betrieben werden.
В качестве общего и очевидного положения можно указать, что для **угля с большим выходом** летучих веществ допустим более грубый помол, чем для **угля с малым выходом** летучих.
By the time [that] the top layer of the oil mat grows high enough to reach the oil discharge port, it is virtually dry **oil with little or no water content**.

**Temporal – gleichzeitig:** S1 findet statt/tritt auf während S2

VA/A ← (*während/во время/during* + VA/A), z.B.:

Nach einer Aufnahme oder Wiedergabe das Band stets ganz zurückspulen (zur **Schonung während der Lagerung**).

Принцип действия устройств основан на компенсационном методе измерения напряжения, возникающего в измерительной диагонали датчика при **деформации** его упругого элемента **во время приложения** нагрузки.
**Repairing** vibrator **or replacing** bearings yourself **during the warranty period** may cause the warranty to be void.

### 2.6.3.4 Non-Kondensate mit funktionaler Präposition

Ein letzter Teil der Belege in den Korpora entzieht sich ebenfalls einer Dekondensation, weil die Rektion des Bezugswortes die Präp. der Gruppe bestimmt (die Grenzen zu lokalen PräpG sind fließend). Für die Mehrzahl der PräpG mit funktionaler Präp. ist das Antezedens ein Verb (ggf auch ein VA). Sie dienen daher als "complementation of a verb" (QUIRK/GREENBAUM 1996: 146). Im Deutschen und Russischen können Präp. und Präfix des Verbs bzw. VA homonym sein, z.B.:

Der Ventilator darf nur ***an*** den vorgesehenen Kranösen ***an***geschlagen werden.
Die Verpackungsflansche am Hochvakuum- und Vorvakuumflansch erst kurz vor dem ***An***flanschen ***an*** die entsprechenden Gegenflansche der Apparatur entfernen.
Ленту ***на*** конвейер ***на***вешивают с помощью лебедок.
При ***на***кладывании линейки ***на*** три ролика просвет не должен превышать 1 мм.

Dazu gibt es im Englischen offenbar keine Parallele, wohl aber zur Kongruenz zwischen Bezugsverb und Präp., wie sie durch die „verbale Rektion" (vgl. MULISCH 1993: 312-318) vorgegeben ist. Diese betrifft ebenso die VA als syntaktische Derivate der Verben, z.B.:

Die Zug-/Druckstange wird über ein Gestänge ***mit*** dem Pedal der Maschine ***verbunden***.
Diese Maßnahmen sind: (...) die ***Verbindung*** des Potentialausgleichs ***mit*** Schutzleiterpotential.
В открытом положении крышка ***предохраняет*** стенку кухни ***от*** брызг.
Упоры армированы листовой резиной для ***предохранения*** бортов вагона ***от*** вмятин и поломок при опрокидывании.
***Connect*** power supply ground wire (or other if specified in the NEC) ***to*** ground terminal.
Attach the keyboard to the display unit by ***connecting*** the keyboard cord ***to*** the outlet provided on the rear.

Präp. können auch an die Rektion eines Adjektivs (vgl. auch QUIRK/GREENBAUM 1996: 146) oder Merkmalabstraktums gebunden sein, z.B.:

***Für*** die Einhaltung ist der Betreiber ***verantwortlich***.
Die ***Verantwortung für*** die umweltgerechte Entsorgung der abgeschiedenen Reststoffe bzw. ausgetauschter Ersatz- und Verschleißteile obliegt dem Betreiber.
Перед установкой электроплиты лица, ***ответственные за*** установку, обязаны проверить наличие руководства по эксплуатации и комплектность.
Завод-изготовитель не несет ***ответственности*** при несоблюдении правил эксплуатации и ***за*** технические повреждения при несоблюдении правил транспортирования.
You as a customer are ***responsible for*** proper disposal or recycling of the battery pack.
The transporting carrier has the ***responsibility for*** delivering all items in their original condition.

Eine funktionale Präp. schließt die Interpretation der entsprechenden Gruppe als Kondensat aus, weil sie die PräpG nicht in Beziehung zu einem anderen Satzteil setzt, aus der diese durch einen NS isoliert werden könnte.

### 2.6.4 Hierarchie syntaktischer Reduktion

BUSLAEV ging bereits 1858 davon aus, dass sich jeder Satzteil – mit Ausnahme des Prädikates – zu einem NS expandieren lässt (vgl. ROZENTAL' et al. 1995: 494). Analog lassen sich NS zu Satzteilen reduzieren. Die Perspektive der syntaktischen Reduktion weist in diese Richtung: ausgehend von NS über satzwertige Konstruktionen bis hin zu PräpG. Die Tatsache, dass sich eine Hierarchie von Ausdrucksformen für „gleiche" Inhalte aufstellen lässt, stützt die Auffassung von BIERE (1996: 293):

> ‚Inhalt' muß dann aber als identisches Moment in ausdrucksseitig unterschiedlichen Textformulierungen gedacht werden; eine Annahme, die mit der alltäglichen Erfahrung zu korrespondieren scheint, daß alles, was gesagt werden kann, auch anders gesagt werden kann, daß es mehr oder weniger äquivalente Ausdrucksalternativen gibt, zwischen denen ich unter Reflexion auf die jeweilige Verständigungssituation auswählen kann, um das Gleiche – der jeweiligen Situation angepaßt – ‚mit anderen Worten' zu sagen.

Allerdings ist festzuhalten, dass sich „Identität" des Inhalts und „Äquivalenz" des Ausdrucks umso stärker relativieren, je weiter die Reduktion fortschreitet.

Objekt- und andere Beziehungen werden nicht im Detail analysiert. Zweifellos findet syntaktische Reduktion auch beim Ausdruck von Objektbeziehungen statt: Konj.-Sätze werden z.B. zu Inf.-Sätzen komprimiert:

> Vermeiden Sie, **daß** harte Gegenstände auf das Kochfeld fallen.
> Wir empfehlen, quecksilber- und cadmiumfreie Batterien **zu** verwenden.
> Make sure **that** all bolts on the pump are tight.
> Uneven adjustment, however, may cause **the belt to run** to one side.

In anderen Fällen ist eine Kondensation zu PräpG möglich, z.B.:

> Dabei ist **darauf** zu **achten**, **daß** die entsprechende Skale nicht festgehalten wird, damit diese hochklappen kann.
> Es ist **auf eine ausreichende Schwingungsentkopplung** der Molekularpumpe von der Vakuumpumpe zu **achten**.
> **Убедитесь, что** напряжение, указанное на донышке самовара, **соответствует** напряжению электросети.
> Прежде чем включить пылесос в сеть, **убедитесь в соответствии** напряжения сети напряжению пылесоса.
> **Check** to see **that** belt (A) runs centered on idler pulley (B).
> **Check** the V-belt drive **for proper alignment and tension**.

#### 2.6.4.1 Adverbiale Beziehungen – Ausdrucksformen (Präferenzen)

In den folgenden Beispielen werden ausgewählten adverbialen Relationen die jeweils bevorzugten Ausdrucksformen zugeordnet:

### 2.6.4.1.1 Finalität

Andererseits sind Mindestzeiten erforderlich, **damit** im Fehlerfall Selektivität garantiert ist.
**Zur Gewährleistung** eines sicheren Betriebes Gerät nur nach den Angaben der Gebrauchsanweisung montieren und gemäß Typenschild anschließen und betreiben.
**Для удобства** наблюдения за выпечкой со стороны задней стенки расположена лампа подсвета, которая включается клавишным переключателем.
Store belts flat **to keep** them from warping and stretching.
It is most important that this instruction book should be retained with the appliance **for future reference**.

**Analyseergebnisse:**

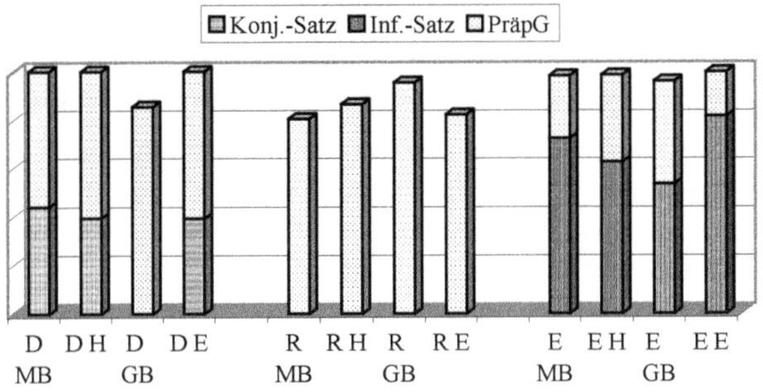


**Abb. 2.22: Ausdruck finaler Beziehungen – Präferenzen**

Makrokulturelle Präferenzen zeigen sich selten so klar wie beim Ausdruck von Finalität. In den deutschen Korpora werden finale PräpG bevorzugt, Alternative ist der Konj.-Satz. „Angloamerikanische" Textproduzenten wählen primär finale Inf.-Sätze und komplementär entsprechende PräpG. In den russischen Anleitungen dominiert dagegen die finale PräpG. Insgesamt gilt, dass die Frequenz finaler PräpG in fachinternen Texten (GB) das sonst übliche Maß noch übersteigt.

### 2.6.4.1.2 Kausalität/Konsekutivität

**Da** je nach Ansaugdruck der Schmutzfänger eine Drosselung des Saugvermögens bis zu 40 % bewirkt, kann bei sauberen Arbeitsprozessen der Schmutzfänger herausgenommen werden.
Diese Nummern ermöglichen dem Kundendienst eine gezielte Ersatzteilvorbereitung, **so daß** beim ersten Technikerbesuch Ihr Gerät wieder instandgesetzt werden kann.
Wolle wird automatisch **wegen der Schrumpfgefahr** nur in einem Intervall geschleudert.
Работать с поломанной пружиной запрещается, **так как** она может заклинить весь механизм и при посадке люльки поломать его.
Увеличилось расстояние между контактами **за счет их износа**.
Throughput with the micro cup will usually be lower **since** there will be some vignetting of the diffuse energy by the rim of the sample cup.
Captured oil from the washer will be concentrated in an oil mat on the surface of the clean water **so that** it can be skimmed out during operations.
**Specially engineered** for service with corrosive material such as fertilizer, the Bucket Elevators are constructed of carefully selected corrosion-resistant components.
**Because of the flow** through check valves, stopping the pump will not stop the liquid from flowing.

**Analyseergebnisse:**

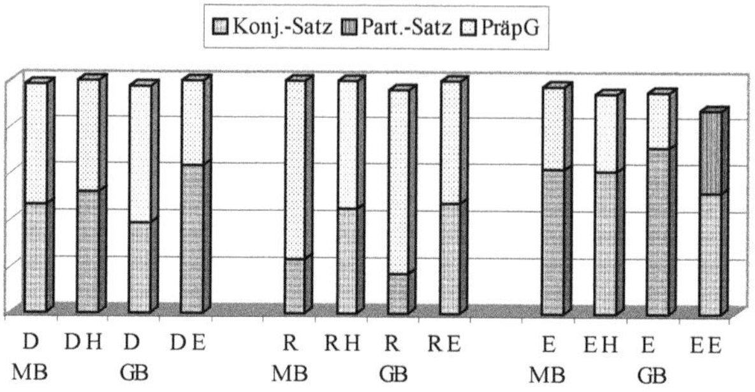


**Abb. 2.23: Ausdruck kausaler/konsekutiver Beziehungen – Präferenzen**

Bei Relationen der Kausalität/Konsekutivität stellt der Konj.-Satz eine interkulturell gemeinsame Präferenz dar. Ergänzend werden entsprechende PräpG verwendet, deren Frequenz fachextern generell geringer ist als fachintern. Im Korpus (E E) werden PräpG weitgehend durch Part.-Sätze verdrängt.

### 2.6.4.1.3 Konditionalität

Eine Reinigung der Meßröhre entfällt, **wenn** man das Katodenblech und eventuell auch den Anodenring einfach austauscht.
**Beim Backen** auf zwei Ebenen sollten Sie die Einschubebene 1 möglichst frei lassen, weil dort eingeschobenes Gebäck von unten zu stark bräunt.
**В случае, если** один командоаппарат не сработал, роторы останавливаются вторым командоаппаратом.
**При установке** на трубопроводах большого диаметра ТУДЭ располагать так, как показано на рис. 8.
**If** the cell must be disassembled for cleaning, refocussing of the lenses might be required **unless** the crystal is replaced to the identical location in the cell.
The fuse cover/carrier must be replaced **in the event of** changing fuse.

**Analyseergebnisse:**

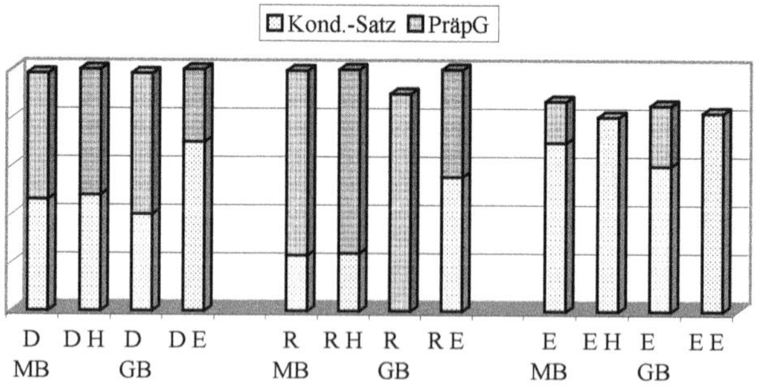


**Abb. 2.24: Ausdruck konditionaler Beziehungen – Präferenzen**

Makrokulturell betrachtet, ist die PräpG in deutschen und russischen Anleitungen das primäre Mittel zum Ausdruck konditionaler Relationen. Im interkulturellen Vergleich gilt zudem, dass fachintern häufiger PräpG gewählt werden als fachextern. Der extrem hohe Anteil von Konditionalsätzen im Korpus (R E) geht offenbar auf den Einfluss amerikanischer Konventionen zurück.

#### 2.6.4.1.4 Modalität

Die an dieser Brücke liegende Heizspannung wird **so** geregelt, **daß** der Widerstand und damit die Temperatur des Meßdrahtes unabhängig von der Wärmeabgabe konstant ist.
Diese Schutzschicht muß vor der ersten Benutzung **durch Aufheizen** eingebrannt werden.
Die Zuleitungen sind **nach dem mitgelieferten Anschlußschaltbild** anzuschließen.
**Перекрывая** пальцем отверстие, можно регулировать плотность распыления жидкости.
Взрывонепроницаемость ввода кабелей достигается **путем уплотнения** их эластичным резиновым кольцом 8.
Электромиксер изготовлен **в соответствии с техническими условиями** № 184.
Connect plumbing to the pump **using** unions or easily removed couplings.
Many of these conditions can be discovered **by careful observation**.
Clothes should be sorted **according to the fabric, colour fastness and degree of soiling**.

**Analyseergebnisse:**

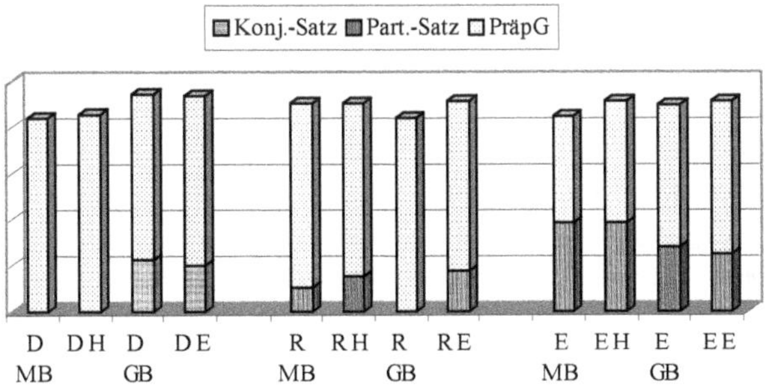


**Abb. 2.25: Ausdruck modaler Beziehungen – Präferenzen**

Modale Relationen werden interkulturell vorzugsweise mit PräpG formuliert. In den deutschen Korpora (GB/E) und vor allem in den fachexternen russischen Anleitungen gibt es hierzu jeweils eine Alternative: den deutschen Konj.- bzw. den russischen Part.-Satz. In den englischen Texten zeigt sich der Part.-Satz generell als Ergänzung zur PräpG, besonders häufig in den Korpora (MB/H).

#### 2.6.4.1.5 Temporalität – Gleichzeitigkeit

**Sobald** dieser Schwellwert überschritten wird, erfolgt Messung nach dem bei I> dargestellten Prinzip.
Die Oberfläche des Gerätes wird **bei Betrieb** heiß.
**При внешнем осмотре** необходимо проверить состояние шкал задания.
Check tracking **while** machine is loaded.
Your eyes should look slightly downward **when viewing** the middle of the screen.
Grease may be forced out of the bearing seals **during initial start-up**.

**Analyseergebnisse:**

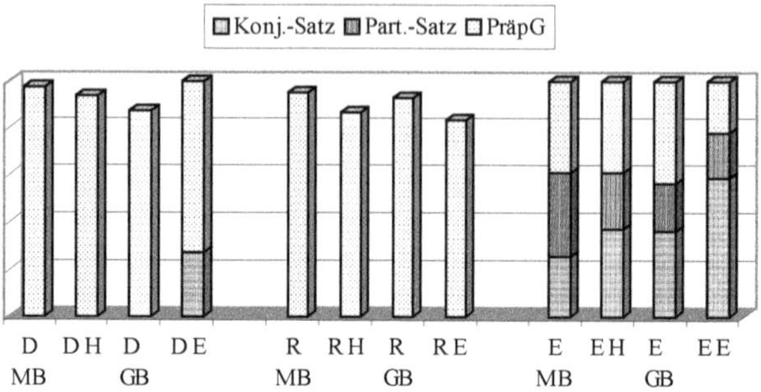


**Abb. 2.26: Ausdruck von Gleichzeitigkeit – Präferenzen**

Beim Ausdruck von Gleichzeitigkeit ist die PräpG in den deutschen und russischen Anleitungen das makrokulturell bevorzugte Mittel, nur im Korpus (D E) stellt der Konj.-Satz eine erwähnenswerte Alternative dar.

In den englischen Korpora zeigt sich die „Aufgabenteilung" zwischen den verfügbaren Mitteln als „angloamerikanisches" Faktum. Anteilsverschiebungen korrelieren mit Mikrokultur und Adressatenbezug: in den Korpora (MB/H) sind Part.-Sätze häufiger als in (GB/E), fachinterne Texte enthalten mehr PräpG, fachexterne mehr Konj.-Sätze.

## 2.6.4.1.6 Temporalität – Vorzeitigkeit

**Nach Beendigung** der Saugarbeiten Netzstecker ziehen.
Два диаметрально расположенных винта крышек 2, 3 пломбировать, **установив** под них пластины 7.
**По окончании** монтажа проверить средства электрической защиты.
The drum door remains locked for 1-2 minutes **after** the machine has been switched off.
**Having removed** the outer carton, reinforcing angles and polyethene wrapping, you must take out the internal packing which protected the appliance's "works" during transit.
Check tracking during the first 2-10 hours **after start up**.

**Analyseergebnisse:**

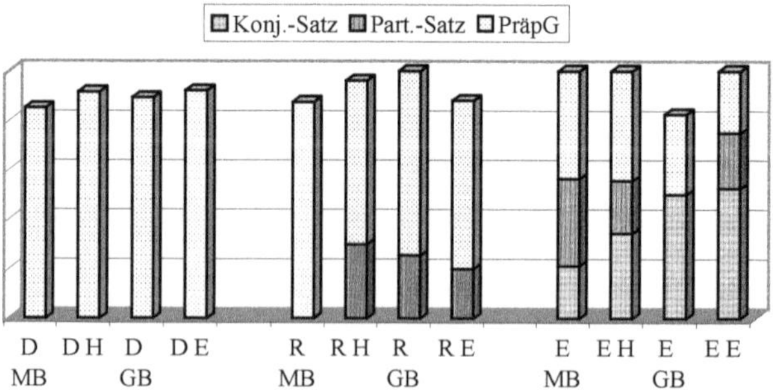


**Abb. 2.27: Ausdruck von Vorzeitigkeit – Präferenzen**

Zum Ausdruck von Vorzeitigkeit ist in deutschen Anleitungen die PräpG das Mittel der Wahl. In russischen Anleitungen kommen ergänzend Part.-Sätze zum Einsatz. Die Präferenzen der englischen Korpora sind von der Mikrokultur abhängig: in den Texten (MB/H) werden vorzugsweise PräpG und Part.-Sätze, in denen des Gerätebaus primär Konj.-Sätze und PräpG verwendet.

### 2.6.4.1.7 Temporalität – Nachzeitigkeit

**Bevor** Sie das Ventilatorgehäuse öffnen, muß der Ventilator ausgeschaltet werden.
**Vor Inbetriebnahme** prüfen, ob sich die Filter in der richtigen Position befinden.
Операция по заполнению повторяется несколько раз **до тех пор, пока** совершенно не прекратится появление пузырьков при повторной откачке.
**Перед пуском** ТУДЭ в эксплуатацию убедиться в правильности монтажа.
Repeat this procedure approx. 5-7 times **until** hooks are fully clinched.
This cleaner was inspected and packaged carefully **before being shipped** from the factory.
**Before each elevator operation**, check and service the elevator as follows.

**Analyseergebnisse:**

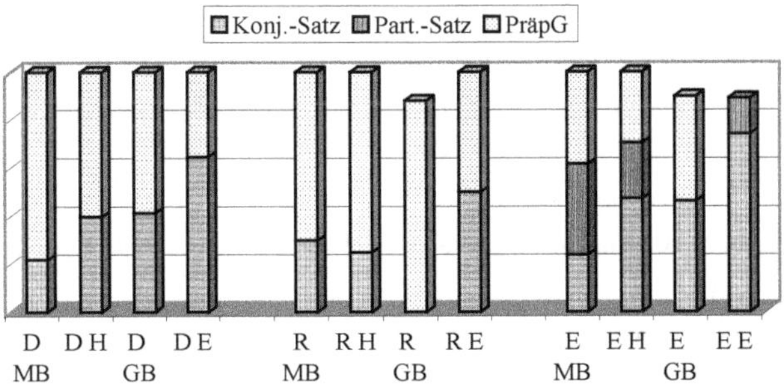


**Abb. 2.28: Ausdruck von Nachzeitigkeit – Präferenzen**

Interkulturell betrachtet, werden Relationen der Nachzeitigkeit in der Regel, d.h. mit Ausnahme der russischen Korpora (MB/H), fachextern häufiger durch Konj.-Sätze ausgedrückt als fachintern. Diese Präferenzen weichen insbesondere von denen ab, die in den deutschen und russischen Korpora zu den anderen temporalen Beziehungen gefunden wurden. Eine entsprechende Differenzierung ist also unbedingt sinnvoll. In den englischen Texten werden überwiegend die gleichen Formen verwendet wie zum Ausdruck von Vorzeitigkeit. Allein das Korpus (E E) zeigt mit dem Verzicht auf PräpG eine Abweichung: hier wurde auf Konj.-Sätze ausgewichen, deren unüblich hoher Anteil sich auch im Korpus (R E) spiegelt.

### 2.6.4.2 Attributive Beziehungen – Ausdrucksformen (Präferenzen)

Wählen Sie einen Standort, **an dem** weder das Licht heller Lampen noch das Tageslicht direkt auf den Projektionsschirm fällt.
Am Recorder das **zur Aufnahme bestimmte** Programm wählen und auf dem Fernsehgerät kontrollieren.

Über den **Schaltern für die Kochstellen** befinden sich Markierungsfelder auf der Schalterblende.
Электродвигатель крепится к верхней части корпуса двумя винтами 5, под головки **которых** подложены уплотнительные шайбы из полиэтилена.
На рис. 6 показаны сопряжения деталей, **обеспечивающих** щелевую взрывозащиту.
Все съемные детали оболочки имеют **приспособления для пломбирования**.
Keep the work area clear of grease, oil water, and other objects **that** could cause a slip.
A disk **called** an eccentric is pressed onto the output shaft of the gear reducer.
One of the **most frequently encountered** problems with Centrifugal Fans is motors which are wired to run in the wrong direction.
Position the two **slots in the bottom** of the splashback over the two lower screws "A".

## Analyseergebnisse:

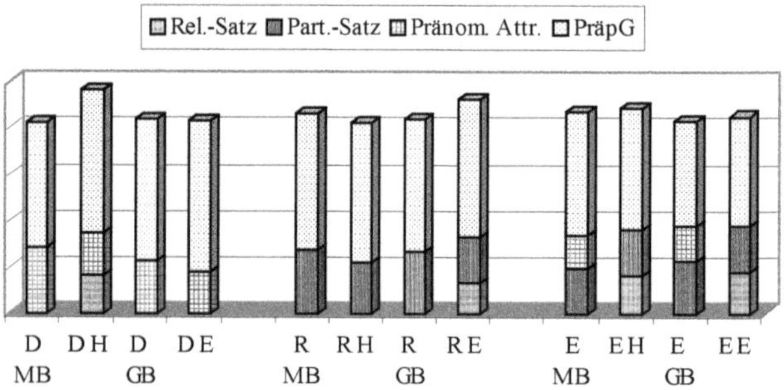


**Abb. 2.29: Ausdruck attributiver Beziehungen – Präferenzen**

Das primäre Mittel zum Ausdruck attributiver Beziehungen stellt interkulturell die PräpG dar. Daher verstößt der Wunsch bei GÖPFERICH (2000: 117), den als „Verstoß gegen die Einfachheit" kritisierten „Nominalstil" durch einen „Verbalstil" (d.h. eine PräpG durch einen Relativsatz) zu ersetzen, (nicht nur, sondern auch) gegen deutsche Präferenzen. Analoges gilt für die (an Textproduzenten gerichtete) Empfehlung bei CHRISTMANN/GROEBEN (1996: 151), dass „Nominalisierungen durch Nebensätze aufgelöst" werden sollten.

Die typische Alternative zur PräpG ist in deutschen Anleitungen das pränominale Attribut, in russischen und „angloamerikanischen" der Part.-Satz. Während in den englischen Korpora neben Part.-Sätzen fachintern pränominale Attribute verwendet werden, entfällt ein vergleichbarer Anteil in fachexternen Texten auf den Relativsatz (vgl. dazu auch das Korpus R E).

## 2.7 Merkmalkomplex: Typographie

### 2.7.1 Variation im Schriftschnitt

SCHRÖDER empfiehlt, bei Textanalysen auch „Merkmale des Schriftbildes wie Kursiv- oder Sperrdruck, Anführungszeichen oder Unterstreichung oder auch Majuskeln/ Minuskeln" (1993: 201-207) zu berücksichtigen. Ein weiteres – für Anleitungen besonders wichtiges – Merkmal des Schriftbildes ist der Fettdruck. Auf diese Weise lassen sich zwar allgemeine typographische Präferenzen aufdecken, das Erkenntnisinteresse der Translation muss jedoch dem gelten, was Textproduzenten mit der Abweichung vom normalen Schriftbild bezwecken.

FIEDLER (1991) ist dieser Frage nachgegangen und hat an ihrem Analysekorpus festgestellt, dass Hervorhebungen insbesondere dazu dienen:

- Überschriften, stereotype Wendungen in lateinischer (und französischer) Sprache sowie Titel von Publikationen zu kennzeichnen,
- die Hierarchie der TT zu verdeutlichen (durch unterschiedliche Gestaltung von Zwischenüberschriften),
- einzelne TT abzuheben,
- kommunikativ wichtige Stellen im Textverlauf zu markieren (164).

Die Verwendung typographischer Mittel trägt einerseits zur Strukturierung der Texte bei und ermöglicht andererseits dem Textproduzenten die Markierung informativer Schwerpunkte. Das wissenschaftliche Interesse bei FIEDLER (s.o.) ist textlinguistisch motiviert, sie hat keine Veranlassung zur weiteren Differenzierung. Wenn dagegen Kulturdifferenz für die Translation operationalisierbar gemacht werden soll, müssen die Analysen zu mehr Details vordringen. D.h., zu untersuchen sind sowohl die Art der typographischen Mittel im Text[74], als auch ihre jeweilige Funktion (Strukturierung oder Emphase).

Die strukturierende Funktion wird z.B. durch die Gestaltung von TT-Deklarationen erfüllt. Innerhalb eines Absatzes (oder Satzes) werden typographische Mittel dagegen in emphatischer Funktion verwendet. Hier setzen sie für den Rezipienten Signale besonderer Relevanz.

Bei der Analyse von Texttiteln zeigt sich die ganze Palette typographischer Möglichkeiten. Die verschiedenen Mittel werden auch isoliert verwendet, z.B.:

BETRIEBSANLEITUNG UND BESCHREIBUNG –
ИНСТРУКЦИЯ ПО МОНТАЖУ И НАЛАДКЕ – OWNER'S MANUAL
**Betriebsanleitung – Инструкция по монтажу и эксплуатации –**
**Installation, Operating and Maintenance Manual**
*Gebrauchsanweisung – Operation and Service Manual.*

---

[74] Analysen auf Textebene zeigen, dass diese Mittel, insbesondere zur Strukturierung, außerordentlich inkonsistent eingesetzt werden.

Gerade bei der Deklaration des Gesamttextes bevorzugen Textproduzenten jedoch Kombinationen, zumeist unter Verwendung von Versalien und/oder Fettdruck, z.B.:

**BETRIEBSANLEITUNG – ИНСТРУКЦИЯ ПО МОНТАЖУ –**
**OPERATION, SERVICE & MAINTENANCE MANUAL**
*КРАТКОЕ ОПИСАНИЕ, ИНСТРУКЦИЯ И ПАСПОРТ*
ПАСПОРТ
***Owner's Manual*.**

Versalien und Fettdruck werden in den Korpustexten nicht nur gemeinsam, sondern auch in Kombinationen von drei oder vier Merkmalen verwendet, z.B.:

**ИНСТРУКЦИЯ по эксплуатации и уходу**
BETRIEBSANLEITUNG
***USER'S GUIDE***
**MONTAGE- UND BETRIEBSANLEITUNG**.

### 2.7.1.1 Strukturierungsfunktion

BALLSTAEDT (1999: 109) denkt offenbar primär an den Einsatz typographischer Mittel in strukturierender Funktion: „Ein augenfreundliches Textbild macht inhaltliche Strukturen durch Aufteilung der Flächen und durch grafische Hervorhebungen sichtbar". Wesentliches Instrument der Textstrukturierung sind TT-Deklarationen, die typographisch ebenso vielfältig gestaltet werden wie die Anleitungstitel.

Eher selten wird ein typographisches Mittel isoliert eingesetzt (und nicht immer zeigen die Korpora interkulturelle Parallelen), z.B.:

ALLGEMEINES – НАЛАДКА ЭЛЕКТРООБОРУДОВАНИЯ – SETTING OPTIONS
**Inbetriebnahme** – **Скребковые конвейеры** – **Installing Vibrator**
*Check the Water Temperature*
Содержание
Funktionsprinzip der KBM 100 – Исполнение – Warning Lights and Displays.

Häufiger werden zwei (selten drei oder vier) typographische Mittel kombiniert, in aller Regel unter Beteiligung von Versalien und/oder Fettdruck, z.B.:

**DIAGRAMMWECHSEL – ОБЩИЕ ПОЛОЖЕНИЯ – ORIFICE REPLACEMENT**
*ПРИЛОЖЕНИЕ – PROPER DISPOSAL OF DISHWASHER*
СОДЕРЖАНИЕ
INTRODUCTION
***Using the dishwasher***
**Комплектность**
**Transport und Lagerung** – **Setting-Up**.

Bei der Strukturierung werden die Varianten des Schriftschnitts offensichtlich allein und in Kombination weitgehend als funktionale Alternativen angesehen. Häufig unterstützt abnehmende Schriftgröße optisch die hierarchische TT-Präsentation.

Der Strukturierung dienen auch Tabellen-, Abbildungs- und Legendentitel, ebenso Bildtexte. Die Vielfalt ihrer typographischen Gestaltung ist jedoch im Vergleich zu den TT-Deklarationen erheblich reduziert.

### 2.7.1.2 Emphatische Funktion

Gerade in Anleitungen wird der emphatischen Funktion typographischer Mittel üblicherweise größere Bedeutung beigemessen als der strukturierenden. Das liegt insbesondere an dem Gewicht, das Signalwörter und Gefahrenhinweise hier haben:

In den hier angesprochenen Zusammenhang gehören schließlich abgesetzt gegebene (Warn)Hinweise wie *Achtung, Gefahr, Vorsicht, Warnung* und die Praxis, mit typographischen Mitteln (Großdruck, Fettdruck) einzelne Appelle hervorzuheben (MÖHN 1991: 202).
Heben Sie die Sicherheitshinweise im Text mit typographischen Mitteln optisch hervor (PICHLER 1994: 43).

In emphatischer Funktion sind Variationen im Schriftschnitt z.B. an Signalwörtern zu beobachten, die die erhöhte Aufmerksamkeit des Rezipienten auf Warn- und andere Hinweise lenken sollen. Dazu scheint Fettdruck generell besser geeignet zu sein als ein (vergleichsweise unauffälliger) kursiver oder gesperrter Schriftschnitt. Auch hier herrschen Kombinationen mit Versalien und/oder Fettdruck vor, z.B.:

ANMERKUNG – ВНИМАНИЕ – NOTE
**Achtung! – Примечание – Note:**
П р и м е ч а н и е
Hinweis – Внимание!

**ACHTUNG! – ВНИМАНИЕ! – WARNING:**
*ACHTUNG – NOTE:*
***Внимание!***
**П р и м е ч а н и е**
*П р и м е ч а н и е*
CAUTION
***ACHTUNG – CAUTION!***
**ACHTUNG: – IMPORTANT:**
**W I C H T I G.**

Es scheint, dass die Unterstreichung, sowohl in strukturierender als auch in emphatischer Funktion, zunehmend z.B. durch Fettdruck abgelöst wird[75].

Hervorhebungen im laufenden Text dienen der Betonung des aus der Sicht des Senders besonders Wichtigen. Die gleiche Eindringlichkeit wie bei den Signalwörtern vermittelt die Variation des Schriftschnitts u.a. bei Instruktionen, deren Befolgung der Sender für unabdingbar (weil sicherheitsrelevant) hält. Dieser informationelle Fokus, dessen Umfang vom Wort bis zum ganzen Satz reichen kann, wird typographisch markiert, z.B.:

ПРОВЕРЬТЕ сохранность пломб на часах и их комплектность.
CHECK THAT THE MAINS VOLTAGE SELECTOR ON THE BACK PANEL OF THE LI 800 IS SET CORRECTLY.
Kolben der Spritze **mit Clip** bis zum Anschlag drücken.
**Use closed loop wire connector only.**

---

75 Vgl. dagegen NICKL (2001: 176) zur fachexternen Anleitung: „Nicht bestätigt haben sich auch die Vermutungen zur Verwendung von Unterstreichungen; diese werden gerade in den 90ern besonders häufig".

*Battery Capacity: continuous snapshot for 2 hours, stand by can work for approximately 2 weeks!*
Die Aufzeichnung von urheberrechtlich geschützten Werken auf Bild- oder Tonträger ist für den privaten Bereich gestattet.
Не включайте пылесос без пылевого фильтра.
Der Anschluß ist über einen mehrpoligen Schutzleiteranschluß zu realisieren.

*Zwei- und Mehrfachkombinationen:*
**FANS SHOULD NEVER BE LIFTED BY THE SHAFT, HOUSING, MOTOR, BELT GUARD OR ACCESSORIES.**
***Check belt tension two times during the first 24 hours of operation and periodically there-after.***
***ПРИГОТОВИВ НАПИТОК, НЕ ЗАБУДЬТЕ ОТКЛЮЧИТЬ КОФЕВАРКУ ОТ СЕТИ.***
This option ***MUST*** be selected ***PRIOR*** to starting the cycle.
READ ALL INSTRUCTIONS BEFORE USING THIS APPLIANCE.
Dazu wird **kein** Prüfling eingelegt.
**DIE LAGER MÜSSEN ALLE 50 BETRIEBSSTUNDEN NACHGEFETTET WERDEN.**

Die emphatische Funktion des Schriftschnitts wird außerdem sichtbar z.B. an Einschubtexten, Maschinen-/Typenbezeichnungen, Warennamen, der Firma des Senders und intertextuellen Verweisen.

**Analyseergebnisse:**

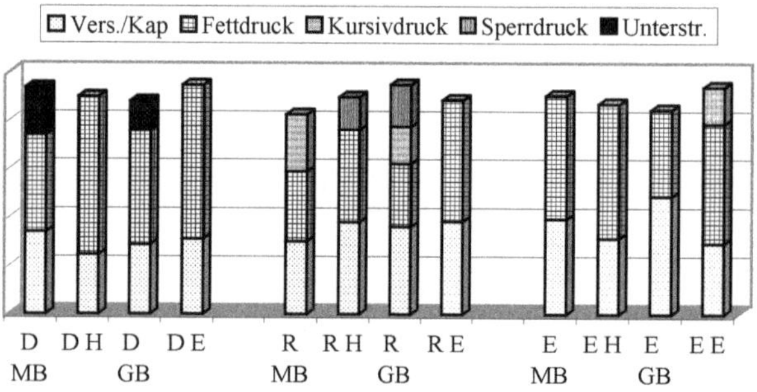


**Abb. 2.30: Markierung durch Druckvariation – Präferenzen**

Interkulturell gemeinsame Präferenzen sind Fettdruck und Versalien. In russischen Anleitungen wird fachextern häufiger durch Versalien markiert als fachintern, für die englischen Korpora zeigt Abb. 2.30 eine entgegengesetzte Verfahrensweise. Zur Verwendung von Versalien bemerkt SCHMITT (1999: 179):

Im Bereich der Typographie äußert sich Kulturspezifik in technischer Dokumentation beispielsweise in der Gebrauchsfrequenz von Versalien (Majuskeln) – Großschreibung ist im Englischen generell und im Amerikanischen speziell signifikant häufiger als im Deutschen, wo man andere Hervorhebungen bevorzugt.

Abb. 2.30 bestätigt diese Aussage insoweit, als Versalien in drei englischen Korpora häufiger sind als in den entsprechenden deutschen. Im angloamerikanischen Vergleich gilt das offenbar nicht so generell: gerade in den amerikanischen Anleitungen

(E E) sind Versalien seltener als in den anderen Korpora, die auch britische Texte enthalten. Zudem liegt der Versalienanteil noch knapp unter dem des Korpus (D E).

Fachintern kommt als dritte Variante in deutschen Anleitungen die Unterstreichung hinzu, in russischen der Kursivdruck. Sperrdruck in russischen und Kursivdruck in englischen Texten zeigen keine Korrelation zu Mikrokultur oder Adressatenbezug.

### 2.7.2 Anführungszeichen

Anführungszeichen (AZ) können entweder konventionell oder modalisierend verwendet werden (vgl. z.B. FIEDLER 1991: 165, GÖPFERICH 1995: 392). Im Rahmen von Analysen ist es sinnvoll, entsprechend zu differenzieren.

#### 2.7.2.1 Konventionelle Funktion

Ihre konventionelle Funktion erfüllen AZ in Anleitungen u.a. durch Kennzeichnung von Text- und TT-Titeln bei inter- und intratextuellen Verweisen. In intratextuellen Verweisen markieren AZ interkulturell außerdem Abb.-Positionen.

**Intratextuelle Verweise:**

*Markierung von TT-Titeln:*

Bevor Sie den Kundendienst rufen, prüfen Sie bitte, ob Sie die Störung selbst beheben können (siehe **Kapitel „Kleine Störungen selbst beheben“**).

Нельзя одновременно замораживать массу продуктов выше номинальной, указанной в **таблице „Технические данные“.**

Refer to the **“Troubleshooting”** section of this manual if a problem develops.

*Markierung von Abbildungspositionen:*

Heben Sie den Backwagen vorn leicht an und schieben Sie den Backwagen so weit ein, bis sich die **Vertiefungen „X“** hinter den Rollen 2 befinden.

При нажатии на **кнопку „К“** поз. 5 отчет значений текущего времени прекращается, индикация гаснет.

**Compartment “a”** is for the prewash powder, **“b”** for the main wash powder, and **“c”** for fabric conditioner.

In der Regel beziehen sich intertextuelle Verweise auf andere Texte (im üblichen Sinn). In Anleitungen kommt dieser Bezug vor, er ist jedoch eher selten. Häufiger wird z.B. auf Beschriftungen verwiesen:

**Intertextuelle Verweise:**

*Markierung von Texttiteln und Beschriftungen:*

Das Rührwerk sofort abschalten und überprüfen, siehe hierzu auch **Beiblatt „Fehlersuche“**.

Sie dürfen nur Wäsche in der Maschine trocknen, die mit dem **Hinweis „trocknerfest“** oder folgenden Pflegesymbolen gekennzeichnet ist.

При работе с газоанализатором должны соблюдаться требования **„Правил технической эксплуатации электроустановок-потребителей“**, утвержденных Госэнергонадзором СССР 21.12.88 г.

Эти сопряжения обозначены **словом „Взрыв“** с указанием допускаемых параметров взрывозащиты (...).
Download the document called “**Using HyperTerminal to communicate with TSI Flowmeters**”.
Look for “**Liquid**” or “**VAPOR**” embossed on the knobs.

In intertextuellen Verweisen anderer Art markieren AZ Beschriftungen an Bedien-, Anzeige- und anderen Elementen der Maschine/des Gerätes, z.B.:

*Bezeichnungen für Schalter/Tasten, Anzeigen etc.:*
Nach dem Drücken leuchtet die Lampe der Taste „**Start**“, das Programm beginnt.
Die Anzeigelampe „**Start in h**“ erlischt, die Anzeigelampe „**Start**“ leuchtet auf.
Включите конвейер и регулировками „**Масштаб**“, „**Грубо**“, „**Точно**“ установите по указателю текущей производительности величину 80%.
Должна загореться лампочка „**Сеть**“.
Using the “**ZERO**” potentiometer at the bottom of the circuit board, set the instrument to read 0% Oxygen, (Fig 4).[76]
“**No Laser**” light.

*Bezeichnungen für Stellungen von Schaltern etc.:*
Wenn die volle Mikrowellenenergie der Gar- oder Erwärmleistung zu groß ist, wählen Sie die Stellung „**Auftauen**“.
По истечении 5-10 мин после подачи на вход газовой системы газоанализатора анализируемой газовой смеси установить переключатель режима работы в положение „**Измерение**“ и включить электропитание.
To increase the feature’s sensitivity to dirt, set the switch (B) to the “**Hi**” position.

*Sonstige Markierungen:*
Als Dosierhilfe dienen die Markierungslinien: „**MIN**“ entspricht ca. 30 ml Reiniger, „**MAX**“ entspricht ca. 40 ml Reiniger.
Вращая запорную ручку в сторону „**закрыто**“, поднимите скобу до соприкосновения ее с полками кронштейнов.
Connection of these coolants is made at the rear of the sensor unit via the pipe couplings marked “**COOLANT IN**” and “**COOLANT OUT**”.

### 2.7.2.2 Modalisierende Funktion

Die modalisierende Funktion von AZ wird in den Korpora insbesondere bei der Markierung fachsprachlicher Elemente sichtbar. Theoretisch zu unterscheiden sind dabei zwei Arten von Fachlexik, die in den beiden folgenden Zitaten angesprochen werden. FIEDLER (1991: 100) erwähnt terminologische Elemente, deren semantische Spezifik durch die Markierung betont werden soll:

In modalisierender Funktion dienen die AZ häufig der Hervorhebung von (meist zwei) einzelnen Fachwörtern mit dem Ziel der Verstehenssicherung durch Bewußtmachen der Bedeutung dieser Wörter im Rahmen einer Gegenüberstellung.

---

[76] In britischen/amerikanischen Anleitungen werden für Verweise auf Bedienelemente/Stellungen häufig Versalien ohne AZ verwendet, z.B.: The grill can either be placed in the HIGH position resting on the wire runners, or the LOW position resting on the base of the grill compartment.

In diesen Fällen beinhaltet die metakommunikative Aussage der AZ einen Hinweis auf den terminologischen Charakter des markierten Ausdrucks, der dadurch mit der Anmerkung „sogenannt“ versehen wird.

GÖPFERICH (1995: 392) hat bei ihrer Charakterisierung dagegen primär Elemente der fachlichen Umgangssprache vor Augen:

In modalisierender Funktion werden sie gebraucht, um zu signalisieren, daß der Sender gewisse Vorbehalte bei der Verwendung des in Anführungszeichen gesetzten Ausdrucks hat, und tragen metakommunikativen Charakter.

Bei diesen Elementen ist in der Tat davon auszugehen, dass diese dem Sender zwar nicht ganz adäquat erscheinen, dass er jedoch auf ihre Bildhaftigkeit oder Prägnanz nicht verzichten möchte. Die AZ signalisieren diesen Vorbehalt dem Rezipienten, der den Ausdruck entsprechend verstehen und die Fachkompetenz des Senders unverändert hoch einschätzen soll.[77] Die metakommunikative Aussage der AZ beinhaltet hier die Ergänzung „sozusagen“.

Bei der praktischen Analyse lässt sich diese theoretisch klare Zuordnung nicht ohne weiteres umsetzen. Im Großen und Ganzen korreliert die Abgrenzung mit dem Bezug auf einen fachinternen bzw. fachexternen Adressaten. Im Einzelfall bestehende Zweifel wären nur mit genauer Kenntnis der verschiedenen fachlichen Umgangssprachen auszuräumen. Terminologische und umgangssprachliche Elemente werden daher als „fachsprachliche Elemente“ zusammengefasst.

**Fachsprachliche Elemente:**

Durch die gleichzeitige Dehnung der „**weichen**“ Spiralfeder kann der Waagenbalken um einen gewissen Betrag auslenken.

Началом кипения условно считается тот момент, когда из-под грузового рабочего клапана начинает пробиваться пар, скороварка „**шипит**“.

At this point the resulting spectrum can be “**cleaned up**” or information extracted as required for identification and/or use in QC or other procedures.

Markiert werden außerdem neutrale Bezeichnungen anderer Art, gegen die ein Vorbehalt nicht bestehen kann, z.B. Typenbezeichnungen und Waren- bzw. Eigennamen. Die metakommunikative Aussage der AZ dürfte der bei Termini entsprechen („sogenannt“).

**Typenbezeichnungen:**

Es empfiehlt sich, etwa jährlich alle Lagerstellen mit harzfreiem Uhrenöl zu versehen (z.B. mit „**LUSIN 12**“ der Firma Lange & Seidel in Nürnberg).

Часы „**Электроника 6.15**“ предназначены для подачи звукового сигнала в заранее заданный момент времени.

If you still experience difficulty, or if any part of the cooker is damaged, please contact your supplier, say that you have a “**New World Debut 2**” (…) Cooker, give details of the problem and quote the numbers stamped on the data plate (…).

[77] Vgl. in diesem Sinne, jedoch aus anderer Perspektive, HORN-HELF (1999a: 277): „Besonders wichtig ist daher im ZT die vom Sender intendierte Konnotation ‚Ich bin Fachmann/wir sind Fachleute auf diesem Gebiet’, die in einer Kooperation u.a. vertrauensbildende Funktion hat“.

**Waren-/Eigennamen:**

Pflegemittel wie „**Collo-Profi**" oder „**Cerafix**" enthalten Pflegestoffe, die einen Schutzfilm auf der Glaskeramikoberfläche bilden.

Beachten Sie neben den nachfolgenden Hinweisen unbedingt auch die separat beiliegende Information des Glaskeramikherstellers „**Schott**".

На задней стенке в специальном отсеке, закрытом крышкой, поз. 6, расположен элемент резервного питания – батарея „**Крона**".

Нагрев стыка до температуры 250-300°C проверяют термочувствительным карандашом шкалы № 250, выпускаемым заводом „**Свободный труд**".

The oven top, back and sides are coated in "**TICENE**" special continuous cleaning enamels, which helps to keep itself clean as you cook.

## Analyseergebnisse:

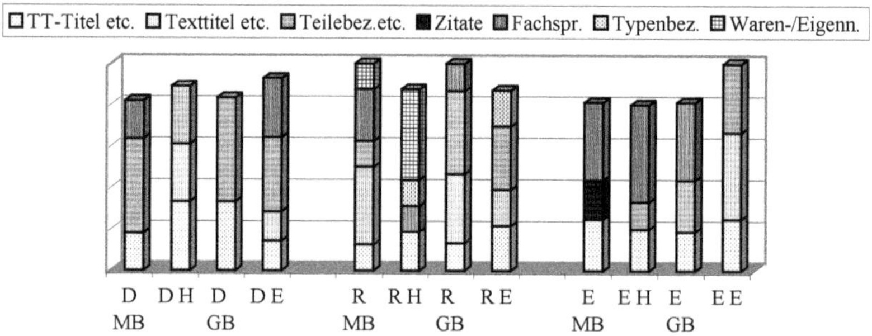


**Abb. 2.31: Markierung durch Anführungszeichen – Präferenzen**

Die konventionelle Verwendung von AZ in intra- und intertextuellen Verweisen ist generell üblich, wenngleich mit unterschiedlicher Intensität: Teilebezeichnungen werden in deutschen Anleitungen fachintern häufiger markiert als fachextern, in den russischen und englischen Korpora des Gerätebaus häufiger als in denen des Maschinenbaus. Deutsche Anleitungen zeigen einen eher zurückhaltenden Gebrauch modalisierender AZ, der sich auf die Markierung fachsprachlicher Elemente beschränkt. In russischen fachexternen Texten sind dagegen auch Typenbezeichnungen mit AZ versehen, im Korpus (H) insbesondere Waren- und Eigennamen. Zu den englischen Korpora (ausgenommen E E) weist Abb. 2.31 eine klare Präferenz für die Modalisierung fachsprachlicher Elemente aus.

### 2.7.2.3 Gliederungsmittel auf den unteren Textebenen

Nur selten wird auf unteren Textebenen ausschließlich mit Absätzen gegliedert. Die Mehrzahl der Texte weist in Aufzählungen andere Gliederungsmittel („Aufzählungszeichen" nach GÖPFERICH 1998: 80) auf, von denen auch mehrere parallel vorkommen. Generell bevorzugt werden Ziffern und Minuskeln (vgl. Abb. 2.32):

**Ziffern:**

Entkalken mit Essig

1.-6. Arbeitsschritte.

Волнистая футеровка выполняется четырьмя видами броневых плит:

1).-4). Ausführungsvarianten.

A typical procedure for using the CIRCLE might be as follows:

1)-7) Arbeitsschritte.

**Minuskeln:**

Einschalten

a)-c) Arbeitsschritte.

При осмотре и проверке приводных механизмов, поступающих с заводов в собранном виде, необходимо:

а)-г) Instruktionen.

To cut down the amount of splashing when high temperature roasting:

(a)-(e) Instruktionen.

Die beiden letzten Beispiele (R/E) zeigen eine Aufzählung, die „mit einem Teilsatz [beginnt], der durch jedes einzelne Glied der Reihung zu einem vollständigen Satz ergänzt wird“ (HORN-HELF 1999a: 193, Typ 2). Die Glieder enthalten Instruktionen zu Teilaufgaben der im vorausgehenden Teil des Satzes genannten komplexen Aufgabe. Dank der Markierung, hier durch Minuskeln, wird die Aufzählung optisch als klar gegliedert dargeboten. Neben Ziffern und Minuskeln werden fachintern Spiegelstriche, fachextern u.a. Spiegelpunkte, -pfeile, -quadrate verwendet, z.B.:

**Spiegelstriche:**

3.4 Richtlinien für die Motormontage

– Motor nicht fallen lassen und vor Stößen schützen.

– Motor so montieren, dass Riemenscheiben seitlich keinen Versatz haben.

– Auf Riemenlänge und Riemenspannung achten.

**Spiegelpunkte:**

Pflege und Reinigung

Auf keinen Fall Möbelpflege- oder aggressive Reinigungsmittel verwenden.

- Bedienteile mit weichem Lappen und klarem Wasser reinigen.
- Innenbehälter, Türdichtung etc. gelegentlich kontrollieren und ggf. reinigen.

В режиме блокировки клавиатуры остаются доступными следующие функции

- Wahl der Nummer, die zur Taste oben links gespeichert wurde,
- Einstellung der Lautstärke,
- Einstellung des Klingeltons,
- Ein- und Ausschalten des Klingeltons (usw.).

ADD 30 SECONDS

This feature provides two functions:

- 30 sec. Kochen mit P100 (max. Leistung).
- Verlängerung der Kochzeit um 30 sec., ohne START zu drücken.

**Spiegelpfeile, etc:**

Ihr GRUNDIG „Cinema 9030“ bietet

- ➢ neueste Farbfernseh-Electronic
- ➢ großen Bedienungskomfort
- ➢ Fernsehsender-Kennung im Bild
- ➢ Stereo- und Raumklang-Tonwiedergabe mit 2 x 20 Watt Musikleistung
- ➢ Integriertes Videofach.

Электромагнитная совместимость

Funkstörungen können durch folgende Maßnahmen behoben werden:

■ Empfangsantenne neu ausrichten.

■ Abstand zwischen PC und Empfänger vergrößern.

■ PC an andere Steckdose anschließen.

■ Händler oder Rundfunk-/Fernsehtechniker konsultieren.

For ease of reading, messages are displayed in 5 different fields. These include:

★ Readiness and System Connection

★ Do Not Enter

★ Reminders

★ Shifts and Modes

★ Printer Status.

## Analyseergebnisse:

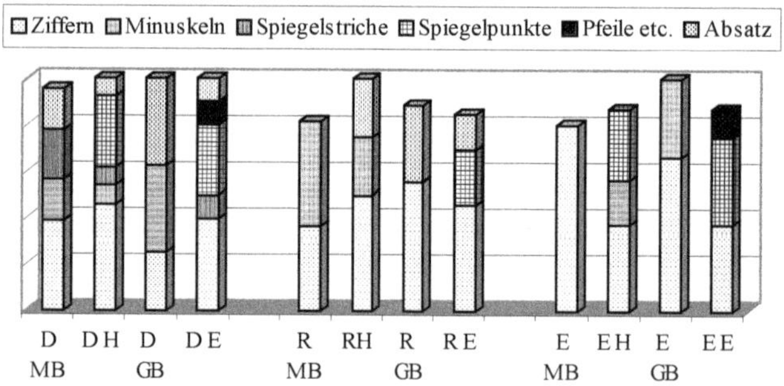


**Abb. 2.32: Gliederungsmittel auf den unteren Textebenen – Präferenzen**

Aufzählungen sind Teil der Textgliederung auf den unteren Ebenen, sofern sich diese nicht – wie das vor allem in deutschen und russischen Anleitungen vorkommt – auf das Gliederungsmittel Absatz beschränkt. Als interkulturelle Gemeinsamkeit erweist sich die Markierung von Aufzählungsgliedern durch Ziffern. Besonders groß ist die Vielfalt der Gliederungsmittel in drei deutschen Korpora (MB, H, E). Komplementär zu Ziffern werden fachintern Minuskeln und Spiegelstriche verwendet, Spiegelpunkte etc. sind dagegen typisch für fachexterne Texte.

In russischen Anleitungen (MB/H) werden – im Gegensatz zu solchen des Gerätebaus – neben Ziffern auch Minuskeln verwendet. In den englischen Korpora ist es umgekehrt: Minuskeln sind im englischen Korpus (GB) besonders häufig. Die Verwendung von Spiegelpunkten beschränkt sich ebenfalls auf fachexterne englische Anleitungen, eine Tatsache, die auch im Korpus (R E) reflektiert wird.

## 2.8 Merkmalkomplex: Textkomposition

### 2.8.1 Prinzipien und Themen der Textkomposition

Aus verschiedenen Arbeiten ist eine ganze Reihe von Prinzipien bekannt, die der Textkomposition zugrunde liegen können. LINDROTH (1997: 176) verzeichnet z.B. „grundlegende Gliederungsmuster, die sich aus gedanklichen Ordnungsprinzipien ergeben“:

1. Deduktive Gliederung: Vom Allgemeinen zum Speziellen.
2. Induktive Gliederung: Vom Speziellen zum Allgemeinen.
3. Gliederung nach dem Gefühl: Vom schwächsten zum stärksten Argument oder vice versa.
4. Chronologische Gliederung: Dem Zeitablauf entsprechend.
5. Kausale Gliederung: Von der Ursache zur Wirkung oder vice versa.
6. Dialektische Gliederung: Dreistufig, nach dem Muster: These, Antithese, Synthese.

Zu den bei BAUMANN (1992: 88 bzw. 82) aufgeführten „intellektuell bestimmten Kompositionsprinzipien“ gehören u.a.:

Allgemeines – Besonderes – Einzelnes;
Abstraktes – Konkretes;
Theoretisches – Empirisches;
Gattung – Art;
Ursache – Wirkung;
Bedingung – Folge;
Aufgabenstellung – Aufgabenlösung.

Jede dieser Relationen lässt sich in beschreibenden/berichtenden Texten vorstellen. Auf Textsorten mit diesen Funktionen bezieht sich DIETRICH (1997: 100):

> Das häufigste **Ordnungskriterium** für die Strukturierung der Texte ist die Chronologie (...). Bei einer funktionalen Anordnung (bei Architektur-Texten z.B. häufig nach Bauteilen) (...) tritt dann oft noch ein zweites Kriterium hinzu (z.B. wiederum das der Chronologie, oder eine Beschreibung vom allgemeinen zum speziellen [sic], von außen nach innen oder in der Reihenfolge der Wichtigkeit für das Thema etc.).

Die Beobachtung, dass Kompositionsprinzipien zur Ordnung von Themen kombiniert werden, macht DIETRICH auf Textebene. Sie bestätigt sich in den Anleitungen u.a. auf den Ebenen von Kapiteln und Abschnitten. Bei der Analyse der TT werden zusätzlich die Themen erfasst, deren Behandlung mit Hilfe der Prinzipien geordnet wird. In TT (Absätzen) auf den unteren Ebenen ist häufig nur noch das Thema bzw. eine Themenkombination zu erkennen.

### 2.8.2 Komposition der Gesamttexte

Der Erfassung der Kompositionsprinzipien geht eine TT-Typenanalyse voraus, bei der nach Sprechhandlungen klassifiziert wird. Unterschieden werden: instruktive, deskriptive etc. TT sowie instruktiv-deskriptive und „sonstige“ Misch-TT, z.B.:

**Instruktiv:**

**5.2 Umbau der Förderrichtung**

Öl ablassen.

Das Rohr muss verlängert werden.

Teile zum Umbau bestellen.

Alle Verschraubungen öldicht ausführen.

Das Verlängerungsrohr montieren.

Die Füße entsprechend befestigen, waagerecht belassen, Öl einfüllen.

**8. ТЕХНИЧЕСКОЕ ОБСЛУЖИВАНИЕ**

8.1 Emaillierte Außenflächen abwaschen und abtrocknen. Polierte Flächen abreiben. Spritzer vor dem Antrocknen entfernen.

8.2 Alle Herdteile regelmäßig reinigen und mit trockenem Tuch abreiben.

8.3 Bei Störungen an Organisationen wenden, die Hausgeräte reparieren dürfen.

**Unpacking**

Nach dem Entfernen des Kartons Schutzmaterial aus dem Inneren herausnehmen.

1. 3 Schrauben hinten entfernen.
2. Verbleibende Distanzstücke mit Schraubendreher lösen.
3. Die Maschine umlegen, und Kunststoffbänder unten entfernen.
   Arbeitsschritte zum Entfernen der Bänder.
4. Die Maschine aus der Verpackung herausheben, und Distanzstücke entfernen. Diese und die Schrauben für ev. Transport aufbewahren.

**Deskriptiv:**

**4.1 Funktionszuordnung der Schalter und Taster**

Schalter

Taster

**4.8 Сигнальные лампочки**

4.8.1 Die Lampen befinden sich auf dem Bedienfeld.

4.8.2 Beim Drehen eines Knopfes leuchtet die entsprechende Lampe.

**ADDED HEAT**

Die Heizelemente sind beim Spülen und Trocknen länger in Betrieb.

**NOTE:** Nicht möglich bei Rinse only.

**Kommissiv:**

12. ГАРАНТИИ ИЗГОТОВИТЕЛЯ

12.1 Das Herstellerwerk garantiert Konformität zu technischen Bedingungen bei Beachtung der Vorschriften für Transport, Lagerung, Montage und Betrieb.

12.2 Garantie für Lagerung - 6 Monate ab Fertigung.

12.3 Während der Garantiezeit ersetzt oder repariert der Hersteller das Gerät, wenn der Kunde Abweichungen von den technischen Bedingungen oder den Passdaten feststellt.

12.4 Garantie für Betrieb – 18 Monate ab Inbetriebnahme.

**Canadian DOC Statement**

This digital device does not exceed the Class B limits for radio noise emissions from digital apparatus specified in the interference-causing equipment standard entitled "Digital Apparatus." ICES-003 of the Department of Communications.

Cet appareil numérique respecte les limites bruits radioélectriques applicables aux appareils numériques de Classe B prescrites dans la norme sur le matériel brouilleur: „Appareils Numériques." NMB-003 édictée par le Ministère des Communications.

This device complies with RSS-210 of Industry and Science Canada.

**Deklarativ:**

**What GE will Not Cover**

Hausbesuche zur Einweisung,
Falsche Installation,
Geräteversagen bei Missbrauch,
Austausch von Sicherungen,
Schäden durch Unfall oder Höhere Gewalt,
Reinigen des Luftspaltes.

**Instruktiv-deskriptiv:**

**7. Lagerung**

Gehäuse und Laufrad sind aus Kunststoff gefertigt. (deskr.)
Maschine nicht extremen Temperaturen aussetzen. (instr.)
Gestell und Grundrahmen sind aus Profilstahl gefertigt und lackiert. (deskr.)
Maschine in einem abschließbaren, temperierten Raum lagern. (instr.)

**6.6 Прослушивание звукового сопровождения телевизионных передач на головные телефоны и запись на магнитную ленту**

Der Fernsehton kann mit Kopfhörern mitgehört werden (deskr.), Stecker in die Buchse einstecken (instr.). Der Lautsprecher wird dann abgeschaltet. (deskr.)
Zur Aufzeichnung des Fernsehtons Tonbandkabel in Buchse einstecken. (instr.)
Die Lautstärke wird am Tonband eingestellt. (instr.) Der Regler am TV hat darauf keinen Einfluss. (deskr.)

**Using the Dishwasher Door**

Tür schließen, um Programm oder Zusatzfunktion zu wählen. (instr.)
Wird die Tür während des Programms geöffnet, gibt der Geschirrspüler jede Minute akustisch Alarm, bis sie geschlossen wird. (deskr.)

**Sonstige Misch-TT:**

*Instruktiv-deklarativ*

**1. Einleitung**

Diese Betriebsanleitung ist von allen zu lesen und zu beachten, die für die Maschine verantwortlich sind. (instr.)
Sorgfältig lesen, um Fehler zu vermeiden (instr.), der Hersteller haftet nicht für Schäden durch Nichtbeachtung der Anleitung (dekl.).
Technische Änderungen sind vorbehalten. (dekl.)

*Instruktiv-kommissiv-deklarativ*

ГАРАНТИЯ 1 ГОД

Bei Beachtung der Vorschriften Garantie für 1 Jahr einwandfreien Betriebs. (komm.)
Bei Reklamationen Gerätepass und Bestätigung des Verkäufers vorlegen. (instr.)
Für Schäden, die der Handel oder der Verbraucher selbst verursacht hat, haftet das Werk nicht. Sie werden nicht kostenlos behoben. (dekl.)

*Instruktiv-deskriptiv-deklarativ*

**CAUTION**

Zum sicheren Betrieb Anleitungen für Füllzylinder oder Waage einsehen. (instr.)
Fahrlässiger Betrieb birgt Gefahren durch Überfüllen von Füllzylinder oder -tank. (Begründung – deskr.)
Den zulässigen Druck nicht überschreiten. (instr.)
Flüssigkeitsniveau im Füllzylinder bzw. Gewicht des Hilfstanks während des Befüllens sorgfältig überwachen. (instr.)
Überfüllte Zylinder schädigen den Kompressor bei Differenzdruck. (Begründung – deskr.)
Die Garantie erlischt. (dekl.)

„Sonstige" Misch-TT, die auch expressive Sprechhandlungen enthalten können, sind selten. Folglich setzen sich die Korpustexte überwiegend aus instruktiven, deskriptiven und instruktiv-deskriptiven Misch-TT zusammen und sind selbst im Wesentlichen instruktiv-deskriptive Mischtexte (vgl. Abb. 2.33). Das dürfte für diese Textsorten auch in anderen Mikro- und Makrokulturen gelten, weil „Handlungen räumlich situiert und die involvierten Objekte eingeführt werden [müssen]" (BALLSTAEDT 1999: 110). Damit der Rezipient die Maschine/das Gerät zuerst kennen lernen kann, geht den Anleitungsschritten in irgendeiner Form – nicht unbedingt in separaten TT – eine Beschreibung von Aufbau/Funktionsweise voraus.

**Analyseergebnisse:**

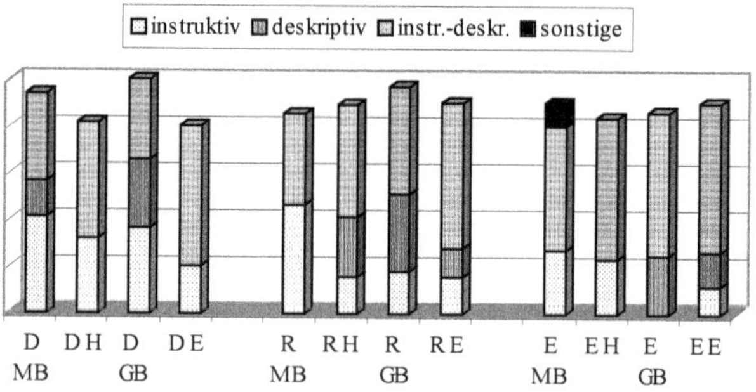


**Abb. 2.33: TT-Typenverteilung in den Korpora – Präferenzen**

Interkulturell gemeinsam ist den Anleitungen ein hoher Anteil an instruktiv-deskriptiven Misch-TT, rein instruktive oder deskriptive TT können dagegen so selten sein, dass sie nicht zu den Präferenzen gehören. Deutsche Anleitungen enthalten fachintern mehr deskriptive TT, fachextern findet die Deskription primär in entsprechenden Misch-TT statt. Misch-TT dieser Art sind auch in russischen Texten fachextern besonders zahlreich, in den englischen Korpora liegt ihr Anteil, unabhängig von Mikrokultur und Adressatenbezug, auf vergleichbar hohem Niveau.

Zu den englischen Korpora ist zusätzlich festzustellen, dass instruktive TT vorzugsweise in Anleitungen (MB/H) zu finden sind. Hier ist die Deskription überwiegend in die Misch-TT integriert. Demgegenüber enthalten Anleitungen (GB/E) größere Anteile deskriptiver TT, d.h. hier konzentrieren sich die Instruktionen auf die Misch-TT. Das Korpus (R E) zeigt deutliche Parallelen zum Korpus (E E): nicht nur beim Anteil von Misch-TT, sondern in seiner gesamten Textkomposition.

## 2.8.3 Komposition instruktiver TT

Die von BAUMANN (s.o.) erwähnte Relation „Aufgabenstellung – Aufgabenlösung" ist das überragende Kompositionsprinzip instruktiver TT. Darauf bezieht sich auch BALLSTAEDT (1999: 111):

Die Gestaltung anleitender Textteile sollte von handlungstheoretischen Überlegungen ausgehen (...). Handlungen sind hierarchisch organisiert. Ein übergeordnetes Ziel bzw. ein Endzustand wird durch eine Abfolge von Teilhandlungen angestrebt, die jeweils Zwischenziele realisieren.

Die Aufgabenstellung wird in der Regel durch die übergeordnete TT-Deklaration genannt. Die Komplexität mancher Aufgaben macht eine Gliederung des Lösungsweges in einzelne Schritte notwendig, die im TT bzw. in den Deklarationen subordinierter TT spezifiziert werden. Die Arbeitsschritte können durchaus chronologisch determiniert sein (z.B. Montage: von innen nach außen/unten nach oben bzw. Demontage in umgekehrter Reihenfolge). In diesem Fall muss ihre Sequenzierung prozessual, d.h. am praktisch vorgegebenen Arbeitsablauf, orientiert sein, wie auch von PICHLER (1994: 35) empfohlen: „Schreiben Sie die Anleitungsschritte in der Reihenfolge der erforderlichen Handlungsschritte".

Prinzip: „Prozessual"

**Waschmittelschublade reinigen**

Arbeitsschritte 1.-6.

**7.4 Общий порядок включения и обнуления робота**

7.4.1 Schalter Q1, Q2 und Q3 am Schaltschrank einschalten.

7.4.2 Den Betriebsartenwähler am Pult auf „0" stellen.

(...)

7.4.18 Nach dem Einrichten Roboter 8 h bei Automatikbetrieb im Leerlauf testen.

**Removing bottom plate**

Sauger vom Netz trennen.
Griff tief stellen, und Sauger umdrehen.
4 Schrauben entfernen.
Bodenplatte abnehmen.

Bei einer anderen Variante instruktiver TT lässt sich die Deklaration ebenfalls als „Aufgabenstellung" interpretieren, und die Instruktionen zielen in gleicher Weise auf die „Aufgabenlösung". Jedoch sind die Instruktionen nicht als Abfolge von Arbeitsschritten zu verstehen, sondern als allgemeine Informationen zu Teilaufgaben bzw. zur Art und Weise, wie die Aufgabe zu lösen ist. Dieses Kompositionsprinzip wird „Allgemeines" genannt, z.B.:

Prinzip: „Allgemeines"

**Allgemeine Sicherheit**

Reparaturen nur von Fachleuten ausführen lassen.
Falls das Gerät beschädigt ist, nicht in Betrieb nehmen.
Anschlussleitung vom Kundendienst austauschen lassen.
Kabel nur am Stecker ziehen.
Keine Umbauten oder Veränderungen vornehmen.
Geschlossen halten außer beim Ein- und Ausräumen.
Spitze Messer in den Oberkorb legen oder mit der Spitze nach unten in den Besteckkorb stellen.

**9. ПРАВИЛА ХРАНЕНИЯ И ТРАНСПОРТИРОВАНИЯ**

9.1 In geschlossenen Räumen lagern, Luftfeuchte max. 80%.

9.2 Senkrecht transportieren, auf dem Fahrzeug gut befestigen.

9.3 Beim Auf- und Abladen vor Schlag schützen und um max. 30° kippen.

**Electric Safety**

1. Motoren von einem qualifizierten Elektriker anschließen lassen, und Bundes-, Staats- und Ortsnormen beachten.
2. Elektromotoren müssen geerdet werden.
3. Zum Schutz des Motors Magnetstarter verwenden.
4. Für den Motor ist eine manuelle Rückstelltaste erforderlich.
5. Vor dem Reset vom Netz trennen.
6. Einen Hauptschalter vorsehen, der auf AUS verriegelt werden kann. Auf AUS verriegeln, wenn am Becherwerk gearbeitet wird oder es unbeaufsichtigt bleibt.
7. Vor dem Reset nach Überlast ausschalten.

Die Prinzipien „Prozessual" und „Allgemeines" können auch kombiniert auftreten, z.B.:

Prinzipien: „Prozessual" – „Allgemeines" (Reihenfolge beliebig)

**9.2 Herausnehmbare Einschubroste**

Herausnehmen zur gründlichen Reinigung, ggf. in der Spülmaschine.

**Einschubroste herausnehmen**

Arbeitsschritte.

**Einschubroste einbauen**

Arbeitsschritte.

**6. НАЛАДКА СТАНКОВ**

Werkzeugmaschinen gemäß Anleitung einrichten, Funktion prüfen bei Automatikbetrieb, dann unter Last, Programm für Kundenmuster erstellen. Unter Last darf weder Vibration noch Überlastung auftreten.

Die Werkzeugmaschinen müssen bei jeder Betriebsart einwandfrei arbeiten.

**Removing bag door**

Klappenverschluss nach vorn ziehen und Klappe abnehmen.

Beutelkragen fassen und vom Rohr abziehen.

**Note:** Alte Beutel nicht reinigen und nicht wieder verwenden, sondern entsorgen.

Manchmal gilt eine Anleitung für mehrere Ausführungsvarianten, die zur Erfüllung einer Aufgabe abweichende Arbeitsschritte erfordern. Die Instruktionen für die verschiedenen Varianten stellen aus der Sicht des Rezipienten keine Teil-, sondern Alternativaufgaben dar, von denen für ihn zumeist nur eine relevant sein dürfte. Auch Alternativen können in einer Reihung geordnet werden, z.B.:

Prinzipien: „Prozessual" – „Allgemeines"
„Alternativen degressiv nach Merkmal" (hier: Ausstattung)

**5.4.2 Stromwandleranschluß**

Relais mit Erdschlussstufe gemäß Bild 23a anschließen.

Relais ohne Erdschlussstufe gemäß Bild 23b anschließen.

Stromwandler müssen unbedingt gleich angeschlossen werden.

Analoges gilt beim ersten der von BAUMANN (s.o.) genannten Kompositionsprinzipien „Allgemeines – Besonderes", das gem. Abb. 2.34 nicht zu den Präferenzen gehört. Ausdruck dieses Prinzips können in instruktiven TT Instruktionen für „Normal-" bzw. „Sonderfall" sein (auch „Standard-/Sonderausführung"), z.B.:

Prinzipien: „Prozessual" – „Allgemeines – Besonderes"

**5.2 Umbau der Förderrichtung**

Arbeitsschritte

Für Ausführung WAU Druckausgleichventil vorsehen.

**Исправление ослабленной заделки лопаток**

1. Lose Schaufeln mit Stahlstiften befestigen.
2. Sind außerdem Metallstücke von der Gusseisenmembran abgeplatzt, wie folgt verfahren: Arbeitsschritte.
3. Schaufeloberteil mit Draht an der Nachbarschaufel befestigen. Dazu beide Schaufeln anbohren.
4. Bei Stahlmembranen Schaufeln festschweißen.

**Gauge Head**

Der Kopf sollte auf einem Ständer oder anderweitig auf dem Pfad des Messgutes montiert werden. Das Produkt muss innerhalb des Messtores liegen.

Mit zwei Leitungen, für Signale und Netzspannung, von hinten an die Anzeigeeinheit anschließen. Maximale Distanz zwischen Anzeigeeinheit und Kopf 400 m.

Eignung des Kopfes für Durchmesserbereich prüfen

**NOTE** An einem Kunststoffextruderstrang Kopf wie folgt montieren:
Arbeitsschritte.

## Analyseergebnisse:

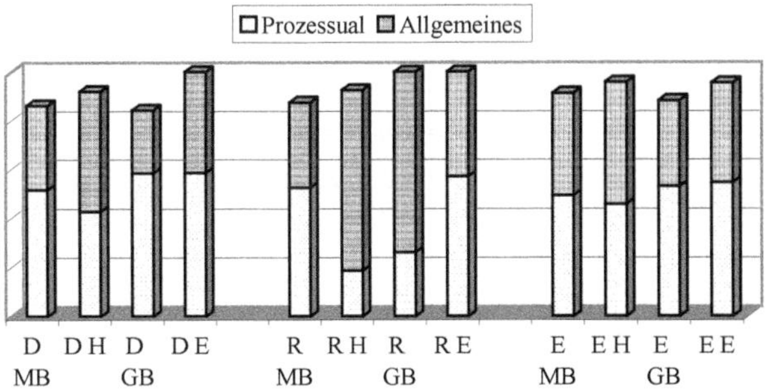


**Abb. 2.34: Komposition instruktiver TT – Präferenzen**

Die instruktiven TT folgen primär den Prinzipien „Prozessual" und „Allgemeines". Im interkulturellen Vergleich enthalten instruktive TT in Anleitungen des Maschinenbaus fachintern mehr prozessuale Instruktionen als fachextern. In den deutschen und englischen Korpora (GB/E) korreliert der Adressatenbezug nicht mit einer Anteilsverschiebung, dagegen zeigen russische Anleitungen hier fachextern mehr prozessuale Instruktionen als fachintern, Parallelen zwischen den Korpora (R E/E E) sind offensichtlich.

### 2.8.4 Komposition deskriptiver TT

Zur Komposition deskriptiver TT in Anleitungen sind verschiedene Prinzipien[78] vorstellbar: der Textproduzent hat z.B. die Beschreibung von Ausrüstungs- und Zubehörteilen bzw. Ausführungs- oder Funktionsvarianten zu ordnen. Es scheint jedoch keines zu geben, das in seiner Extension dem Prinzip „Aufgabenstellung – Aufga-

[78] Zu deskriptiven TT wird neben dem Kompositionsprinzip auch das Thema erfasst (ggf. eine Kombination von Themen).

benlösung“ in instruktiven TT gleichkäme. Zur Strukturierung einer Konstruktions- oder Funktionsbeschreibung eignet sich u.a. das Prinzip „Ganzes – Teile“, z.B.:

Prinzip: „Ganzes – Teile“/Thema: Funktion

**3.2 Grundsätzliches zu Oberflächentemperaturen an Herden**

Eine Wärmeabgabe des Herdes an die Umgebung ist unvermeidbar.
Die Front erwärmt sich.
Rezepte verlangen meist Temperaturen unter 200°C, 250°C sind selten, dabei erwärmen sich Türgriff und Kochmulde.
Beim Kochen erwärmt sich die Kochmulde.

Prinzip: „Ganzes – Teile“
Themen: Funktion – Konstruktion – Zusatzinformation

**5. УСТРОЙСТВО ПЫЛЕСОСА**

Nach dem Einschalten saugt der Lüfter Luft und Staub in den Staubsammler. Beim Durchströmen der Filter wird die Luft gereinigt, sie kühlt den Motor und tritt aus dem Oberteil aus.
Komponenten des Staubsaugers gemäß Abb. 1.
Im Oberteil befinden sich der Lüfter, die Kabelaufrollvorrichtung und die Füllstandsanzeige.
Das Unterteil, der Staubsammler, hat eine Öffnung für den Schlauch und 4 Räder.
Komponenten des Filters.
Ist der Staubsammler voll, leuchtet die Lampe.
Symbole für die Bedienteile sind im Anhang angegeben.

Sind mehrere Teile eines Ganzen im Detail zu beschreiben, kann zur Ordnung der Teile ein weiteres Prinzip eingesetzt werden, das mit dem korreliert, was DIETRICH (s.o.) „Wichtigkeit für das Thema“ nennt. Dieses Prinzip wird hier als „progressive bzw. degressive Reihung nach Merkmal“ bezeichnet. Ob eine solche Reihung progressiv oder degressiv zu nennen ist, hängt zumeist von der Formulierung des Merkmals ab. Bei der Ordnung von Teilen ist die Reihung in der Regel degressiv: sie beginnt mit dem „wichtigsten“ Teil und endet mit dem „unwichtigsten“, z.B.:

Prinzipien: „Ganzes – Teile“/„Teile degressiv nach Merkmal“
Thema: Konstruktion

**1. БАРАБАН МЕЛЬНИЦЫ**

Die Trommel ist das Herzstück der Maschine. Sie besteht aus Stahlblech und hat ein Mannloch.
Die Stirnwände aus Stahlblech sind mit Hohlzapfen versehen, in denen Schnecken angeordnet sind, um den Eintrag zu beschleunigen.
Das Innenfutter besteht aus Futterplatten, zwischen Platten und Trommelwand liegt eine Schicht Asbest.
Die Schalldämmung erfolgt durch Faserdichtungen.

In einer vergleichbaren Reihung können ebenfalls Alternativen gefunden werden. Auch hier bestimmt das gewählte Merkmal, ob die Reihung als progressiv oder degressiv anzusehen ist. Das folgende Beispiel lässt beide Interpretationen zu:

Prinzip „Alternativen progressiv/degressiv nach Merkmal“/Thema: Funktion

**(6) Auto Defrost**

Es gibt zwei Möglichkeiten: Schnell – oder Normalauftauen.
**DEFROST**
Gründliches Auftauen.
**QUICK DEFROST**
Beschleunigtes Auftauen.

Unter dem Aspekt der Auftaugeschwindigkeit ergeben die Alternativen eine progressive Reihung. Steht dagegen die Qualität des Auftauens (z.B. im Hinblick auf eine schonende Behandlung des Lebensmittels) im Vordergrund, liegt eine degressive Reihung (schonend/gründlich – weniger schonend/gründlich) vor.

Das Kompositionsprinzip „Allgemeines – Besonderes“, das gem. Abb. 2.35 nicht zu den Präferenzen gehört, zeigt sich in deskriptiven TT primär in der Variante „Standardausführung – Sonderausführung“, z.B.:

Prinzip: „Allgemeines – Besonderes“/Themen: Konstruktion – Funktion

4 Aufbau

Für alle Ausführungen wird ein Relaisgehäuse für Aufbau geliefert (Einbaugehäuse Sonderausführung). Aus Stahlblech mit Frontscheibe, plombierbar zur Vermeidung unbefugter Eingriffe.
Die Bauteile befinden sich auf Leiterplatten. Nur LP 1 ist nicht steckbar. Auch die Messwandler sind fest, die Bestückung hängt von Relaisausführung ab,
Ansprechwert und Verzögerungszeit können mit Poti eingestellt werden. Quittierung erfolgt über Rückstelltaster.
Sonderausführung mit digitaler Laufzeitanzeige. LP 5 enthält dann eine Zeitmessschaltung, LP 6 hat Kondensatoren für die Anzeigespannung. Beide sind nicht steckbar. Die Montage ist nur beim Hersteller möglich.
Das Ausgangsrelais ist steckbar, es kann ausgetauscht werden.

Prinzip: „Allgemeines – Besonderes“
Themen: Verwendungszweck – Konstruktion

INTRODUCTION

Zur Messung und Anzeige des Durchmessers extrudierter Teile.
Komponenten: Anzeigeeinheit, Messkopf.
Zusätzlich eine verstellbare Halterung zur Montage des Kopfes.
Z.B. an Vulkanisierstraßen kann der Kopf mit einer speziellen Konsole auch geteilt eingesetzt werden.

Weitere Themen in deskriptiven TT sind neben dem Verwendungszweck eines Ganzen oder Teils auch Zusatzinformationen anderen Inhalts, z.B.:

Themen: Funktion – Zusatzinformation

**Differential Pressure Switch (DPS)**

Das Abblasen nicht-kondensierbarer Gase (Luft) erfolgt mit dem DPS. Ein Kältemittel-Luft-Gemisch hat einen höheren Druck als reines Kältemittel. Der Druck in einer dichten Röhre mit Kältemittel wird bei gleicher Temperatur mit dem Gemisch am Außenzylinder verglichen.
Erreicht die Luftkonzentration im Innenzylinder den Sollwert, aktiviert der DPS das Magnetventil S8. Die Luft wird langsam abgelassen, bis die Drücke wieder gleich sind.

Das Prinzip „Störung: Wirkung – Ursachen – Behebung“ führt zur Konstitution eines instruktiv-deskriptiven TT. Um die Konstituente „Behebung“ verkürzt (und als „Thema“ klassifiziert), kommt es vor allem im Korpus (D H) vor, z.B.:

Thema: Störung: Wirkung – Ursachen

**Das Geschirr wird nicht trocken und bleibt ohne Glanz**

- Es wurde kein Marken-Klarspüler verwendet. [Abhilfe: Marken-Klarspüler verwenden.]
- Vorratsbehälter für den Klarspüler ist leer. [Abhilfe: Vorratsbehälter auffüllen.]

Die Möglichkeiten zur Behebung werden zwar nicht genannt. Wie die Parenthesen zeigen, sind diese jedoch durch Inferenz aus den Ursachen zu erschließen.

**Analyseergebnisse:**

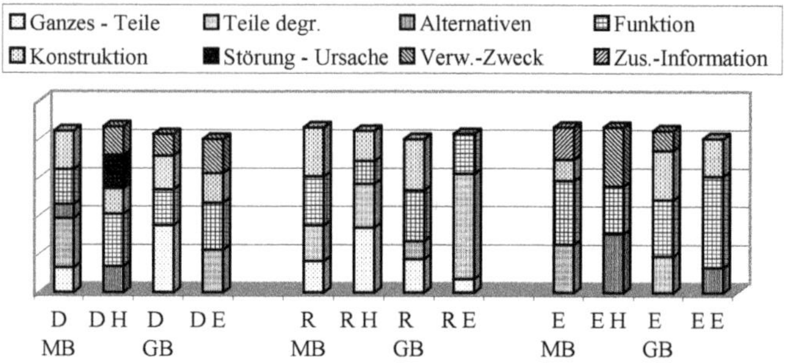


**Abb. 2.35: Komposition deskriptiver TT – Präferenzen**

Während gemäß Abb. 2.35 in deutschen Anleitungen (MB) alle drei Prinzipien gefunden werden können, wird in den übrigen deutschen Korpora nur nach jeweils einem Prinzip geordnet. Russische Anleitungen zeigen hier zwei deutliche Präferenzen: „Ganzes – Teile“ und die degressive Reihung von Teilen. Fachintern dienen diese beiden Prinzipien zur Ordnung der Beschreibungen von Maschinen-/Gerätefunktion und -konstruktion. Nach ihrer Frequenz zu urteilen, wird fachextern auch die Behandlung anderer Themen auf diese Weise geordnet. In den englischen Korpora korrelieren zwei Prinzipien mit dem Adressatenbezug: der Strukturierung deskriptiver TT dient fachintern die degressive Reihung von Teilen, fachextern die von Alternativen.

Das interkulturell wichtigste Thema in Anleitungen ist die Maschinen-/Gerätefunktion, die in deutschen Texten fachextern und in russischen Texten fachintern besonders ausführlich beschrieben wird. Der Konstruktionsbeschreibung wird dagegen in deutschen Texten fachintern mehr Raum gegeben. Eine Besonderheit des deutschen Korpus (H) ist das Thema „Störung – Ursache“, das, um die Instruktionen zur Behebung verkürzt, hier im Textverlauf behandelt wird. Charakteristisch für das englische Korpus (MB) sind dagegen Zusatzinformationen, die wenig mit der eigentlichen Maschinenbeschreibung zu tun haben.

### 2.8.5 Komposition instruktiv-deskriptiver Misch-TT

Für fachexterne Anleitungen empfiehlt GÖPFERICH (1998: 107), die Gliederung an „Tätigkeiten, also Aufgaben und Ziele[n]“ zu orientieren. Eine solche Verfahrensweise impliziert, dass Beschreibung und Anleitung nicht getrennt, sondern miteinander kombiniert werden. Genauer gesagt: die Beschreibung ist in die Anleitung zu integrieren. Das Ergebnis sind instruktiv-deskriptive Misch-TT, in denen instruktive

Konstituenten, die nach den Prinzipien „Prozessual“ und/oder „Allgemeines“ strukturiert sind, mit den Themen deskriptiver TT verbunden werden. Die im Folgenden genannten Themen repräsentieren jeweils die deskriptiven Konstituenten, deren Umfang in den Misch-TT variiert. Beispielsweise kann die Begründung zu einer Instruktion die einzig deskriptive Konstituente eines instruktiven TT sein, z.B.:

Prinzip: „Prozessual“/Thema: Begründung zu Direktivum

**After every 10 hours of operation**

Kondensator reinigen.

Beide Seitenteile abnehmen, und Druckluft durch die Spule blasen. Ist die Spule stark verschmutzt, eine weiche Bürste nehmen.

Die Lamellen nicht verbiegen. Der Luftstrom wird behindert und die Maschine beschädigt (Begründung). Beide Seitenteile vor dem Einschalten wieder aufsetzen.

Prinzip: „Allgemeines“/Thema: Begründung zu Direktivum

**6.1 Порядок установки**

Sicherheitsvorschriften gem. 4.1 beachten.

Optimale Entfernung 2-2,5 m vom Bildschirm. Bildmitte 0,7-1,2 m über Fußboden.

Im dunkelsten Teil des Raumes aufstellen, damit kein Licht auf den Bildschirm fällt (Begründung).

Nicht in völliger Dunkelheit fernsehen, das ermüdet die Augen (Begründung).

In instruktive TT können Angaben zum Thema „Konstruktion“ eingeschoben sein, z.B. die Beschreibung eines Teils oder ein Hinweis auf konstruktive Besonderheiten:

Prinzip: „Prozessual“/Thema: Konstruktion

**8 Reinigen der Pumpe**

Arbeitsschritte zur Demontage der Komponenten, u.a. des Stators.

  Komponenten des Statorpaketes. (deskr.)

Arbeitsschritte zur Reinigung.

Remontage in umgekehrter Reihenfolge.

Dichtheit und Hochlauf prüfen.

Prinzip: „Allgemeines“/Thema: Konstruktion

**Б. Общие указания по монтажу вагоноопрокидывателя**

Vor Montagebeginn Vollständigkeit der Lieferung gemäß Lieferpapieren prüfen.

Sichtprüfung auf mechanische Schäden, Zustand der Schweißnähte kontrollieren. Besonders genau die Markierungen auf den Teilen überprüfen.

Bei der Sichtprüfung der gelieferten Antriebe sind auszuführen:

  Aufzählung der Arbeiten.

Die Montage genau nach Arbeitsplan ausführen.

Es gibt zwei Ausführungen: geschlossen und offen. (deskr.)

Notwendige Montageausrüstungen sind im Arbeitsplan anzugeben.

Zum Thema „Funktion“ finden sich in instruktiven TT u.a. Informationen zu den Reaktionen der Maschine/des Gerätes auf die Ausführung von Instruktionen.[79]

Prinzip: „Prozessual“/Thema: Funktion

**Spülprogramm starten**

1. Einordnung prüfen.

2.-4. Arbeitsschritte

[79] Diese Art von Misch-TT dürfte der Grund dafür sein, dass GÖPFERICH (1995: 128) Anleitungen zu den „Mensch/Technik-interaktionsorientierten Texten“ rechnet.

5. Programmwähler einstellen.
Spülprogramm läuft. (deskr.)
Falls das Wasser abgesperrt war, aufdrehen und neu starten.

**Работа часов в качестве будильника**

Taste B drücken, damit das Wecksignal eingestellt werden kann.
Arbeitsschritte
Bei Erreichen der eingestellten Zeit ertönt das Signal 1 min lang. (deskr.)
Zum Abstellen Taste 1 drücken.
**ПОМНИТЕ!** Mit Drücken der Taste ist das Signal abgeschaltet, der obere Punkt erlischt. (deskr.)

**8. CHECK IGNITION – OVEN**

Arbeitsschritte (a)-(d)
Note: Die Markierung S ersetzt die niedrige Einstellung, dabei wird die Ofentemperatur für langsames Garen thermostatisch geregelt. (deskr.)

Auch die übrigen Themen deskriptiver TT können in Misch-TT dieser Art gefunden werden: der Verwendungszweck dessen, was der Rezipient bedienen/benutzen soll, und der Zustand der Maschine/des Gerätes (insbesondere bei Auslieferung), z.B.:

Prinzipien: „Allgemeines" – „Prozessual"/Thema: Verwendungszweck

**Klarspüler einfüllen**

Der Klarspüler sorgt für fleckenfreies Geschirr und klare Gläser. (deskr.)
Nur Markenklarspüler verwenden.
**Füllen Sie Klarspüler ein**
Arbeitsschritte.

Prinzip: „Allgemeines"/Thema: Verwendungszweck

**ЩЕТКА ПОЛОВАЯ**

Zur Reinigung von Böden und Teppichen. (deskr.)
Beim Saugen über die Fläche heranziehen.

Prinzip: „Allgemeines"/Thema: Zustand

**1. Transport und Lagerung**

Teile werden wie folgt angeliefert: (deskr.)
Aufzählung
Verwindungsfrei halten, vor Ausbeulung schützen.

**ХРАНЕНИЕ И ТРАНСПОРТИРОВАНИЕ**

Im trockenen Raum lagern bei 5-35°C und bis zu 80% rF.
Raumluft darf keine aggressiven Dämpfe und Gase enthalten.
Verpackung schützt das Gerät bei jeglichem Transport über beliebige Entfernungen und bei beliebiger Geschwindigkeit. (deskr.)

ALIGNMENT

Gerät wurde im Werk konfiguriert und vorjustiert. (deskr.)
Nur geringfügiges Justieren ist notwendig.

Unter dem Thema „Zusatzinformation" werden deskriptive Konstituenten anderen Inhalts subsumiert, z.B.:

Prinzip: „Prozessual"/Thema: Zusatzinformation

**Spülprogramm wechseln**

1 . Programmwähler auf 0 stellen.
Beim Öffnen kann heißer Dampf austreten. **Verbrühungsgefahr!** (deskr.)
2. – 5. Arbeitsschritte.

**V. УСТАНОВКА НОВОЙ ДИАФРАГМЫ**

1. Nach Prüfung Membran einsetzen.
2. Spalte zwecks freier Ausdehnung der Membran ggf. vergrößern.
3. Unterteil zentrieren, wie beschrieben. Anschließend Spalte und Lage der Kanäle prüfen.
4. Nach der Rotorprüfung Zentrierung der Membran beenden. Messergebnisse berücksichtigen. Damit ist der Membranaustausch abgeschlossen. (deskr.)

Prinzip: „Allgemeines"/Thema: Zusatzinformation

**CAUTION:**

Fördergut kann brennen oder explodieren. Es kann Lunge, Atemwege, Augen oder Haut reizen. Die IARC hat z.B. Holzstaub als Erreger von Nasenkrebs erkannt. Es gibt weitere. (deskr.) Suchen Sie zu fragwürdigen Stoffen im Datenblatt nach Erste-Hilfe-Maßnahmen.
Staub abwischen oder wegsaugen. Holzstaub nicht über längere Zeit einatmen.
Augen und Haut vor Holzstaub oder anderen Gefahrenstoffen schützen.

Misch-TT, deren deskriptive bzw. instruktive Konstituenten getrennt gehalten werden, sind Rezepte mit einer degressiven Reihung der Zutaten und einer anschließenden „prozessualen" Anleitung zur Zubereitung:

Prinzipien: „Prozessual" – „Teile degressiv nach Merkmal"

**Клубничный коктейль**

Zutaten (deskr.)[80]
Arbeitsschritte Zubereitung.

Ein für TT zur Störungssuche exklusives Prinzip ergibt die Kombination aus der Beschreibung von Wirkung/Ursache(n) und Instruktionen zur Behebung:

Prinzip: „Störung: Wirkung – Ursachen – Behebung"

**8.4 Anormale Laufgeräusche**

8.4.1 Verschmutzung des Kolbens
Abhilfe (instr.)
8.4.2 Lager- oder Getriebeschaden
8.4.3 Anlaufen der Kolben am Gehäuse
In den Fällen von 8.4.2 und 8.4.3 Kundendienst benachrichtigen. (instr.)

**Analyseergebnisse:**

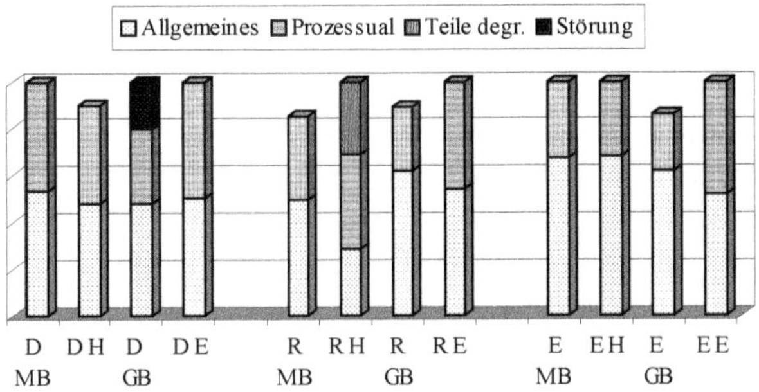


**Abb. 2.36: Prinzipien in instruktiv-deskriptiven Misch-TT – Präferenzen**

---

[80] Mit gleicher Berechtigung könnte man annehmen, dass der Reihung der Zutaten die (implizite) Instruktion „Man nehme ..." vorausgeht. Dann wären Rezepte rein instruktive TT.

Interkulturell gemeinsam ist instruktiv-deskriptiven TT die Präsenz prozessualer und allgemeiner Instruktionen, fachextern ist der Anteil prozessualer Instruktionen eher höher. Während fachinterne und fachexterne deutsche Anleitungen, wie auch die englischen Korpora (MB/H), beim Anteil allgemeiner Instruktionen kaum Abweichungen zeigen, ist dieser Anteil in den Misch-TT der russischen Texte und der englischen Korpora (GB/E) fachintern höher. Typisch für russische Anleitungen (H) ist als drittes Ordnungsprinzip die degressive Reihung von Teilen. Das Korpus (D GB) zeigt eine im Übrigen unerreichte Frequenz des Prinzips „Störung: Wirkung – Ursachen – Behebung".

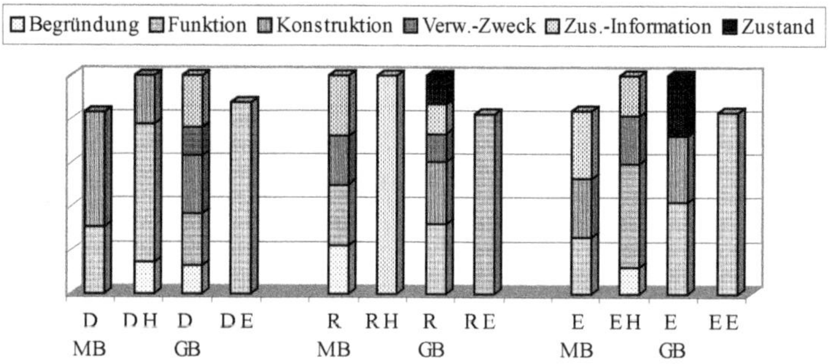


**Abb. 2.37: Themen in instruktiv-deskriptiven Misch-TT – Präferenzen**

Das überragende Thema in Misch-TT fachexterner Texte ist die Gerätefunktion. In Anleitungen (E) findet sich hier, unabhängig von der Makrokultur, kaum eine Alternative. Demgegenüber werden Konstruktion und Funktion fachintern ähnlich ausführlich behandelt. Eine mikrokulturelle Besonderheit sind Zusatzinformationen anderer Art, vor allem in den russischen und englischen Korpora (MB/H). In Misch-TT der Korpora (R/E GB) geht es außerdem um den Zustand (bei Anlieferung).

### 2.8.6 Komposition „sonstiger" Misch-TT

Die „sonstigen" Misch-TT enthalten instruktive, deskriptive, kommissive, deklarative und expressive Sprechhandlungen in den unterschiedlichsten Kombinationen. Sie setzen sich überwiegend aus zwei oder drei (selten aus vier) solcher Sprechhandlungstypen („Konstituenten" genannt) zusammen.

Typische Themen kommissiver Konstituenten sind Garantie- und andere Zusagen, in deklarativen Konstituenten wird u.a. ein Garantieausschluss erklärt. Der TT „Garantie" sollte daher ein kommissiv-deklarativer Misch-TT sein, z.B.:

Konstituenten: kommissiv – deklarativ

**ГАРАНТИЯ 1 ГОД**

Bei Beachtung der Vorschriften wird Garantie für 1 Jahr einwandfreien Betriebs gewährt. (komm.)

Reklamationen werden nur bei Vorlage von Gerätepass und Bestätigung des Verkäufers akzeptiert. (dekl.)
Für Schäden, die der Handel oder der Verbraucher selbst verursacht hat, haftet das Werk nicht. Sie werden nicht kostenlos behoben. (dekl.)

Tatsächlich enthalten jedoch selbst diese TT häufig zusätzliche Instruktionen, z.B.:

Konstituenten: instruktiv – kommissiv – deklarativ

**Garantie**

1 Jahr ab Kaufdatum (komm.)
Unentgeltliche Beseitigung von Material- oder Herstellungsfehlern. (komm.)
Garantieausschluss für unsachgemäßen Betrieb, unautorisierte Eingriffe, Verwendung von Teilen, die nicht Original-Ersatzteile sind. (dekl.)
Garantiekarte mit Stempel und Unterschrift des Händlers ist vorzulegen.
Gerät einsenden, Anschriften erfragen. (instr.) Die Braun Infoline beantwortet auch andere Fragen. (komm.)

Kommissive Konstituenten können auch andere Zusagen des Herstellers enthalten, die die Konformität seines Produktes zu relevanten Normen und Vorschriften betreffen oder dem Kunden sonstige Leistungen in Aussicht stellen, z.B.:

Konstituenten: instruktiv – kommissiv

**Maintenance**

**Re-certification**

Damit die Messungen zuverlässig bleiben, Gerät alle 12 Monate zur Neu-Zertifizierung an TSI einschicken. (instr.) Das Gerät wird neu kalibriert und mit einem Zertifikat gemäß NIST zurückgesandt. (komm.)

**Storage**

Zur Lagerung die Enden des Gerätes mit Deckeln versehen, damit Staub oder Fremdkörper nicht eindringen können.

Konstituenten: deskriptiv – kommissiv

4. КОМПЛЕКТ ПОСТАВКИ

4.1 Zum Lieferumfang des Analysators gehören:
Aufzählung 1.-5.

4.2 Die mit dem Analysator gelieferten Hilfseinrichtungen sind in Tabelle 5 aufgelistet.
Das Werk montiert die Hilfseinrichtungen aufgrund eines ausgefüllten Fragebogens und liefert sie gegen Aufpreis gemäß technischen Daten. (komm.)

Deklarationen zum Haftungsausschluss sind – außerhalb der eigentlichen Garantiebedingungen – insbesondere dort zu finden, wo einer Instruktion Nachdruck verliehen werden soll. Im Vergleich zum jeweiligen TT-Titel stellen sie daher grundsätzlich themenfremde Äußerungen dar, z.B.:

Konstituenten: instruktiv – deskriptiv – deklarativ

*1. ОБЩИЕ УКАЗАНИЯ*

1.1 Verwendungszweck: Waschen und Schleudern im Bad. (deskr.)
1.2 Beim Kauf Probelauf machen lassen. Talons auf Stempel und Unterschrift prüfen.
1.3 Nach dem Verkauf werden Reklamationen wegen Unvollständigkeit nicht mehr akzeptiert. (dekl.)
1.4 Vor Inbetriebnahme Anleitung lesen.
1.5 Vor dem Einschalten zunächst auf Zimmertemperatur bringen.

Allgemeine Sicherheitshinweise sollen Schadensrisiken ausschließen, die sich beim Umgang mit der Maschine/dem Gerät ergeben könnten. Dennoch lassen sich Textproduzenten auch hier dazu verleiten, ihren Instruktionen zusätzliche Deklarationen zum Haftungsausschluss beizugeben, z.B.:

Konstituenten: instruktiv – deskriptiv – kommissiv – deklarativ

**1. Grundlegende Sicherheitshinweise**

Die Maschine ist gebaut nach dem Stand der Technik (komm.), Personen- oder Sachschaden ist trotzdem möglich. (deskr.)
Technisch einwandfrei und bestimmungsgemäß benutzen. (instr.)
Arbeiten von Fachleuten durchführen lassen, UVV beachten. (instr.)
Arbeiten an der Maschine erst nach Außerbetriebnahme, Einschaltung verhindern. (instr.)
Stutzen mit Gittern schützen. (instr.)
Haftungsausschluss für Schäden durch Nichtbeachtung der Anleitung oder Missbrauch der Maschine. (dekl.)
Schutzmaßnahmen über den spezifizierten Lieferumfang hinaus hat der Betreiber vorzusehen. (instr.)
Personal für den Umgang mit Gefahrenstoffen schulen. (instr.)
Zusätzlich die örtlichen Sicherheitsbestimmungen beachten. (instr.)
Dafür ist der Betreiber verantwortlich. (instr.)
Weitere Informationen erteilt der Kundendienst. (komm.)

In expressiven Konstituenten werden die Gratulation zum Neuerwerb, der Dank für die Produktwahl bzw. andere gute Wünsche an den Kunden geäußert. Expressiva treten nicht isoliert auf, sondern zumeist kombiniert mit instruktiven und/oder deskriptiven Konstituenten. Einerseits dürften sie „den Verbraucher in seiner Kaufentscheidung zu bestätigen suchende Aussagen" darstellen, die nach BEIMEL/MAIER „in der GA nicht nur überflüssig [sind], sondern den Benutzer davon ab[halten], die für ihn wesentlichen Informationen aufzunehmen" (1988: 103). Andererseits sind Expressiva Ausdruck der kontaktiven Funktion (vgl. 2.4.1) und Beispiele dafür, dass im Text „zumindest einige für die direkte Dialogsituation typische Merkmale beibehalten werden" (MÖHN 1991: 207), z.B.:

Konstituenten: instruktiv – expressiv

**Consumer Product Ownership**

Danke für Ihr Vertrauen. (expr.)
Wir sind stolz, dass Sie unser Kunde sind. (expr.)
Schützen Sie Ihre Investition mit den folgenden 3 Schritten:
Aufzählung 1.-3.
Falls Sie mit Ihrem Gerät keine Registrierkarte bekommen haben, verwenden Sie den nachstehenden Vordruck.

Konstituenten: instruktiv – deskriptiv – expressiv

**УВАЖАЕМЫЙ ПОКУПАТЕЛЬ**

Glückwunsch zum Kühlschrank nach dem neuesten Stand der Technik. (expr.)
Die Komponenten sorgen für sparsamen Energieverbrauch. (deskr.)
Gemäß Zertifikat der Russischen Föderation ist das Gerät betriebssicher. (deskr.)
Gemäß Zertifikat des Innenministeriums, Abteilung Brandschutz, ist das Gerät brandsicher. (deskr.)
Anleitung aufmerksam lesen, damit Sie das Gerät optimal nutzen können. (instr.)

**Analyseergebnisse:**

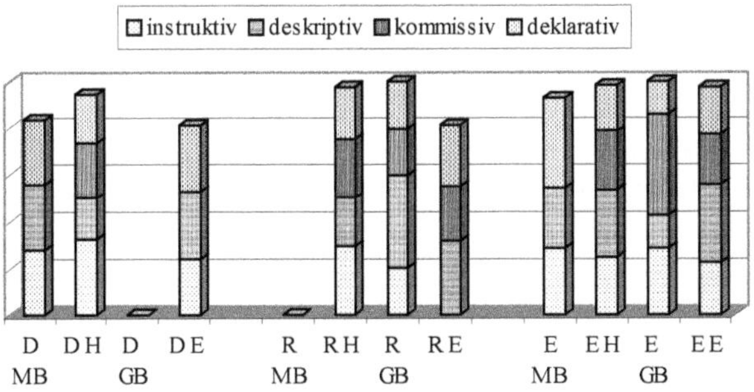


**Abb. 2.38: Konstituenten „sonstiger“ Misch-TT – Präferenzen**

In fachinternen deutschen und russischen Anleitungen können „sonstige“ Misch-TT auch vollständig fehlen. Im deutschen und englischen Korpus (MB) enthalten sie kaum kommissive Konstituenten. Mit Ausnahme der russischen Anleitungen (E), in deren Misch-TT instruktive Konstituenten rar sind, kommen alle Varianten mit variierenden Anteilen vor. Expressive Konstituenten sind generell selten und gehören in keinem Korpus zu den Präferenzen.

## 2.9 Merkmalkomplex: Makrostruktur

Mit einer entsprechenden Strukturierung trägt ein Textproduzent wesentlich zur Verständlichkeit seines Textes bei und erfüllt damit eine der wichtigsten Forderungen, die an die Textproduktion zu stellen sind:

Die inhaltliche Organisation eines Textes hat sich in zahlreichen Untersuchungen als die beherrschende Dimension der Verständlichkeit herausgestellt. Ein Text wird als Struktur von Wissenseinheiten aufgefaßt (BALLSTAEDT 1999: 108).

Die Strukturierung der „Wissenseinheiten“ nach den Bedürfnissen des Rezipienten nennen BALLSTAEDT et al. (1981: 163) „gebrauchsorientierte Sequenzierung“. Entsprechend ist die Strukturierung einer Anleitung als misslungen anzusehen, wenn die „Wissenseinheiten“ nicht so aufeinander folgen, wie der Rezipient sie benötigt, d.h., „wenn die Informationsabfolge nicht dem tatsächlichen Umgang mit dem Gerät entspricht“ (BEIMEL/MAIER 1988: 40).

Tatsächlich ist die Informationsfolge sowohl auf den oberen als auch auf den unteren Textebenen nicht immer „am Gebrauch orientiert“. SCHMITT stellt z.B. an einem Handbuch fest:

daß die Auspack-Instruktionen zu weit hinten im Ablaufplan des Handbuchs angeordnet sind. In dem schon erwähnten Druckerhandbuch stößt man auf diese Informationen erst in Kap. 2, nachdem in Kap. 1 die Anordnung von Druckerteilen beschrieben wurde, die man erst sieht, wenn der Drucker schon ausgepackt ist (1999: 87).

Falls der Rezipient nicht vorher bemerkt, dass das Auspacken erst im 2. Kapitel behandelt wird, hat er den Drucker bereits ausgepackt, ehe er zu den entsprechenden Instruktionen vorstößt. Bei dieser Reihenfolge kann der TT die ihm zugedachte Funktion nicht mehr erfüllen (und könnte ebenso gut entfallen).

Erheblich häufiger sind „lokale" Sequenzstörungen in untergeordneten TT, die durchaus unangenehme Folgen haben können, wie sich den folgenden Beispielen entnehmen lässt:

Auf den sachgemäßen Umgang mit dem Messereinsatz wird im Text an zwei Stellen hingewiesen. (...) Der erste verbale Hinweis steht unvermittelt im Block der Sicherheitshinweise am Anfang. Der zweite Hinweis erfolgt zwar im Zusammenhang der Arbeitsanleitung, aber erst drei Zeilen nach der Anweisung „Messer herausnehmen". Da angenommen werden kann, dass einige Benutzer Schritt für Schritt vorgehen, erfolgt der Hinweis also zu spät (BEIMEL/MAIER 1988: 56).

Magnetventil mit aufgesetztem Potentiometer demontieren. ACHTUNG: Vorher Netzstecker ziehen (HORN-HELF 1999a: 203).

Störungen der Mikrosequenzierung kommen immer wieder vor, werden jedoch hier nicht im Detail untersucht.[81]

### 2.9.1 Sequenzierung deklarierter TT

#### 2.9.1.1 Allgemeines

Zur Makrostruktur gibt HOFFMANN (1988: 163) folgende Definition:

Ein wesentliches Merkmal von Fachtexten ist ihre Makrostruktur. Wir wollen darunter zunächst – in bewusster Vereinfachung gegenüber anderen Autoren – die gedankliche Gliederung des Textes verstehen, die an der Textoberfläche als lineare Abfolge von Teiltexten mehr oder weniger deutlich zum Ausdruck kommt, worauf wohl die Funktionalstilistik mit ihrer Forderung nach ‚logischer Folgerichtigkeit' angespielt hat.

Auch in anderen Definitionen zur Makrostruktur, die nach GLÄSER (1990: 55) „das konventionalisierte Textablaufschema" darstellt, wird die „lineare Abfolge" der TT (nur darum geht es bei der Sequenzanalyse!) betont, z.B.:

Angesichts dieses umfassenden Ansatzes wird die Makrostruktur von Fachtexten als ein linear-sequentiell geordnetes und hierarchisch organisiertes System von Beziehungen zwischen den Teilen und Elementen des Textes bestimmt (BAUMANN 1992: 82).

Unter ‚Makrostruktur' verstehe ich die hierarchische und lineare Gliederung eines Textes in Teiltexte, denen eine aus ihrer sprachlichen Substanz sowie ihrem Kontext abstrahierte Bedeutung zukommt (SCHMIDT 1996: 432).

GÖPFERICH (1998: 102, Abb. 5.3-2) hält in der Makrostruktur fachexterner Bedienungs-/Betriebsanleitungen folgende Sequenzierung für sinnvoll:

---

[81] Für die Translation sollte nach HORN-HELF (1999a: 203) ein genereller „Reparatur"-Auftrag zur Behebung solcher Störungen bestehen (ggf. mit Korrektur des Signalwortes): „VORSICHT: Zuerst Netzstecker ziehen, dann Magnetventil mit aufgesetztem Potentiometer demontieren".

Inhaltsverzeichnis
Sicherheitshinweise/Angaben für den Notfall
Produktbeschreibung (Verwendungszweck, Qualitätsbescheinigung)
Installation/Inbetriebnahme (Auspacken, Aufstellen, Anschließen etc)
Benutzung/Betrieb
Wartung/Pflege/Instandhaltung
Störungsabhilfetabelle.

Auch bei dieser Sequenzierung hat der Rezipient das Produkt u.U. bereits ausgepackt (vgl. SCHMITT zum Druckerhandbuch), ehe ihm die entsprechenden Instruktionen begegnen. Aus diesem Dilemma wäre der Schluss zu ziehen, dass Auspackinstruktionen der Produktbeschreibung und ggf. auch den allgemeinen Sicherheitshinweisen vorausgehen sollten. Im Übrigen ist diese Sequenzierung vernünftig in Bezug auf die Platzierung der Produktbeschreibung (vor dem anleitenden Teil) und auch gebrauchsorientiert in Bezug auf die Abfolge der TT innerhalb des anleitenden Teils. Gerade diese unterliegt sachlogischen Zwängen, die sich aus dem Arbeitsablauf ergeben und deren Missachtung der Funktion eines solchen Textes zuwiderläuft. PICHLER (1994: 35) formuliert die entsprechende Forderung: „Schreiben Sie die Anleitungsschritte in der Reihenfolge der erforderlichen Handlungsschritte“. Folglich muss z.B. die Montage-/Aufstellanleitung der Betriebs-/Bedienungsanleitung generell vorausgehen, während die Wartungs-/Pflegeanleitung nur folgen kann.

Es ist eher unwahrscheinlich, dass diese sachlogisch begründete Sequenzierung im anleitenden Teil ein Merkmal für Kulturdifferenz darstellen kann. Eine andere Frage ist, wie die deskriptiven TT gruppiert bzw. wo Auxiliartexte platziert werden. Zur Produktbeschreibung gehören z.B. Technische Daten, Lieferumfang, Zubehör, Ersatzteile, zu den Auxiliartexten zählen neben dem Inhaltsverzeichnis auch Garantie und Kontaktadressen. Diese TT sind in ihrer Platzierung eher variabel.

#### 2.9.1.2 Analysemodus – Prototypen

SCHMIDT (1996: 432) regt z.B. an, die vom Einzeltext abstrahierte Makrostruktur anhand eines Prototyps zu beschreiben. Diese Verfahrensweise eignet sich für die Analyse der Anleitungskorpora besonders gut, weil die Makrostruktur vermutlich nicht nur im makrokulturellen (z.B. Anleitungen MB D-R-E), sondern auch im mikrokulturellen Kontrast (z.B. Anleitungen D MB bzw. D GB) variiert. Um für ein Textkorpus zu einem solchen Prototyp zu kommen, wird jeder Korpustext bei der makrostrukturellen Analyse mit einer Maximalstruktur verglichen. Diese beinhaltet die in den Korpora (D-R-E) der jeweiligen Textsorte möglichen deklarierten TT in vorläufiger Sequenzierung.

**Maximalstruktur fachinterner Anleitungen:**

1. Inhaltsverzeichnis
2. Undeklarierter Vorspann/Einleitung/Allgemeines
3. Sicherheitshinweise
4. Technische Daten
5. Verwendungszweck

6. Beschreibung von Konstruktion und Funktion
7. Lieferumfang
8. Lagerung/Transport
9. Aufstellung/Montage
10. Elektrischer Anschluss
11. Funktionsprüfung
12. Inbetriebnahme/Betrieb/Bedienung
13. Außerbetriebnahme
14. Zubehör
15. Wartung/Instandsetzung
16. Störungssuche/-behebung
17. Ersatzteile
18. Garantie
19. Kontaktadressen.

Für die Analyse fachexterner Anleitungen ist diese Maximalstruktur in einigen Positionen zu verändern:

1. Die TT „undeklarierter Vorspann" und „Einleitung/Allgemeines" treten nicht alternativ auf, sondern komplementär. Das gilt ebenfalls für die TT „Inbetriebnahme" und „Bedienung".
2. Der TT „Funktionsprüfung" entfällt.
3. Die TT „Zubehör" und „Ersatzteile" fallen zusammen.
4. Es sind einige TT zu ergänzen, die in fachinternen Anleitungen nicht vorkommen (im Folgenden kursiv markiert):

**Maximalstruktur fachexterner Anleitungen:**

1. Undeklarierter Vorspann
2. Einleitung/Allgemeines
3. Inhaltsverzeichnis
4. Verwendungszweck
5. Technische Daten
6. Lieferumfang
7. *Entsorgung (Altgerät und Verpackung)/Umweltschutz*
8. Aufstellung/Montage
9. Elektrischer Anschluss
10. Sicherheitshinweise
11. Anlieferung/Transport
12. *Sparhinweise/Umweltschutz*
13. Beschreibung von Konstruktion und Funktion
14. Inbetriebnahme
15. *Tipps zur Benutzung*
16. Bedienung
17. Abschalten
18. Pflege/Wartung
19. Ersatzteile/Zubehör
20. Störungssuche/-behebung
21. *Wartungsprogramme*
22. Garantie
23. *Prüf-/Verkaufsbescheinigung*
24. *Anfordern des Kundendienstes*
25. Kontaktadressen
26. *Garantieschein/-talons.*

Der Vergleich zwischen der Makrostruktur eines Textes und der jeweiligen Maximalstruktur ergibt Übereinstimmungen und Abweichungen hinsichtlich TT-Bestand und TT-Platzierung, die in der Prototypstruktur für ein Korpus zusammengeführt werden. Zusätzlich erscheint es sinnvoll festzustellen, ob ein TT als obligatorisch oder fakultativ gilt (vgl. auch ARNTZ 1990: 396-399).

Eine prototypische Makrostruktur (zu einem Beispiel vgl. 3.8.4) ist daher so konzipiert, dass sie den charakteristischen Bestand und die Reihenfolge der TT sowie zusätzlich Variationen in der Platzierung einzelner TT zeigt. Der TT-Status wird definiert durch eine entsprechende Unterscheidung zwischen „präsent" (in der Mehrzahl der Texte vorhanden) und „fakultativ" (in mind. 25 % der Texte vorhanden).

SCHMIDT (1996: 433) erwähnt außerdem „die Art des im Teiltext benutzten semiotischen Systems (Sprache, Abbildungen)". Dieser Aspekt betrifft jedoch nicht die Makrostruktur, sondern die Art der Themenbehandlung (vgl. 2.10.2).

## 2.9.2 Position des TT „Technische Daten": Analyseergebnisse

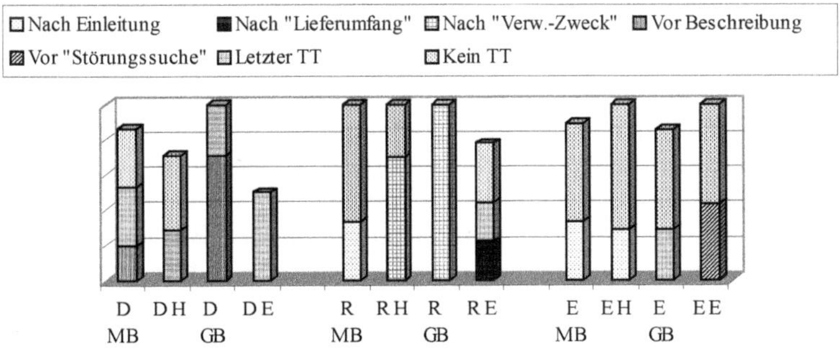


**Abb. 2.39: Position des TT „Technische Daten" – Präferenzen**

Eine Anpassung der Position des TT „Technische Daten" ist grundsätzlich problematisch, weil er in deutschen und russischen Anleitungen des Maschinenbaus auch fehlen kann. Ein makrokulturelles Merkmal „angloamerikanischer" Anleitungen ist sogar, dass ein solcher TT nur selten vorgesehen ist.

Deutsche Texte zeigen eine allgemeine Präferenz für die Positionierung der Technischen Daten am Textschluss. In fachinternen deutschen Texten, insbesondere in Anleitungen (GB), steht dieser TT alternativ vor der Beschreibung. In russischen Betriebsanleitungen[82] sowie in den Korpora (E MB/H) schließt der TT „Technische Daten" ggf. an die Einleitung an. Im Übrigen folgen die Technischen Daten in russischen Texten überwiegend auf den TT „Verwendungszweck", d.h., sie gehen ebenfalls der Beschreibung voran, sind jedoch von dieser noch durch den TT „Lieferumfang" getrennt. In originär russischen Anleitungen (E) folgt ein ggf. vorhandener

[82] Montage- und Reparaturanleitungen enthalten einen solchen TT nicht.

TT „Technische Daten“ auf den TT „Lieferumfang“. Alle drei Positionen sind nach GOST 26119-84 zulässig (zur vorgeschriebenen Makrostruktur vgl. FLEISCHMANN 2002: 66-67), nicht dagegen die Positionierung am Textende (in Anleitungen fremder Provenienz), die auch im Korpus (E GB) gewählt wurde. Eine Besonderheit des Korpus (E E) ist dagegen die Platzierung dieses TT vor dem TT „Störungssuche“.

### 2.9.3 Position des TT „Sicherheit“: Analyseergebnisse

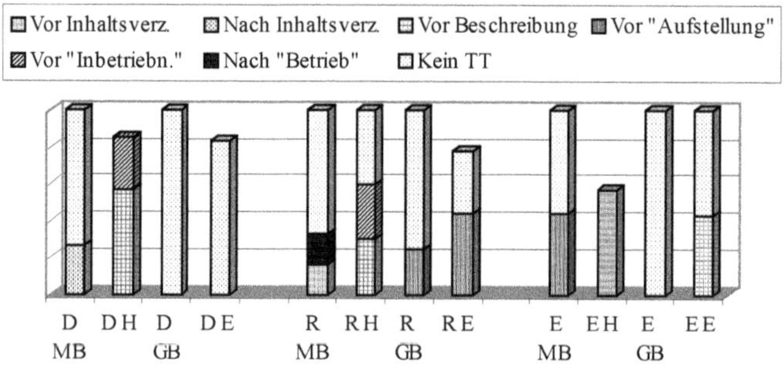


**Abb. 2.40: Position des TT „Sicherheit“ – Präferenzen**

Ein gesonderter TT „Sicherheit“ wird interkulturell vor allem in fachexternen Anleitungen für notwendig erachtet. Generell zeigen die Ergebnisse zwei konträre Präferenzen: 1. eine Positionierung vorn im Text, d.h. spätestens vor der Maschinen- oder Gerätebeschreibung, und 2. eine Positionierung zu Beginn des anleitenden Teils, für den diese Hinweise ja im Grunde gelten. Eine dritte Variante, die nur in russischen Anleitungen (MB) vorkommt, ist die Positionierung hinten im Text: im Anschluss an die Instruktionen zum Betrieb oder unmittelbar vor dem Inhaltsverzeichnis (das in dieser Mikrokultur den letzten TT einer Anleitung bildet).

Gemeinsame Präferenzen zeigen sich im deutschen und russischen Korpus (H), mikrokulturell determinierte Parallelen (fachintern/-extern) sind in deutschen bzw. russischen Texten (GB/E) festzustellen.

### 2.9.4 Position des Inhaltsverzeichnisses: Analyseergebnisse

Gemäß Abb. 2.41 ist in deutschen Anleitungen zumeist ein Inhaltsverzeichnis vorhanden, das dem übrigen Text vorausgeht. Alternativ folgt es auf einen Vorspann, der in Anleitungen (H) einen Glückwunsch zum Neuerwerb bzw. andere gute Wünsche zum Ausdruck bringt. Im Korpus (GB) enthält dieser Vorspann in der Regel einen allgemeinen Sicherheitshinweis, der mit einem Signalwort deklariert ist.

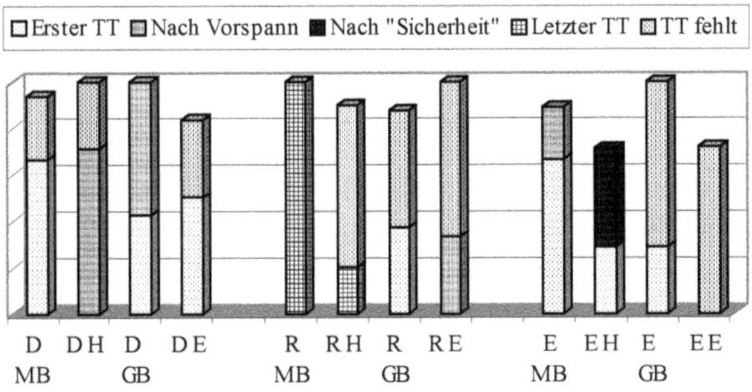


**Abb. 2.41: Position des Inhaltsverzeichnisses – Präferenzen**

Russische, vor allem fachexterne kurze, Anleitungen haben häufig kein Inhaltsverzeichnis. Im Übrigen scheint die Positionierung mit der Mikrokultur zu korrelieren: in Texten des Maschinenbaus steht das Inhaltsverzeichnis üblicherweise am Schluss, während es in Anleitungen des Gerätebaus ggf. dem Haupttext vorangeht. Die zum russischen Korpus (E) ausgewiesene Platzierung nach einem Vorspann betrifft nur Texte fremder Provenienz, in originär russischen Anleitungen fehlt der TT.

In den Anleitungen der englischen Korpora (MB/H) ist generell ein Inhaltsverzeichnis vorhanden, das in fachinternen Texten zumeist den ersten TT bildet. Alternativ kann ihm ein mit Signalwort deklarierter allgemeiner Sicherheitshinweis als Vorspann vorangestellt sein. In Anleitungen (H) geht ihm häufig das ganze Kapitel „Sicherheit“ voraus. Die britischen bzw. amerikanischen Texte (GB/E) enthalten dagegen mehrheitlich kein Inhaltsverzeichnis.

## 2.10 Merkmalkomplex: Thematische Konstituenten

Grundbedingung für jede Anleitung ist, dass die Maschine/das Gerät, zu deren/dessen Betrieb oder Bedienung angeleitet werden soll, in irgendeiner Form beschrieben wird. Da der instruktive Teil insoweit eine „Koppelung mit informativen Anteilen“ (MÖHN 1991: 188, vgl. auch 2.4.2) zeigt, lassen sich die thematischen Konstituenten einer Anleitung entsprechend ordnen. Zur Beschreibung gehören als Themen „informativer“ Natur z.B. Funktion, Konstruktion, Technische Daten, „instruktive“ Themen des anleitenden Teils sind z.B. Aufstellung, Betrieb, Wartung.

Deskriptive und instruktive TT, aus denen sich eine Anleitung zwingend zusammensetzt, können jedoch auch zu Misch-TT kombiniert sein (vgl. 2.8), d.h. die Differenzierung zwischen informativen und instruktiven Konstituenten findet nicht unbedingt ein Korrelat im konkreten Text. Die Zweiteilung in „Produktspezifikation“ und „spezifische Anleitung“ (DIN EN 62079 2001: 18) ist daher ein theoretisches Konstrukt, das lediglich einer Ordnung der Themen dient.

## 2.10.1 Thematischer Bestand

### 2.10.1.1 Themen des Haupttextes

Die Ausführungen zur TT-Sequenzierung haben gezeigt, dass die Orientierung an den praktischen Bedürfnissen des Rezipienten die Abfolge der wesentlichen (instruktiven) Teile vorgibt. Entsprechend gilt auch für den Inhalt, dass bestimmte Themen unverzichtbar sind, wenn die Anleitung ihre Funktion erfüllen soll. Der Produzent fachexterner Texte kann jedoch gewisse Themen ausgliedern:

> Sollen beispielsweise die Informationen für die Installation in einer eigenen Installationsanleitung zusammengefaßt werden, oder sollen sie nur als eigenes Kapitel Eingang in die allgemeine Bedienungsanleitung finden? Sollen die Informationen zur Wartung eines Gerätes ebenfalls integriert werden oder doch besser separat dokumentiert werden, damit sie gezielt in die Hände der Gerätebetreuer gelangen können und sich nicht jeder Gerätebenutzer ermutigt fühlt, selbst in den Innereien einer Maschine herumzuwühlen? (KRINGS 1996: 17).

Analysen zeigen, dass manche TT als obligatorisch anzusehen sind, während andere als fakultativ auch fehlen können. Die Entscheidung zur Ausgliederung (s.o.) ist jedoch nur ein möglicher Grund für das Fehlen von TT in der Makrostruktur. Die Art der Themenbehandlung ist ein weiterer, denn die Behandlung eines Themas muss nicht generell in einem entsprechend deklarierten TT stattfinden. Dies dürfte die Regel sein bei Themen, die dem Sender/Textproduzenten wichtig sind, z.B.:

**Informative Konstituenten:**

1 Technische Daten
ТЕХНИЧЕСКИЕ ДАННЫЕ
General Specifications
4. Ersatzteile
Запасные детали
Spares and Accessories.

**Instruktive Konstituenten:**

5. Montage des Ventilators
5. ПОРЯДОК УСТАНОВКИ И ПОДГОТОВКИ ХОЛОДИЛЬНИКА К РАБОТЕ
Installation Guidelines
7 Wartung der Wälzkolbenpumpe
8 ТЕХНИЧЕСКОЕ ОБСЛУЖИВАНИЕ
Maintenance.

### 2.10.1.2 Themen der Auxiliartexte

Neben den Themen der beschreibenden/anleitenden Teile gibt es noch weitere, die in Auxiliartexten behandelt werden. Ein Teil dieser Auxiliartexte unterstützt den Rezipienten beim Umgang mit Anleitung und Produkt, ein anderer dient dem Sender dazu, sich rechtlich abzusichern, z.B.:

Inhaltsverzeichnis
СОДЕРЖАНИЕ
Table of Contents

10.1 Ersatzteil- und Kundendienstadressen
Список сервисных мастерских
Hotpoint Service Offices
Garantiebedingungen
ГАРАНТИЯ
Warranty.

Während der Anleitungsinhalt ein typisches Thema für einen eigenen TT, das Inhaltsverzeichnis, darstellt, wird ein Änderungsvorbehalt grundsätzlich unter einer anderen Deklaration geäußert, z.B. bei den Technischen Daten:

Technische Daten
  (Aufzählung)
  Änderungen vorbehalten.
Технические характеристики
  (Tabelle)
  Änderungen vorbehalten.
Specifications
  (Tabelle)
  Änderungen vorbehalten.

### 2.10.2 Formen der Themenbehandlung

Zur Themenbehandlung gibt es verschiedene Alternativen: ein Thema kann z.B. lediglich in einem mit Signalwort markierten Einschub angesprochen werden. Das geschieht vorzugsweise dann, wenn auf ein Risiko hinzuweisen ist. Das Thema „Sicherheit" z.B. wird manchmal ausschließlich in Einschüben abgehandelt, z.B.:

**Achtung!** Vorher Masseverbindung prüfen. Testkopf hat Hochspannung.
**ВНИМАНИЕ** Bei der Behebung von Störungen Sicherheitsvorschriften beachten.
**Warning** Vor Schneidbrennen oder Schweißen Gasniveau bzw. Staubgehalt prüfen. Gas oder Staub können dabei Explosionen verursachen.

Ein Thema kann ebenfalls „ohne eigene Deklaration" (d.h. im Verlauf eines anders deklarierten TT) behandelt werden. Eine „instruktive" Konstituente, der kaum ein eigener TT gewidmet wird, ist das Thema „Wartungsintervalle", z.B.:

7.1 Allgemeine Hinweise[83]
  Das Relais ist wartungsfrei, wenn die an den Einbauort gestellten Bedingungen erfüllt sind. Dennoch regelmäßig Funktionsprüfungen durchführen.
13. Техническое обслуживание
  13.1 Regelmäßig nach Anleitung warten.
  13.2 Mind. alle 72 h Behälter leeren und Nullpunkt korrigieren.
  13.3 Alle 6 Monate Gerät nach methodischen Anweisungen prüfen.

[83] Deklarationen werden grundsätzlich mit dem Wortlaut des Originals wiedergegeben. Die Texte der TT sind dafür zu umfangreich. Sie werden in Form von Inhaltsangaben dargestellt.

Lubricating vibrator

1. Nach den ersten 500 Betriebsstunden und danach alle 1000 h mit Kluber Isoflex schmieren.
2. Bei Gehäusetemperaturen über 194°F Abstände und Menge für jede 18°F halbieren. Z.B. bei 204°F Betriebstemperatur alle 500 h mit 6,5 g schmieren.

Eine weitere Möglichkeit, von der nur sehr eingeschränkt Gebrauch gemacht werden kann, besteht in einer ausschließlich[84] nonverbalen Themenbehandlung, bei der eine Abbildung entsprechenden Verbaltext vollständig ersetzt. Ein besonders geeignetes Thema scheint die Konstruktion einer Maschine/eines Gerätes zu sein. Diese wird häufig in Form einer Abbildung beschrieben, z.B.:

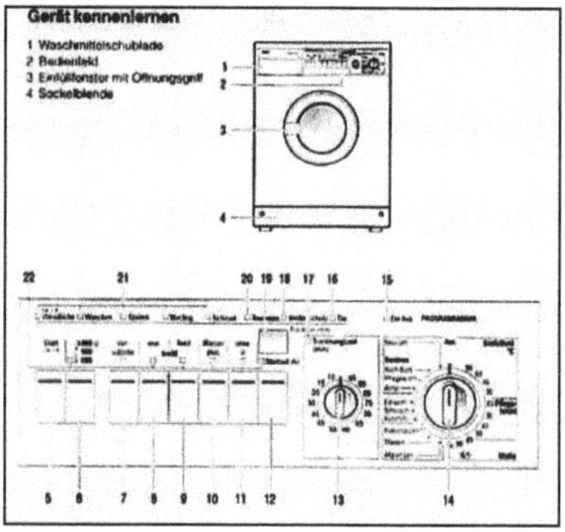


**Abb. 2.42: Nonverbale Konstruktionsbeschreibung (Waschtrockner)**

Ein Thema, das überhaupt nicht angesprochen wird, ist aus der Sicht des Textproduzenten offenbar völlig irrelevant.

### 2.10.2.1 Thema „Konstruktion“: Analyseergebnisse

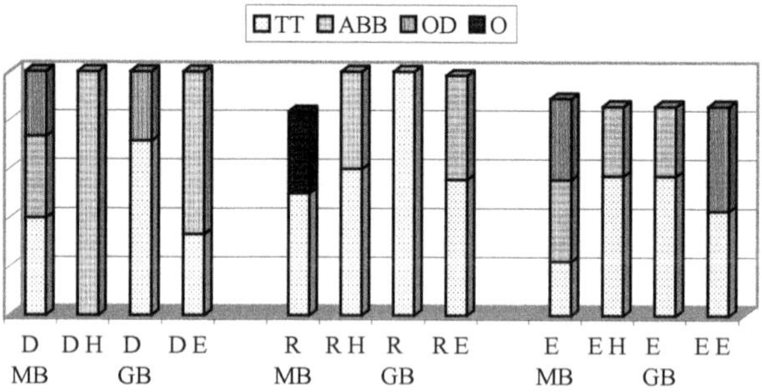


**Abb. 2.43: Behandlung des Themas „Konstruktion“ – Präferenzen**

[84] Falls ein entsprechend deklarierter TT mit Verbaltext und Abbildung vorhanden ist, gilt das Thema als im TT behandelt.

Für die Präsentation der Maschinen- oder Gerätebeschreibung stehen, da ein völliger Verzicht für Betriebs- und Bedienungsanleitungen[85] keine Option darstellt, generell drei Möglichkeiten zur Verfügung.

In deutschen fachinternen Anleitungen wird zu diesem Zweck noch am ehesten ein eigener TT produziert, alternativ wird die Konstruktion unter anderen Deklarationen (OD) beschrieben. Fachextern erfolgt diese Beschreibung überwiegend nonverbal, d.h. ausschließlich über eine Abbildung. Diese Form der Themenbehandlung kommentiert NICKL (2001: 254, FN 195): „Dieser Textteil ist insofern bemerkenswert, als er auch durch eine textdominierende Grafik realisiert werden kann".

In russischen Anleitungen wird der Konstruktionsbeschreibung üblicherweise ein eigener TT gewidmet. Die einzige Alternative, die ausschließlich fachextern genutzt wird, ist die Abbildung, eine Behandlung dieses Themas unter anderen Deklarationen findet in russischen Anleitungen nicht statt. Die Präferenzen der englischen Korpora zeigen keine klare Korrelation zu Mikrokultur oder Adressatenbezug: die Konstruktionsbeschreibung wird häufig in Form eines TT gegeben, aber auch die Alternativen scheinen keinerlei Restriktionen zu unterliegen.

### 2.10.2.2 Thema „Sicherheit": Analyseergebnisse

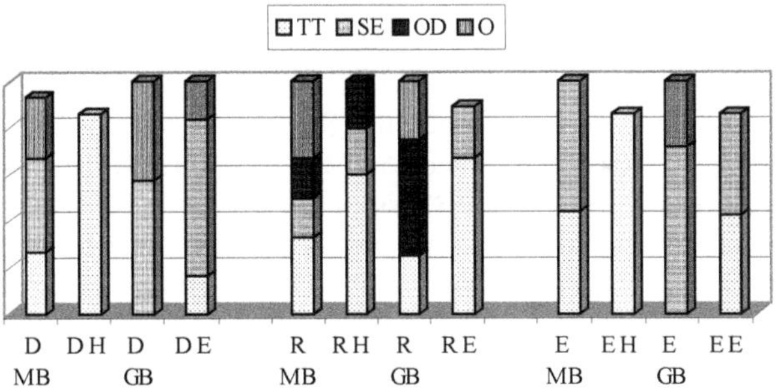


**Abb. 2.44: Behandlung des Themas „Sicherheit" – Präferenzen**

Die Konzentration allgemeiner Sicherheitshinweise in einem separaten TT[86] wird vor allem in Texten des Maschinenbaus praktiziert, besonders konsequent in Anleitungen der Korpora (H). Textproduzenten des deutschen und „angloamerikanischen" Gerätebaus beschränken sich – fachintern wie -extern – beim Thema „Sicherheit" weitgehend auf Einschübe mit gezielten Sicherheitshinweisen an den betreffenden Textstellen. Charakteristisch für originär russische Anleitungen ist die Behandlung des Themas „Sicherheit" unter anderen Deklarationen. Offenbar reflektiert das Korpus (R E) in dieser Hinsicht auch fremde Konventionen (E E). In deutschen und rus-

[85] Den Reparaturanleitungen im Korpus (R MB) fehlt jegliche Konstruktionsbeschreibung.

[86] Die Präsenz eines solchen TT schließt nicht aus, dass Einschübe mit Signalwort zusätzlich vorhanden sind.

sischen fachinternen Anleitungen sowie im englischen Korpus (GB) wird auf allgemeine Sicherheitshinweise auch ganz verzichtet.

### 2.10.2.3 Thema „Garantiebedingungen“: Analyseergebnisse

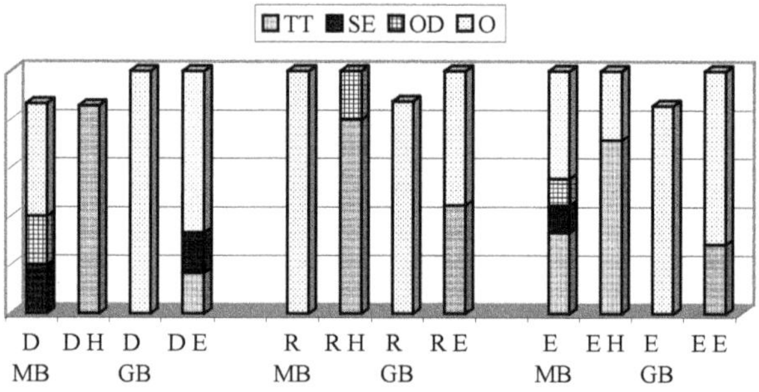


**Abb. 2.45: Behandlung von Garantiebedingungen – Präferenzen**

Garantiebedingungen sind interkulturell in der Regel nicht Bestandteil fachinterner Anleitungen, ausgenommen sind gemäß Abb. 2.45 amerikanische Texte (MB), die einen solchen TT enthalten können.

Fachextern ist ein TT „Garantie“ in Anleitungen für Hausgeräte generell besonders häufig präsent. Im deutschen und englischen Korpus (MB) werden Garantiebedingungen gelegentlich auch in Einschüben mit Signalwort oder in anders deklarierten TT angesprochen. In russischen fachexternen Anleitungen ist der nach GOST 26119-84 obligatorische TT „Garantie“ (vgl. FLEISCHMANN 2002: 67) üblicherweise vorgesehen, in den russischen Texten fremder Provenienz fehlt er grundsätzlich. Am russischen Korpus (E) zeigt sich hier vermutlich eine fremde Konvention. Allerdings könnten die grundsätzlich analogen Ergebnisse für Anleitungen (GB/E) auch auf eine interkulturell gemeinsame Präferenz dieser Mikrokultur hinweisen, die bei der Produktion fachinterner wie -externer Anleitungen anders verfährt als der Maschinenbau.

## 2.11 Merkmalkomplex: Abbildungen in der Text-Bild-Gemeinschaft

Zu der von ihm so benannten „Text-Bild-Gemeinschaft“ schreibt KALVERKÄMPER:

> Diese Gemeinschaft ist als Mittel der wissenschaftlichen Kommunikation nach sporadischen Vorkommen in der Antike und im Mittelalter dann in der Renaissance, hier speziell mit Leonardo da Vinci (1452 – 1519), strukturell eingesetzt und als Informationsdialog zwischen Text und Bild, als eine komplexe Mitteilungsweise an den Leser, verwertet worden (1998: 368-369).

Da diese „komplexe Mitteilungsweise“ auch in der Fachkommunikation praktiziert wird, hält SCHRÖDER (1993: 201-207) im Rahmen einer Fachtextanalyse auch die Berücksichtigung nonverbaler Zeichen für wünschenswert, u.a.:

Abbildungen als ikonische Zeichen (Photo, Zeichnung, Skizze, Schnitt usw.),
datenvermittelnde Schaubilder als schematische Zeichen (Kurven, Diagramme, statistische Graphiken),
Piktogramme als symbolische Zeichen.

In dieser Aufzählung geht es vor allem um die Darstellungsformen nonverbaler Informationen. Dieses Kriterium gehört zu den qualitativen Aspekten, die zusätzlich zur Quantität innerhalb der Text-Bild-Gemeinschaft untersucht werden können.

Nach den Fakten der Korpora zu urteilen, kommen fachexterne Anleitungen generell nicht, fachinterne[87] nur höchst selten ganz ohne Abbildungen aus. Die Verwendungsfrequenz scheint davon abzuhängen, ob ein Text autonom funktionieren muss oder z.B. durch textexterne Zeichnungen ergänzt wird.

### 2.11.1 Flächenverteilung

SCHMITT (1998b: 211) spricht das quantitative Verhältnis innerhalb der Text-Bild-Gemeinschaft an, wobei er sich – ungeachtet des generalisierenden Spezifikators – offenbar auf fachexterne Anleitungen bezieht:

Der (Flächen-)Anteil der Bilder liegt meist bei 50 % und darüber, kann aber je nach Zielgruppe und Produkt (z.B. Montageanleitungen im Spielzeugmodellbau) fast 100 % betragen.

Angesichts der Vielzahl von Zeichnungen, die neben Anleitungen Bestandteil technischer Dokumentation sind, sollte der Bildanteil in fachinternen Texten erheblich geringer ausfallen. Demgegenüber ist bei fachexternen Anleitungen eher eine Integration aller notwendigen Darstellungen angezeigt. Zwar hält auch KALVERKÄMPER (1993: 218) Texte der fachexternen Kommunikation für „ohne massive Bildanteile gar nicht mehr denkbar“, dennoch scheint SCHMITT mit der Annahme eines Anteils von „zumeist 50 % und darüber“ spekulativ hoch zu greifen.

Soweit die Fachtextlinguistik das quantitative Verhältnis innerhalb der Text-Bild-Gemeinschaft überhaupt untersucht, sind Angaben üblich wie diese:

(...) so ergibt sich für die deutschen Bedienungsanleitungen ein Durchschnittswert von 0,96 und für die englischen von 0,9 Abbildungen und Tabellen pro Seite (GÖPFERICH 1995: 294).

Eine solche Angabe suggeriert zwar einen hohen Anteil an Abbildungen/Tabellen in diesen Anleitungen, sagt aber nur sehr bedingt etwas aus über das quantitative Verhältnis zwischen Text und Abbildungen. Zum einen fehlt die Differenzierung zwischen Tabellen und Abbildungen, zum anderen lässt sich die große Varianz in der Abbildungsgröße auf diese Weise nicht erfassen. Dazu ein Beispiel:

[87] Vgl. dagegen DIETRICH (1997: 38): „Bei der Untersuchung des Verhältnisses von Text und Bild ist zunächst festzustellen, daß ausschließlich die intrafachlichen Texte bebildert sind“.

Eine Anleitung von 13 Seiten Umfang enthält 10 Abbildungen (und keine Tabellen). Das ergibt einen Durchschnitt von 0,77 Abbildungen pro Seite, d.h. über 3/4 aller Seiten enthalten eine Abbildung. Da die Abbildungen überwiegend sehr klein sind, macht ihr Anteil am Gesamttext trotzdem nur 4 Seiten (30,77 %) aus.

Zur Ermittlung des tatsächlichen Verhältnisses zwischen Text- und Bildanteil werden die Flächenanteile nach folgendem Raster bestimmt:

**Abbildungsgrößen: 1/1 - 3/4 - 1/2 - 1/4 - 1/8 - 1/16 der jeweiligen Textseite**

Die Summe der Flächenanteile (in Seiten) wird in Beziehung gesetzt zum Gesamtumfang des Textes (in Seiten), es ergibt sich der Bildanteil (in Prozent). Bei dieser Verfahrensweise wird u.a. der Einfluss unterschiedlicher Textformate auf die Berechnung eliminiert.

**Analyseergebnisse:**

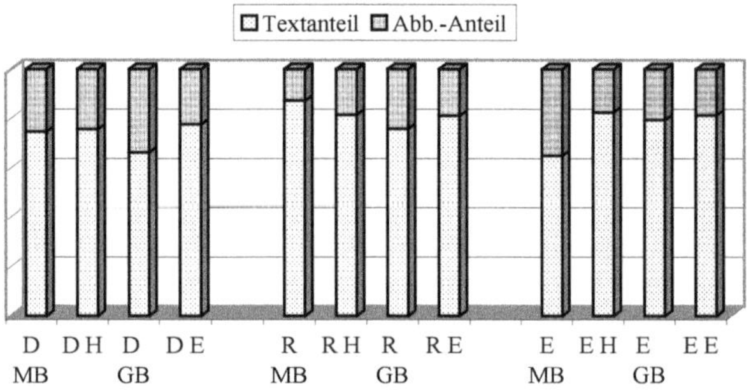


**Abb. 2.46: Flächenverteilung in der Text-Bild-Gemeinschaft**

Gemäß Abb. 2.46 sind die Anleitungen interkulturell – unabhängig von Mikrokultur und Adressatenbezug – dominant verbal. In den deutschen und englischen Korpora ist der Bildanteil fachintern eher höher als fachextern. Zudem haben deutsche und russische Anleitungen (GB) einen höheren Bildanteil als die entsprechenden Korpora (MB), in den englischen Korpora ist das Gegenteil der Fall.

Nur für zwei Korpora (D GB/E MB) ergeben sich durchschnittliche Abbildungsanteile von ca. 40 %, im Übrigen liegen die Werte bei 20-30 %. Es ist daher auszuschließen, dass der Flächenanteil der Abbildungen in Anleitungen „meist bei 50 % und darüber“ liegt[88] (s.o.).

[88] Um im Durchschnitt solche Werte zu erreichen, dürfte ein Korpus nur Anleitungen enthalten (z.B. für Staubsauger), deren Kapitel sich mehrheitlich aus autonomen Abbildungen konstituieren, während sich der Verbaltext weitgehend auf die Sicherheitshinweise beschränkt.

## 2.11.2 Deklaration

Die Deklaration von Abbildungen wird unterschiedlich gehandhabt. Mit Titeln im üblichen Sinne werden die dargestellten Informationen benannt. Häufig gehen entsprechende Bezeichnungen voraus, u.a. als Abbreviaturen. Ein Abbildungstitel, der auf die Darstellung eines Gegenstandes hinweist, gilt als „deskriptiv".

**Deskriptive Deklaration:**

Abb. 7 Anschluß- und Bedienelemente
Фиг. 12. Пластинчатый фильтр
Figure 1. ACCESSORY SIDE VIEW.

Eine „instruktive" Deklaration dagegen kennzeichnet die Abbildung als Arbeitsanleitung bzw. als Darstellung des gewünschten Arbeitsergebnisses, d.h. als „instruktionales Bild" (BALLSTAEDT 1996: 226). Das VA verleiht der Deklaration eine dynamische Komponente, analog unterscheidet NICKL (2001: 171) zwischen Bildern mit statischen bzw. dynamischen Inhalten.

**Instruktive Deklaration:**

Abb. 35 Auseinandernehmen des Backwagens
Рис. 4. Схема прикрепления ремня
2-8 Edge cleaning.

Eine dritte Variante sind undeklarierte Abbildungen. Diese verfügen nicht über einen eigenen Titel und sind unmittelbar dem TT beigegeben, in dem der dargestellte Inhalt behandelt wird (vgl. dazu auch 2.11.4.3.2).

**Analyseergebnisse:**

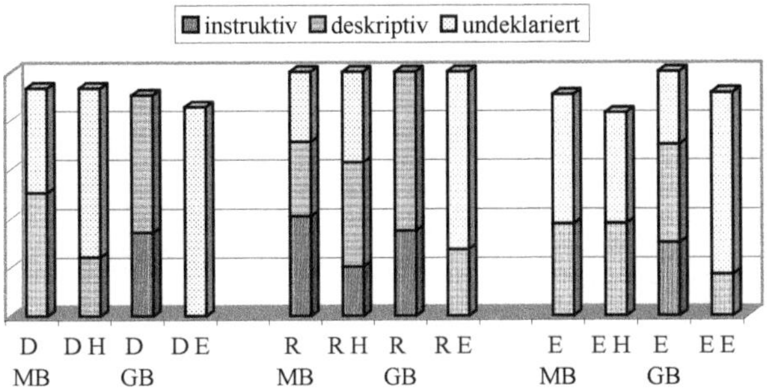


**Abb. 2.47: Deklaration von Abbildungen – Präferenzen**

In deutschen und russischen Anleitungen ist die Frequenz deklarierter Abbildungen gemäß Abb. 2.47 vom Adressatenbezug abhängig, d.h. fachintern werden mehr Abbildungen mit einer Deklaration versehen als fachextern. Es scheint interkulturell ein Charakteristikum fachinterner Anleitungen (GB) zu sein, dass der Anteil deklarierter Abbildungen im jeweils mikrokulturellen Vergleich besonders hoch ist. In den Korpora (E) sind deklarierte Abbildungen dagegen jeweils extrem selten. Das Korpus (R E) reflektiert hier vor allem fremde Präferenzen: die undeklarierten Abbildungen wurden fast ausschließlich in Texten fremder Provenienz gefunden.

### 2.11.3 Formale Gliederung und inhaltliche Segmentierung

Auch nonverbale Informationen müssen zweifellos in irgendeiner Weise strukturiert sein, wenngleich dies bei Abbildungen (zur Klassifikation der Darstellungsformen vgl. 2.11.4.1) nicht unbedingt so offensichtlich ist wie z.B. bei Tabellen. Grundsätzlich kann eine solche Strukturierung durch formale Gliederung und/oder inhaltliche Segmentierung der Abbildung bewirkt werden. Die formale Gliederung von Abbildungen stellt hier kein Analysekriterium eigenen Rechts dar, zur Abgrenzung von den Erscheinungsformen der Segmentierung wird sie lediglich exemplarisch abgeleitet.

Eine formale Gliederung führt dazu, dass sich eine Abbildung als „Aussagegemeinschaft" im Sinne von KALVERKÄMPER (1993: 226) präsentiert, die in ihren Konstituenten u.U. die „Aspektevielfalt" (227) eines Objektes deutlich werden lässt. Die inhaltliche Segmentierung einer Abbildung zeichnet sich dadurch aus, dass Komponenten eines abgebildeten Ganzen mit Hilfe ihrer Benennung identifizierbar sind und so seine „sinnenfällige Komplexität" (227) offenbaren.

#### 2.11.3.1 Formale Gliederung ohne Segmentierung

Ein typisches Beispiel für eine formal gegliederte – unsegmentierte – Abbildung ist ein Maßbild, das üblicherweise zwei Ansichten[89] zeigt (vgl. auch Abb. 2.58):

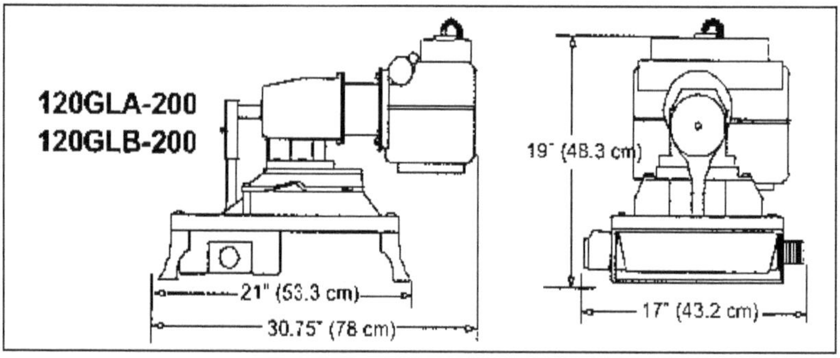


**Abb. 2.48: Maßbild mit 2 Ansichten (Diaphragm Pump)**

Die obige Definition impliziert, dass inhaltliche Segmentierung als Merkmal ikonischer Abbildungen zu sehen und für andere Darstellungsformen, z.B. Schemata und Diagramme, lediglich formale Gliederung anzunehmen ist.

Abb. 2.49 ist gleich mehrfach gegliedert: sie enthält jeweils ein Funktionsschema für zwei Ausführungen, das wiederum in seinen Teilen, gekennzeichnet mit I-IV, die Phasen einer Bewegung zeigt. So bildet jedes Schema für sich eine „Aussagege-

[89] Die Tatsache, dass in diesem Maßbild zwei Ausführungen dargestellt sind, ist dabei irrelevant.

meinschaft“ (s.o.), zusätzlich wird eine weitere durch die Kombination der Schemata konstituiert.

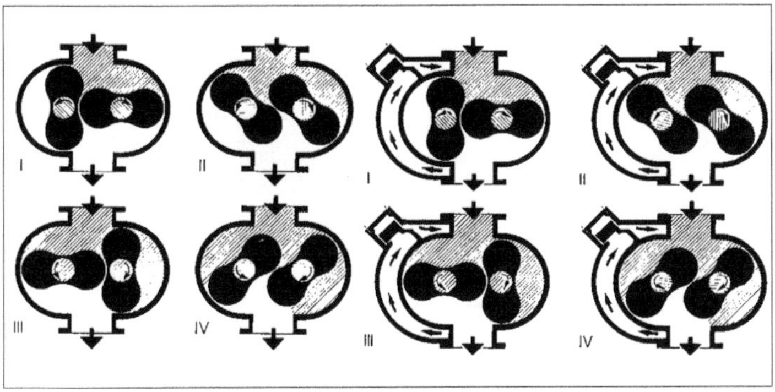


**Abb. 2.49: Funktionsschema (Wälzkolbenpumpe, 2 Ausführungen)**

Analoges gilt für Abb. 2.50: Innerhalb des Kurvendiagramms bildet jede Kurve den Verlauf einer einzigen Interdependenz ab, mit den beiden Kurvenscharen werden die einzelnen Kurven zueinander und außerdem zu denen der jeweils anderen „Aussagegemeinschaft“. in Beziehung gesetzt.

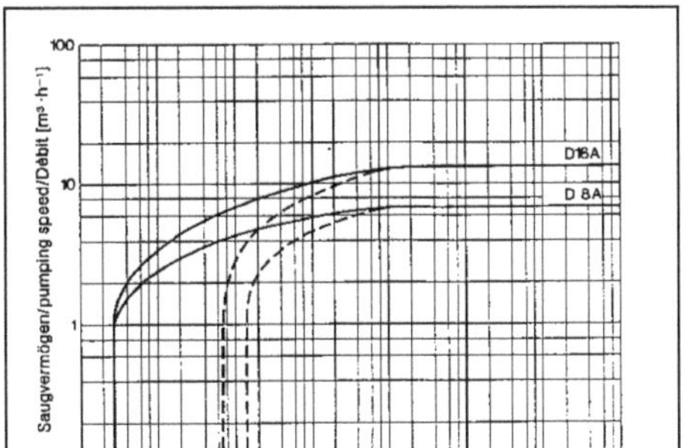


**Abb. 2.50: Leistungsdiagramm (Vakuumpumpe, 2 Ausführungen)**

### 2.11.3.2 Segmentierung ohne formale Gliederung

Die erste Abbildung einer Anleitung ist manchmal ein Foto der Maschine/des Gerätes. Die Abb.-Positionen können, wie in Abb. 2.51, über Bezugslinien gekennzeichnet, beziffert und in einer Legende benannt werden. Eine solche Segmentierung mit Legende wird in deutschen, vor allem aber in russischen technischen Texten praktiziert (vgl. Abb. 2.55). Bei dieser Verfahrensweise kann man im Textverlauf auf einzelne Positionen einer solchen Abb. Bezug nehmen. Dieses Beispiel zeigt, dass segmentierte Abbildungen nicht zwangsläufig auch formal gegliedert sind.

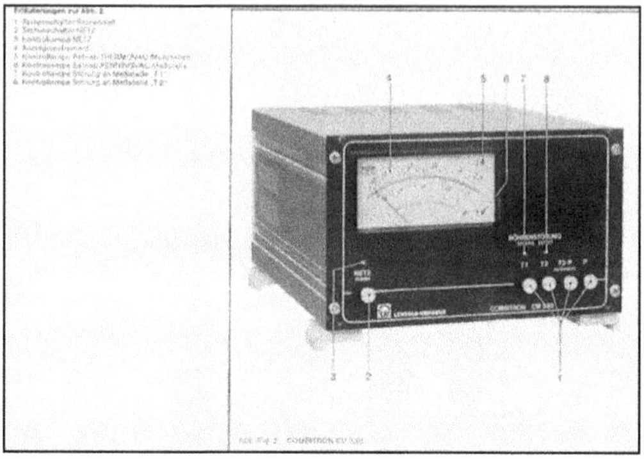

Abb. 2.51: Segmentierung mit Legende (Vakuummeter)

### 2.11.3.3 Formale Gliederung mit Segmentierung

Wenn, wie in Abb. 2.52, eine Darstellung (hier: die Draufsicht) durch ein separates Detail (gekennzeichnet mit „*Узел I*") ergänzt wird, so ist die Gegliedertheit in der Form offensichtlich. Parallel dazu ist diese Draufsicht segmentiert, d.h., einige Komponenten sind beziffert und ebenfalls über die Legende zu identifizieren.

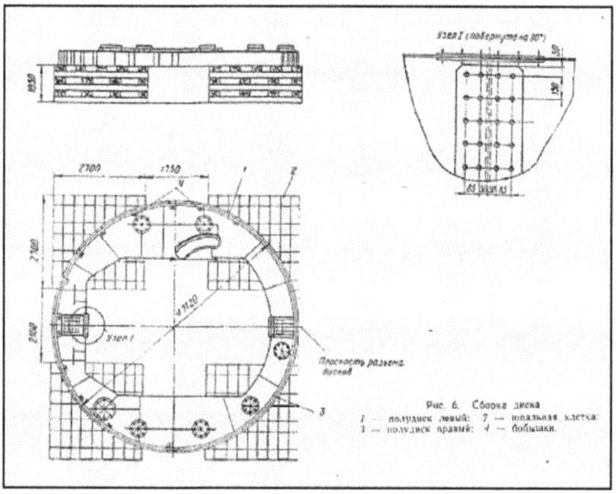

**Abb. 2.52: Draufsicht mit Detail und Legende (Вагоноопрокидыватель)**

Explosionsbilder (vgl. auch Abb. 2.59) zeigen üblicherweise eine Kombination aus formaler Gliederung und inhaltlicher Segmentierung. Die Gliederung korreliert mit der Darstellung von Einzelteilen, die Segmentierung mit der Möglichkeit zu ihrer Identifizierung. In Abb. 2.53 sind Abb.-Positionen mit A, B, C und D markiert. Die Benennungen sind hier nicht in einer Legende zusammengestellt, sie finden sich dort im Text, wo auf diese Positionen verwiesen wird.

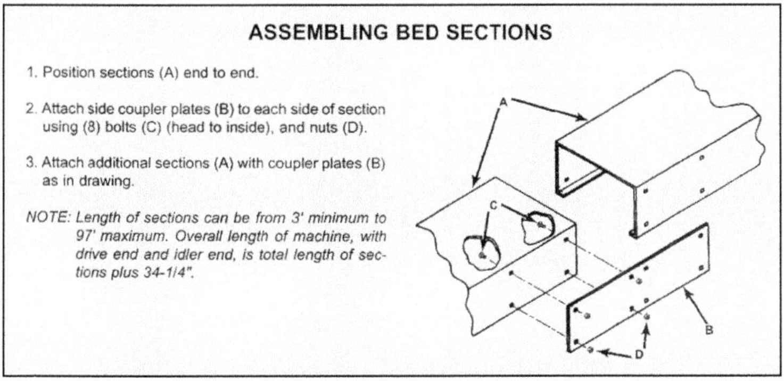


**Abb. 2.53: Segmentierung ohne Legende (Belt Conveyor)**

Alternativ können die Benennungen direkt in die Abbildung (*idealiter* neben die zugehörigen Komponenten) eingefügt werden. Häufig sind jedoch, wie in Abb. 2.54, zur eindeutigen Zuordnung zusätzliche Linien, Pfeile etc. notwendig.

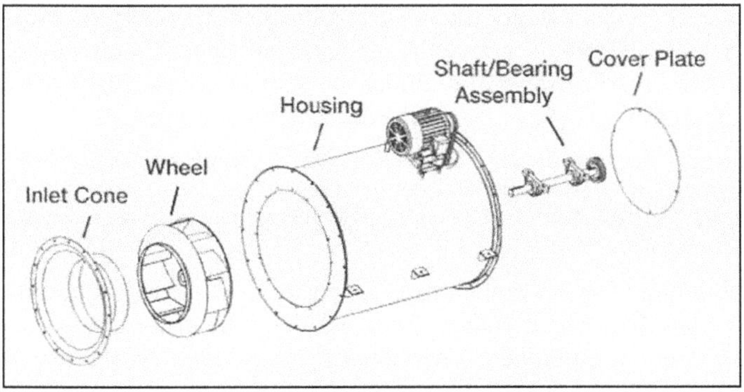


**Abb. 2.54: Segmentierung mit Bildtexten (Fan)**

Die Verwendung von Bildtexten ist eine in angloamerikanischen technischen Texten häufige Form der Segmentierung. Sie ist sehr direkt, weil sich die Komponenten unmittelbar in der Abbildung identifizieren lassen. Sie hat allerdings den Nachteil, dass sich diese Abb.-Positionen nicht für Verweise eignen.

**Analyseergebnisse:**

Gemäß Abb. 2.55 ergeben sich bei der Segmentierung von Abbildungen jeweils zwei Präferenzen. Eine interkulturelle Gemeinsamkeit besteht in der hohen Frequenz unsegmentierter Abbildungen (ausgenommen D MB/R GB und E MB). In russischen Anleitungen wird der segmentierten Abbildung zumeist eine Legende beigegeben, was in deutschen Texten nur fachintern üblich ist. In den englischen Korpora wird generell eine Segmentierung mit Bildtexten bevorzugt.

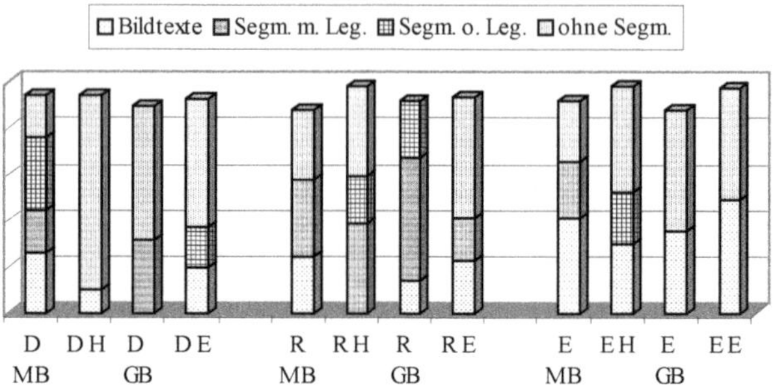


**Abb. 2.55: Segmentierung der Abbildungen – Präferenzen**

## 2.11.4 Qualitativ-funktionale Aspekte

Zu Qualität und Funktion von Abbildungen in Anleitungen wurden in der Fachliteratur bisher überwiegend Beobachtungen allgemeiner Art referiert. Die Ausführungen bei GÖPFERICH (1998: 42) lassen deutliche Unterschiede in den möglichen Darstellungsformen „repräsentationaler Bilder" erkennen. NICKL greift diese Differenzierung in „realitätstreue" bzw. „schematisierte" Abbildungen auf:

Die Darstellungsart der Bilder kann drei unterschiedliche Formen annehmen: *nicht-gegenständlich, abstrahiert und detailgetreu.* Detailgetreu sind Fotografien und realistische Abbildungen, abstrahiert sind z.B. Strichzeichnungen und retuschierte Fotografien, nicht-gegenständlich Schaltpläne, Flussdiagramme u.ä. (2001: 166).

Um die Abbildungen seiner Anleitungen konsistent klassifizieren und die „Darstellungsarten" quantifizieren zu können, braucht NICKL die dritte Kategorie der „nichtgegenständlichen" Abbildungen. Verzichten kann er dagegen auf den Bereich der bei GÖPFERICH (s.o.) erwähnten technischen Zeichnungen, die in deutschen fachexternen Anleitungen nicht zu finden sind.

Wenn fachexterne und fachinterne Anleitungen parallel analysiert werden sollen, erweist sich diese Dreiteilung (zwangsläufig) als unzureichend und im Übrigen den Darstellungsformen der fachinternen technischen Kommunikation auch als nicht adäquat. Immerhin ist deren Qualität von so essenzieller Bedeutung, dass ihr eigene Normen gewidmet sind. Darstellungsformen sind fachintern und -extern wenig deckungsgleich, daher muss eine „kombinierte" Klassifikation gewählt werden, die sich für beide Textsorten eignet.

Ähnlich allgemein gehalten sind Aussagen zu Funktion und Textbezug von Abbildungen. Beide Aspekte gehören zusammen, weil die Funktion einer Abbildung wesentlich durch ihren Textbezug determiniert wird:

Eine Bild-Text-Gestaltung ist nach Ballstaedt et. al. dann lernwirksam, wenn Bild und Text komplementär sind, d.h. beide Medien zur Erfassung der Gesamtbedeutung genutzt werden *müssen.* Komplementäre Gestaltung erfordert Verweise und Redundanz: Ein Teil der Informationen wird exklusiv entweder im Bild oder im Text angeboten, ein Teil der Informationen ist in beiden Medien enthalten (BOCK 1993: 123).

Als wünschenswert skizziert BOCK hier eine komplementäre Abbildungsfunktion (vgl. 2.11.4.2), die u.a. aus einem textuellen Bezug zwischen Text und Abbildung (durch Verweise – vgl. 2.11.4.3.1) resultiert. Eine solche Konstellation ist, vor allem in fachexternen Anleitungen, durchaus nicht die Regel: Es gibt zum einen weitere Möglichkeiten der „Interaktion" zwischen Text und Abbildungen (vgl. 2.11.4.3.2), und zum anderen Fälle, in denen eine Interaktion überhaupt nicht möglich ist:

Visualisierungen sind Bildformen gewissermaßen eigenen Rechts, die mit dem Textbild interagieren – oder eben auch nicht, Wenn sie interagieren, dann handelt es sich um visuelle Ersetzungen oder Ergänzungen von Textpassagen. Wenn sie nicht interagieren, dann kann der Leser nicht ohne weiteres nachvollziehen, welche spezifische Funktion eine bestimmte Visualisierung hat (SAUER 1997: 97).

### 2.11.4.1 Darstellungsformen

Eine erste Differenzierung der Darstellungsformen ist danach zu treffen, ob es sich um ein Foto oder um eine Zeichnung, gemäß DIN 199-1 (2002: 7) eine „aus Linien bestehende bildliche Darstellung", handelt.

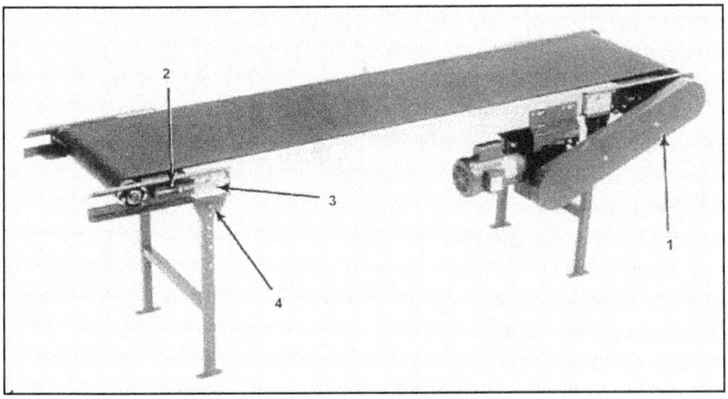


**Abb. 2.56: Foto (Belt Conveyor)**

Die gezeichnete Alternative zum Foto stellen – insbesondere in fachexternen Anleitungen – Abbildungen dar, die im Sinne der VDI 4500-1 (1995: 7) von überflüssigen Details abstrahieren und sich daher für Anleitungen besser eignen als Fotos, „die zu viele ablenkende Einzelheiten enthalten". Trotz der Reduktion vermitteln gezeichnete Abbildungen dieser Art den Eindruck von Realitätstreue. Das liegt an einer zumeist perspektivischen Darstellungsweise, die der Abbildung räumliche Tiefe verleiht, häufig unterstützt durch entsprechende Schattierungen. Eine solche Abbildung (vgl. Abb. 2.57) – hier als „Bild" klassifiziert – kommt daher dem tatsächlichen Aussehen des abgebildeten Gegenstandes weniger nah als ein Foto, jedoch erheblich näher als z.B. eine technische Zeichnung.

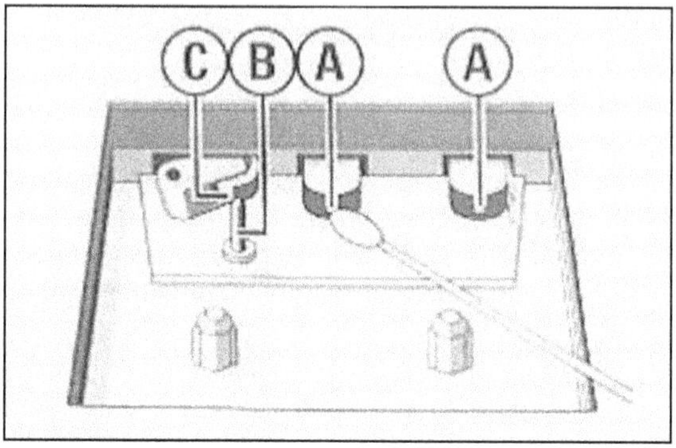


**Abb. 2.57: Bild (Mini Cassette Recorder)**

Eine große Gruppe unter den „Zeichnungen" im Übrigen, stellen – insbesondere in der fachinternen Kommunikation – die technischen Zeichnungen. Gemäß DIN 199-1 (2002: 5) sind dies Zeichnungen „in der für technische Zwecke erforderlichen Art und Vollständigkeit". Eine fachintern übliche Erscheinungsform ist die Maßzeichnung, auch „Maßbild" genannt, die die DIN EN 61355 (1997: 27, Tab. B.1) definiert als „Dokument mit Informationen über Form, Abmessungen, Aufstellung und Befestigung von Einrichtungen, die für die sachgemäße Installation erforderlich sind".

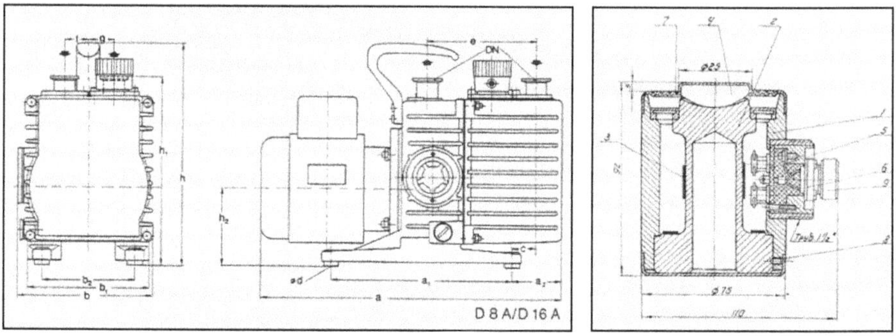


**Abb. 2.58: Technische Zeichnungen (Maßbild: Turbomolekularpumpe/ Schnitt: Датчик силоизмерительный тензорезисторный)**

Als „technische Zeichnung" gilt ebenfalls ein Plan im Sinne der DIN EN 61355 (1997: 40, Tab. C.1). Danach ist ein Plan eine „Zeichnung, die eine Draufsicht, einen Ausschnitt oder einen Schnitt[90] zeigt". „Für technische Zwecke erforderliche Vollständigkeit" (s.o.) bedeutet u.a., dass bei Schnitten in Anleitungen auf die Bemaßung verzichtet werden kann, weil sie hier nicht Bestandteil von Konstruktionszeichnungen sind, die „Informationen über Objekte im beabsichtigten fertigen Stadium" liefern müssen (DIN EN 61355 1997: 23, Tab. A.2).

---

90 Ein Merkmal dieser Schnitte, das sie als „technische Zeichnungen" qualifiziert, ist die Schraffur der Schnittflächen z.B. entsprechend DIN ISO 128-50 (2002: 8-9).

Eine „technische Zeichnung“, die gesondert klassifiziert wird, ist die Explosionszeichnung, auch „Explosionsbild“ genannt. Diese ermöglicht nach HOISCHEN (2003: 397) eine „übersichtliche Präsentation auch umfangreicher Baugruppen“, insbesondere „für Montage- und Wartungssimulationen“, z.B.:

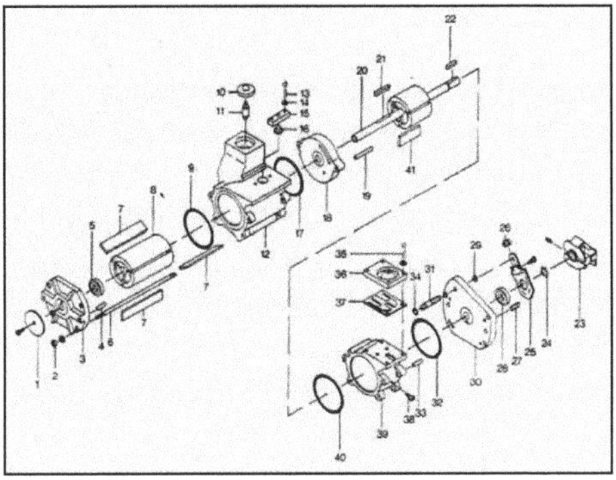

**Abb. 2.59: Explosionsbild (Vakuumpumpe)**

Die DIN 199-1 (2002: 6) kennt auch die Darstellungsform der reduzierten oder vereinfachten technischen Zeichnung, „die ein Teil oder eine Baugruppe nicht vollständig beschreibt“. In Anleitungen wird nicht nur bei Einzelteilen, sondern auch bei komplexen Baugruppen oder Gesamtdarstellungen häufig weiter vereinfacht, so dass sich insgesamt eine Reduktion auf „Umrisse und Körperkanten“ (DIN ISO 6413 1990: 4) ergibt. Eine „Strich- oder auch Umrisszeichnung“, in der „nur Formen und Konturen erhalten [bleiben]“ (BALLSTAEDT 1996: 198), wird als „Skizze“ klassifiziert (vgl. Abb. 2.60).

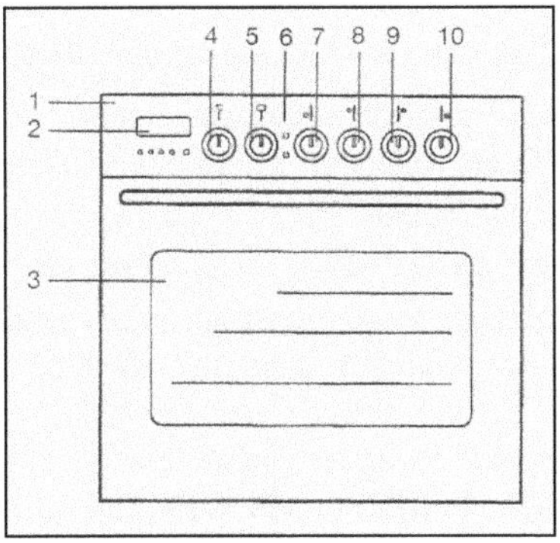


**Abb. 2.60: Skizze (Einbauherd)**

Eine solche „Skizze“ unterscheidet sich vom „Bild“ (s.o.) vor allem in der Dimensionalität. Der Gegenstand wird frontal, d.h. zweidimensional, in Konturen abgebildet, der Skizze fehlt die Räumlichkeit, die beim Bild durch Perspektive und Schattierungen entsteht. Jedoch können sowohl Bild als auch Skizze – infolge der erwähnten

Abstraktion von Details – „schematisch" sein im Sinne von BALLSTAEDT (1996: 198-199):

In der Schemazeichnung sind charakteristische Merkmale bis zur Karikatur überzeichnet. Ein derartiges Hervorheben visueller Merkmale ist für die Augen offensichtlich reizvoll. Es liegt zumindest ein Befund vor, dass schematische Zeichnungen gegenüber anderen Formen der Abbildung schneller erkannt werden.

Im Gegensatz zu den bisher genannten Formen, die eine Maschine/ein Gerät bzw. deren konstruktive Details (Baugruppen oder Einzelteile) darstellen, zeigen Schemata ganze Verbindungssysteme. In fachinternen Anleitungen (MB/GB) häufig sind z.B. Schaltpläne. Gemäß DIN EN 61355 (1997: 40, Tab. C.1) ist ein Schaltplan

eine graphische Darstellung, die mit graphischen Symbolen und beschrifteten Konturen zeigt, wie die Bestandteile eines Systems oder einer Einrichtung zueinander in Beziehung stehen und wie sie miteinander verbunden sind.

In den Anleitungen handelt es sich primär um Stromlauf- und Anschlusspläne, z.B.:

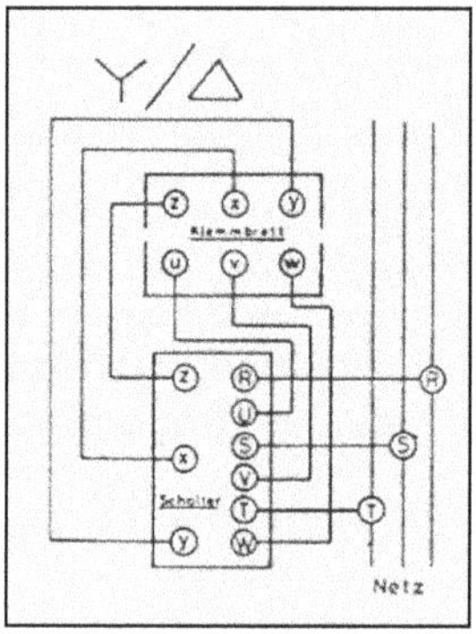


**Abb. 2.61: Schema (Motorschaltbild: Rührwerk)**

Eine weitere Gruppe bilden Funktionsschemata, Schema-Zeichnungen nach der (alten) DIN 199 (1962: 2), die im weitesten Sinne das „Zusammenwirken von Elementen" darstellen (vgl. auch Abb. 2.48).

Das Diagramm ist nach DIN 199-1 (2002: 4) ebenfalls eine Form der Zeichnung, die jedoch „das Verhältnis zwischen zwei oder mehreren variablen Größen im Regelfall in einem Koordinatensystem graphisch darstellt". Zu Diagrammen dieser Art zählen in Anleitungen vor allem Kurvendiagramme, die Abhängigkeiten der Maschinen-/Geräteleistung von bestimmten Faktoren darstellen. Ablauf- und andere Diagramme werden von der erweiterten Definition der DIN EN 61355 (1997: 40, Tab. C.1) ebenfalls erfasst.

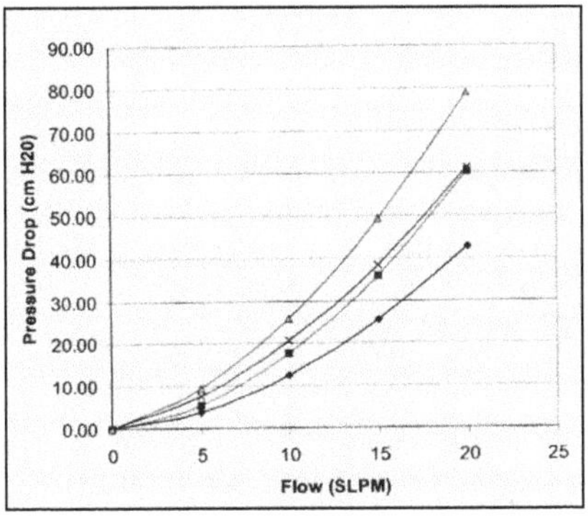


**Abb. 2.62: Diagramm (Flowmeter)**

**Analyseergebnisse:**

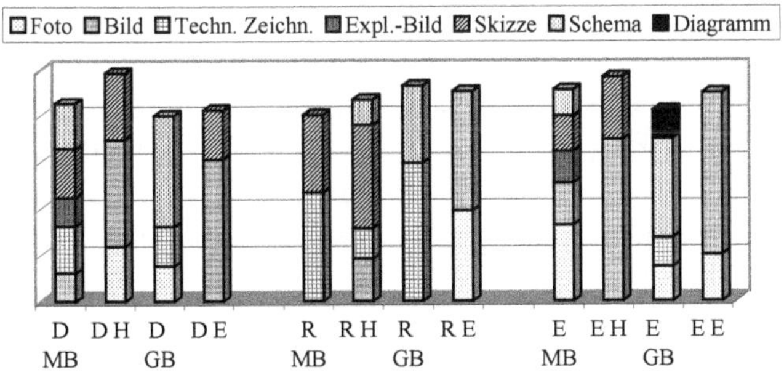


**Abb. 2.63: Darstellungsformen – Präferenzen**

Auffällig an Abb. 2.63 ist die Vielfalt der Darstellungsformen im deutschen und englischen Korpus (MB). Tatsächlich sind in beiden Korpora alle Formen vertreten, wenngleich z.B. das Diagramm nicht zu den Präferenzen zählt. Eine für die Korpora (GB) interkulturell typische Darstellungsform ist das Schema.

Charakteristisch für russische Anleitungen ist fachintern ein extrem hoher Anteil technischer Zeichnungen, der selbst das in den entsprechenden deutschen Texten Übliche um ein Mehrfaches übersteigt. Fachextern werden in den deutschen und englischen Korpora drei Darstellungsformen bevorzugt: das Foto, das fotoähnliche Bild und die Skizze. Das Korpus (R E) zeigt Parallelen zum Korpus (E E), die primär durch die massive Bebilderung der Texte fremder Provenienz bedingt sind.

### 2.11.4.2 Abbildungsfunktionen

KALVERKÄMPER (1993: 223) meint das qualitative Verhältnis zwischen Text und Abbildung, wenn er in Bezug auf die Text-Bild-Gemeinschaft die folgenden semantischen Beziehungen unterscheidet:

1. beide können gleichwertig sein (d.h. die Abbildungen sind textintegriert, wenn sie vergleichbare Informationen eines anderen Codes enthalten. Sie dienen also der Illustration des im Text Behandelten).
2. die Abbildungen sind überwertig bzw. textdominierend, wenn sie wesentlich mehr Informationen enthalten als der sprachliche Text (d.h. die Abbildungen zeigen etwas, was im Text nicht behandelt wird).
3. die Abbildungen sind unterwertig bzw. textergänzend (d.h. sie könnten ohne Minderung der Textverständlichkeit entfallen, weil sie nur ‚schmückendes Beiwerk' darstellen).

DIETRICH (1997: 42) kommt im Hinblick auf die genannten semantischen Beziehungen in ihrem Korpus (Mikrokultur Architektur) zu folgendem Ergebnis:

Die Fotografien, insbesondere Farbfotografien, aber auch die Zeichnungen der deutschen intrafachlichen Korpustexte sind nach der obigen Klassifikation überwertig, weil sie im Vergleich zum Text zusätzliche Information enthalten, die der Text nicht bieten kann.

Grundsätzlich ist wohl festzuhalten, dass Abbildungen, zumindest in technischen Texten, die primäre ökonomische Alternative zu umständlichen Beschreibungen darstellen. Das gilt sowohl für die Textproduktion als auch für die Rezeption. Es geht also nicht darum – wie von DIETRICH (s.o.) angenommen –, dass der Text bestimmte Informationen nicht bieten könnte, sondern darum, dass er diese Aufgabe der Abbildung überlässt, die sie schneller und prägnanter erfüllen kann. Analog rechnet BAUMANN (1992: 157) zu den „*Verfahren der beschleunigten Informationsübermittlung*" auch die „Einbeziehung grafischer Darstellungsmittel".

In diesem Sinne leisten Abbildungen ihren Beitrag zur Sprachökonomie, sie dienen im Informationsfluss vom Sender zum Rezipienten „der Fortsetzung mit anderen Mitteln". Wenn Text und Abbildungen jeweils ihren Teil zur Gesamtinformation beitragen, erfüllen sie in der Text-Bild-Gemeinschaft komplementäre Funktionen[91].

Ein technischer Text liefert die ihm gemäßen Informationen. Die Beschreibung dessen, was ihn „zu viele Worte kosten würde", bleibt der Abbildung überlassen. Diese leistet daher nicht mehr, sondern sie leistet im Sinne der Komplementarität nachweislich etwas anderes. So kann zwischen einem TT und der zugehörigen Abbildung z.B. eine klare Aufgabenteilung stattfinden: der TT enthält die Instruktionen zum Thema, die Abbildung erfüllt die deskriptive Funktion.[92] Auf diese Weise sind die beiden in Bezug auf den Informationsfluss im Gleichgewicht – gleich gewichtig. Der Bezug zwischen Text und Abbildung wird durch Verweise hergestellt.

---

91 Vgl. dazu auch BALLSTAEDT (1999: 114): „Von *Komplementarität* von Text und Bild wird gesprochen, wenn zum Gesamtverständnis die Auswertung beider Darstellungsformen erforderlich ist: Das Bild zeigt, was der Text nur anspricht oder offen lässt; der Text beschreibt, was das Bild nur andeutet oder offen lässt".

92 Vgl. dazu auch GLÄSER (1990: 299): „Eine Besonderheit ist die unmittelbare Wechselwirkung zwischen Bildtext und verbalem Text in der Makrostruktur solcher Fachtextsorten wie (...) Bedienungsanleitung und technischer Werbetext, wo Abbildungen einen wesentlichen Teil der Sachinformation vermitteln und die Instruktion unterstützen".

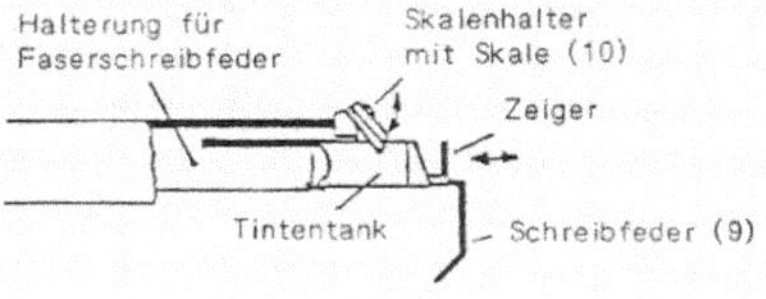


Abb. 4

4.3.2 Tintenversorgung (Abb. 4)

Die Faserschreibfeder bildet zusammen mit Zeiger und Tintentank eine Einheit. Zum Einsetzen einer neuen Faserschreibfeder (9) Skale (10) hochklappen und den Tintentank bis zur Hälfte in die Halterung schieben. Jetzt Skale loslassen und Faserschreibfeder bis zum Anschlag in die Halterung schieben. Dabei fällt die Skale zwischen Tintentank und Zeiger wieder in die senkrechte Lage und wird durch einen kleinen Magneten gehalten.

**Abb. 2.64: Komplementäre Abbildung (Linienschreiber)**

Wenig effektiv mutet daher – außerhalb von z.B. Lehrbüchern – eine Verfahrensweise an, bei der das im Text Behandelte zu Illustrationszwecken zusätzlich abgebildet wird. Eine solche „Wiederholung mit anderen Mitteln“, kann jedoch – jenseits aller sprachökonomischen Erwägungen und vor allem in fachexternen Anleitungen – beabsichtigt sein: nach BEIMEL/MAIER (1988: 25) dient der Text hier „als doppelter Boden zur Absicherung der Bildinformation“ (und umgekehrt!).

Abb. 2.65 zeigt zur 2. Instruktion den auf das Symbol Ober-/Unterhitze eingestellten Backofenwahlschalter. Der Schalter wird mehrfach in vorhergehenden Abbildungen gezeigt, das Symbol ist bereits in der Instruktion angegeben. Die Abbildung bietet also keinerlei zusätzliche Information.

**Einstellen des Backofens zum Garen mit Ober- und Unterhitze**

- ❑ Schieben Sie das Gargut in den Backofen ein. Einige Angaben hierzu finden Sie in den Tabellen auf den Seiten 50 und 51.
- ❑ Stellen Sie den Backofenwahlschalter auf das Symbol Ober-/Unterhitze ▤.

Abb. 18: Backofenwahlschalter

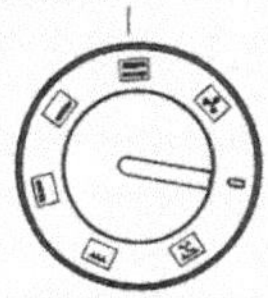

**Abb. 2.65: Illustrative Abbildung (Einbauherd)**

Fachintern ist die Notwendigkeit einer „Absicherung” wenig wahrscheinlich. Infolgedessen dürfte Illustration vorzugsweise ein Merkmal fachexterner Anleitungen sein, und die Verteilung komplementärer und illustrativer Abbildungen sollte primär mit dem Adressatenbezug korrelieren.

Nicht aufgefallen sind bei den bisherigen Analysen Abbildungen, die weder der Ergänzung noch der Illustration des Textes, sondern unmittelbar als Textersatz dienen. Nach VDI 4500-1 (1995: 7) ist allerdings auch das eine mögliche Funktion von Abbildungen: sie können den Text „vollständig oder zum Teil ersetzen".

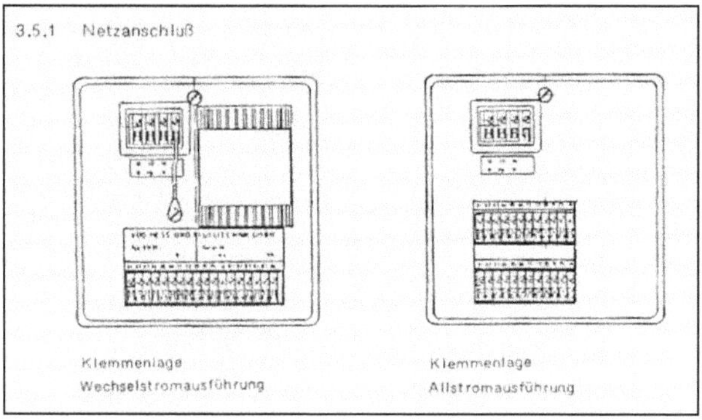


**Abb. 2.66: Autonome Abbildungen (Linienschreiber)**

Während eine komplementäre Abbildung nur einen bestimmten Teil verbalen Textes substituiert, kann einer Abbildung(sgruppe) innerhalb eines TT jegliche Ergänzung durch und jeglicher Bezug zum Verbaltext fehlen, weil sie diesen vollständig ersetzt. In diesem Fall bildet sie „autonom" einen eigenen nonverbalen TT des Gesamttextes, in Abb. 2.66 z.B. den TT „3.5.1 Netzanschluß" als Ersatz für einen entsprechenden Verbaltext zu diesem Thema, das nur an dieser Stelle und nur in dieser Form behandelt wird.

Es kommt auch in Fachtexten gelegentlich vor, dass eine Abbildung dem Text als „schmückende Beigabe" hinzugefügt wurde (vgl. dazu z.B. FIEDLER (1991: 150), die solche Abbildungen u.a. als „Leseanreiz" interpretiert). Eine solche Abbildung hat zwar nichts mit dem Text und seinen Themen zu tun, dafür häufig umso mehr mit dem Bedürfnis des Senders nach Selbstdarstellung (richtigerweise fiele sie in die Rubrik „Werbung"). Nach einer Prüfung fachexterner Anleitungen stellen BEIMEL/MAIER (1988: 15) z.B. fest: „Allerdings beschränkte sich der Großteil der Bilder und Zeichnungen auf Produktpräsentation mit eindeutigem Werbecharakter".

Abbildungen, die von ihrer Textumgebung thematisch „isoliert" sind, haben nur in fachexternen Anleitungen Werbecharakter. Abb. 2.67 z.B. ließe sich durchaus als Werbemaßnahme interpretieren: Sie illustriert das Thema „Verwendungsmöglichkeiten", steht jedoch nicht in thematischem Bezug zu ihrer textuellen Umgebung (in der Sicherheitshinweise gegeben werden).

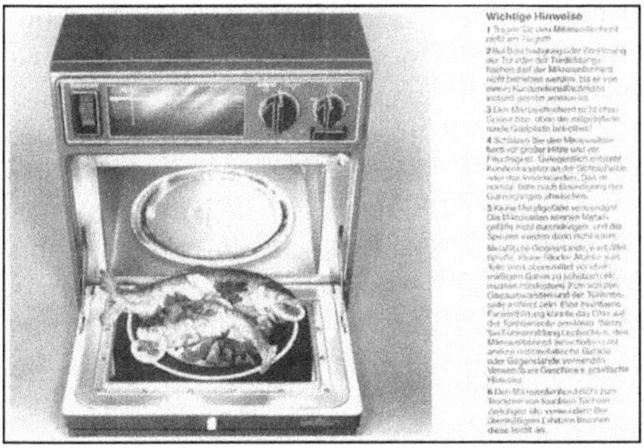


**Abb. 2.67: Isolierte Abbildung (Mikrowellenherd)**

In fachinternen Texten dagegen geben isolierte Abbildungen dem Bediener durchaus wertvolle technische Informationen. Diese werden lediglich nicht dort benötigt, wo sich die Abbildung befindet. Dabei sind zwei Varianten möglich: Die Abbildung ist nicht dort platziert, wo sie den Verbaltext ergänzen könnte, oder sie liefert Informationen zu einem im Text nicht behandelten Thema, die jedoch in der Betriebssituation hilfreich sein können. In beiden Fällen ist die Forderung, „dass Text und Bild aufeinander bezogen gestaltet sein müssen" (BALLSTAEDT 1999: 114), nicht erfüllt.

Ausgehend von der Klassifikation bei KALVERKÄMPER (s.o.), werden der Analyse die folgenden funktional ausgerichteten und entsprechend erweiterten Kriterien für die Bewertung der Abbildungsfunktion zugrunde gelegt:

1. Abbildungen sind **komplementär**, wenn sie das im Text Behandelte um weitere Informationen ergänzen.
2. Abbildungen sind **illustrativ**, wenn sie das im Text Behandelte darstellen.
3. Abbildungen sind **autonom**, wenn sie die Behandlung eines ganzen Themas allein übernehmen, d.h. den sonst üblichen verbalen Text vollständig ersetzen.
4. Abbildungen sind **isoliert**, wenn sie etwas für das Thema des sie umgebenden Verbaltextes Irrelevantes darstellen.

## Analyseergebnisse:

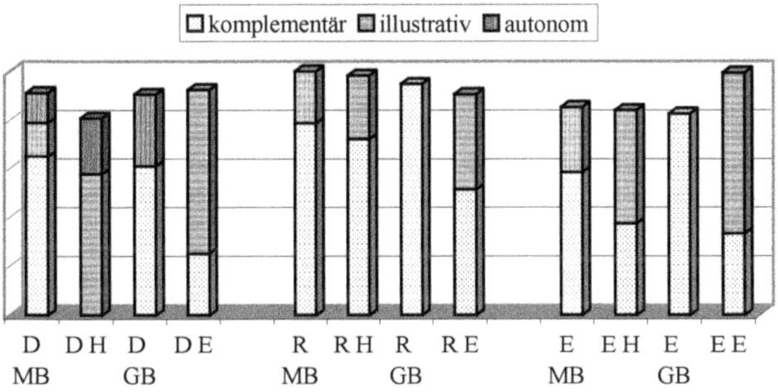


**Abb. 2.68: Abbildungsfunktionen – Präferenzen**

Interkulturell gemeinsam ist den Anleitungen, dass die Funktion der Abbildungen primär mit dem Adressatenbezug korreliert, d.h., in fachinternen Texten erfüllen Abbildungen mehrheitlich eine komplementäre Funktion. Mit Ausnahme der deutschen Texte enthalten die Korpora (GB) mehr komplementäre Abbildungen als solche der Mikrokultur Maschinenbau. Fachextern überwiegen in den deutschen und englischen Korpora die illustrativen Abbildungen, die hier auch in russischen Anleitungen häufiger sind als fachintern. Die Frequenz illustrativer Abbildungen im Korpus (R E) reflektiert Produktion und Verwendung nach fremden Konventionen. Eine Besonderheit deutscher Anleitungen ist der hohe Anteil autonomer Abbildungen. Isolierte Abbildungen gehören generell nicht zu den Präferenzen.

#### 2.11.4.3 Text-Bild-Bezug

Nur für illustrative und komplementäre Abbildungen lässt sich die Frage beantworten, mit welchen Mitteln der Text-Bild-Bezug innerhalb der Gemeinschaft von Text und Bild hergestellt wird (vgl. KALVERKÄMPER 1993: 222).

##### 2.11.4.3.1 Textueller Bezug: Verweise

Der Herstellung dieses Bezuges dient vor allem in fachinternen Anleitungen der Verweis[93] auf eine Abbildung, zumeist an einer vorangehenden Textstelle, z.B.:

> 2-2.1 Voltage Setting
> Verify the 115/230 voltage setting switch. This switch is preset in the factory to the local power in your area, check underneath the right side of the display unit to see that it has been set correctly. If not, remove the lock plate, change the setting, and replace the lock plate. **See diagram 2-1.**
> **Diagram 2-1**, Voltage Setting

Abgesehen davon, dass auch mehrere Verweise einer Abbildung gelten können, bestehen noch weitere Möglichkeiten zur „Rückbindung an den Inhalt des sprachlichen Textes“ (KALVERKÄMPER 1993: 221). So kann der Text-Bild-Bezug (bei segmentierten Abbildungen, vgl. 2.11.3) auch dadurch hergestellt werden, dass nicht auf die Abbildung insgesamt, sondern auf einzelne bezifferte oder anderweitig markierte Abb.-Positionen verwiesen wird, z.B.:

> Vor dem Aufstecken des Synchronisators auf das Handrad müssen die beiden Schrauben (**a**) so weit zurückgedreht sein, daß sie nicht in die Bohrung (**c**) hineinragen!
> Корпус пылесоса состоит из нижней части *1*, являющейся пылеприемником, и верхней части *2*, в которой смонтирован электродвигатель с вентиляторным устройством *3*.
> Compartment "**a**" is for the prewash powder, "**b**" for the main wash powder, and "**c**" for fabric conditioner.

Sind die Benennungen (als Bildtexte) unmittelbar in der Abbildung selbst eingetragen, ist ein Verweis auf die Abbildung insgesamt zwingend. Die Erwähnung einer Abb.-Position im Text reicht nicht zur Herstellung des Bezuges, insbesondere des-

[93] Verweise dieser Art werden häufig in Form von Parenthesen gegeben, vgl. daher auch 2.5.3.

halb nicht, weil die Bezeichnungen in Abbildung und Text häufig voneinander abweichen.

### 2.11.4.3.2 Thematischer Bezug

Ein thematischer Bezug zwischen einem TT und seiner Abbildung lässt sich durch verschiedene Maßnahmen herstellen. Zumeist geschieht das durch eine Kombination aus gemeinsamem Thema und räumlicher Nähe, zu der bei der Analyse drei Varianten unterschieden werden:

Thematischer Bezug bei räumlicher Nähe:

*1. Abbildung eingerückt*

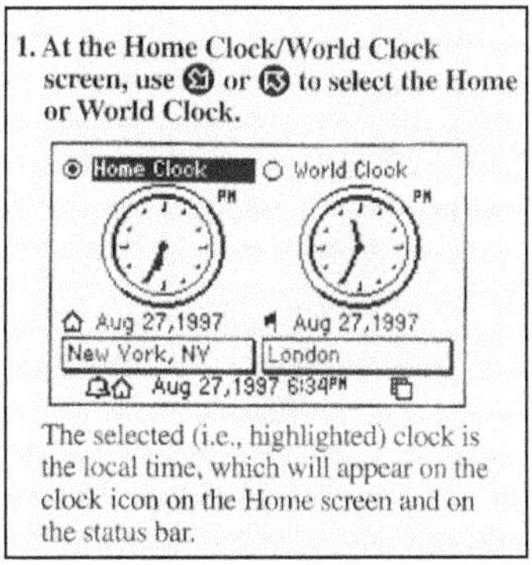


**Abb. 2.69: Eingerückte Abbildung I (Organizer)**

Die Abbildung wird an der Stelle in den TT integriert, an der die nonverbalen Informationen benötigt werden. Das kann durch Platzierung zwischen den Konstituenten des TT geschehen (vgl. Abb. 2.69). In der Regel sind solche Abbildungen illustrativ, d.h., sie stellen dar, was im sie umgebenden Verbaltext beschrieben wird. Diese Verknüpfung wirkt sehr direkt und ist lokal fokussiert. Eingerückte Abbildungen brauchen keinen Titel. Auf sie wird nur selten textuell verwiesen, weil sich ihre Relevanz auf diese eine Textstelle beschränkt.

Eine andere Erscheinungsform dieser Variante ergibt sich dadurch, dass mehr oder weniger jeder Konstituente eines TT eine eigene Abbildung direkt beigegeben ist. Dabei sind Konstituente und Abbildung häufig nebeneinander angeordnet, z.B.:

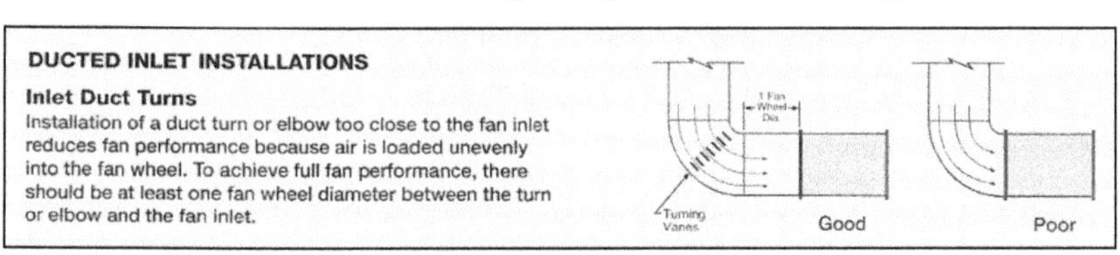


**Abb. 2.70: Eingerückte Abbildung II (Fan)**

*2. Abbildung vorangestellt*

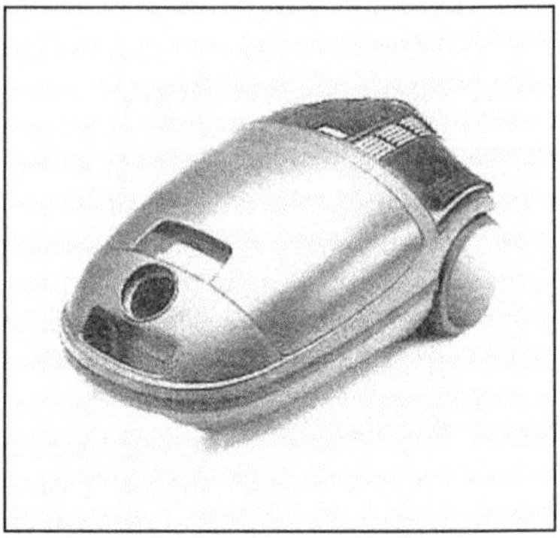

**Abb. 2.71: Vorangestellte Abbildungen (Персональный компьютер/Staubsauger)**

Sind TT-Konstituente und Abbildung in Reihe angeordnet, so kann die Abbildung dem Verbaltext vorausgehen (vgl. Abb. 2.71). Wie bei der Einrückung bilden beide eine informative Einheit. Als Sonderform gilt die Abbildung der Maschine/des Gerätes auf dem Titelblatt, dic in thematischem Bezug zum Gesamttext steht.

*3. Abbildung angefügt*

Verbaltext und Abbildung sind ebenfalls in Reihe angeordnet. Allerdings bildet die Abbildung hier den Abschluss des TT, zu dem sie in thematischem Bezug steht:

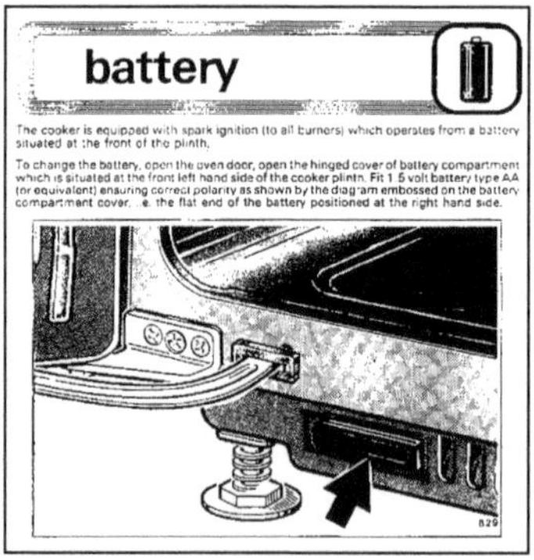


**Abb. 2.72: Angefügte Abbildung (Cooker)**

Thematischer Bezug ohne räumliche Nähe:

*1. Abbildungen als separater TT:*

Anders als bei den vorgenannten Varianten, die zumeist illustrative Abbildungen in räumlicher Nähe zum thematisch zugehörigen Verbaltext zeigen, fehlt autonomen Abbildungen der Bezug zur Textumgebung, da sie entsprechenden Verbaltext vollständig ersetzen. Bestenfalls besteht ein solcher Bezug zum Gesamttext, dem sie als separater nonverbaler TT angehören. In den in Abb. 2.73 gezeigten Fällen ist die Deklaration des TT gleichzeitig Titel der Abbildungen.

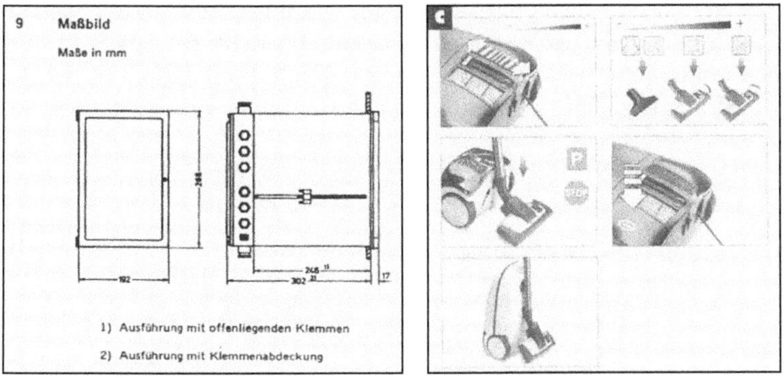


**Abb. 2.73: Abbildungen als separate TT (Temperaturschreiber/Staubsauger)** [94]

*2. Abbildung distanziert*

Von ihrer Textumgebung thematisch isolierte Abbildungen können dennoch in Bezug stehen zu einem Thema des Textes, das in einem entfernten TT behandelt wird. So wird z.B. das Thema „Tragegurt" in Kapitel 5 angesprochen, während die zugehörige Abbildung des Gurtes erst auf das Kapitel „Garantie" folgt:

1. ОБЩИЕ УКАЗАНИЯ
2. КОМПЛЕКТ ПОСТАВКИ
3. ОСНОВНЫЕ ТЕХНИЧЕСКИЕ ХАРАКТЕРИСТИКИ
4. УКАЗАНИЯ ПОТЕХНИКЕ БЕЗОПАСНОСТИ
5. КРАТКОЕ ОПИСАНИЕ РАДИОПРИЕМНИКА
   (...) Zum Radio gehört ein abnehmbarer und längenverstellbarer Tragegurt. (...)
6. ПОДГОТОВКА К РАБОТЕ И ПОРЯДОК РАБОТЫ С РАДИОПРИЕМНИКОМ

ГАРАНТИЙНЫЕ ОБЯЗАТЕЛЬСТВА

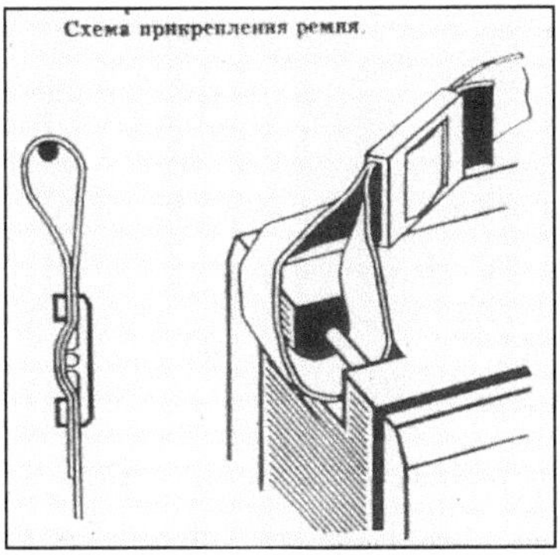


**Abb. 2.74: Distanzierte Abbildung (Радиоприемник)**

[94] Gemäß Inhaltsverzeichnis lautet die Deklaration des TT „C": „Saugen".

*3. Abbildung mit textexternem Bezug*

Alternativ kann einer isolierten Abbildung auch jeder Bezug zu den Themen des Textes fehlen, d.h., sie kann etwas darstellen, was im gesamten Text nicht angesprochen wird. Ein thematischer Bezug besteht dann innerhalb des Textes nicht mehr, jedoch noch immer zum behandelten Gegenstand, d.h. textextern, z.B. zur Betriebssituation, in der eine solche Abbildung – unabhängig von der Anleitung – u.U. hilfreich ist.

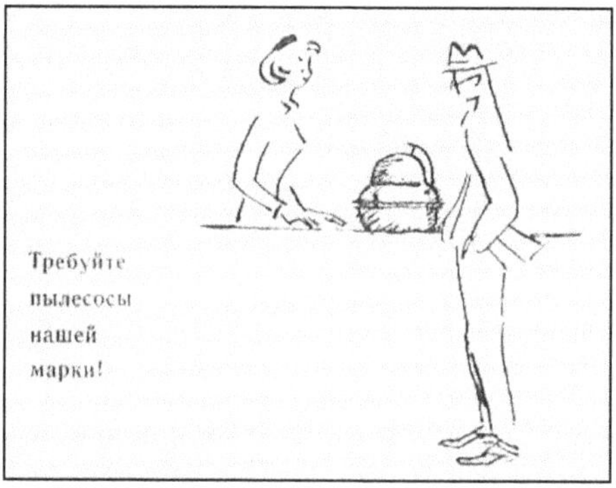


**Abb. 2.75: Abbildung mit textexternem Bezug (пылесос)**

Die Skizze in Abb. 2.75 ist am Schluss der Anleitung platziert, sie hat eindeutig Werbecharakter, den sie der unverblümten Aufforderung „Verlangen Sie Staubsauger unserer Marke!" verdankt. Diese Aufforderung kann sich nicht auf die Anleitung beziehen – ebenso wenig auf den Umgang mit dem dazu erworbenen Gerät –, sondern ausschließlich auf eine zukünftige Kaufsituation.

**Analyseergebnisse:**

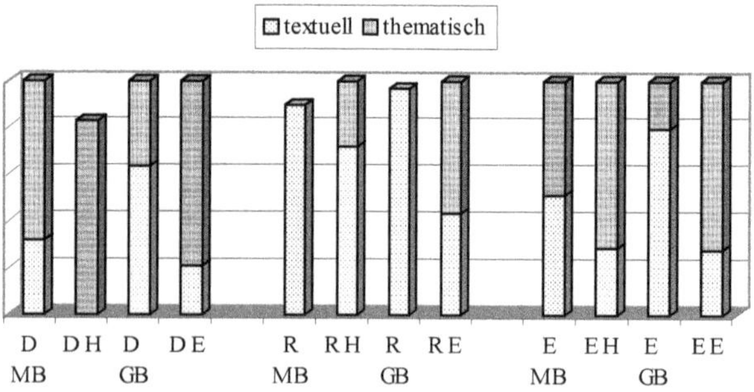


**Abb. 2.76: Text-Bild-Bezug – Präferenzen**

Weder makro- noch mikrokulturell zeigen Anleitungen eine klare Distribution der Text-Bild-Bezüge in Abhängigkeit vom Adressatenbezug. Es lässt sich jedoch sagen, dass diese generell fachextern häufiger thematisch sind als fachintern. In den Korpora (D/E GB) herrscht ein textueller Textbezug vor, der in russischen Anleitungen generell bevorzugt wird. Der hohe Anteil thematischer Bezüge im Korpus (R E) korreliert mit der Verwendung illustrativer Abbildungen in den Texten fremder Provenienz.

### 2.11.5 Sequenzierung und Platzierung

#### 2.11.5.1 Sequenzierung

Strukturelle Aspekte betreffen nicht nur die Abfolge der TT (vgl. 2.9), sondern auch die nicht weniger wichtige Abfolge der Abbildungen:

> Die Blickbewegungen sind in unserer Kultur durch das Lesen von links nach rechts und von oben nach unten geprägt. Die Objekte, Handlungen oder Ereignisse müssen so angeordnet sein, dass sie in der richtigen Abfolge aufgenommen werden (BALLSTAEDT 1996: 212).

Auch für Abbildungen gibt es eine „gebrauchsorientierte" Sequenzierung, die insbesondere durch den Textablauf bestimmt wird, d.h., die visuellen Informationen, die bei der Rezeption des Textes zuerst benötigt werden, sollten in der ersten Abbildung zu finden sein. Entsprechend wird festgelegt, dass die Sequenzierung der Abbildungen eines Korpustextes gebrauchsorientiert ist, wenn die Reihenfolge der Abbildungen mit der Reihenfolge der jeweils ersten Verweise korreliert, z.B.:

**Abb. 26**
  Absatz mit **erstem Verweis auf Abb. 26**
**Abb. 27**
  Absatz mit **ersten Verweisen auf Pos. in Abb. 27**
**Abb. 28**
  Absatz mit **ersten Verweisen auf Pos. in Abb. 28.**

Falls diese Bedingung nicht erfüllt ist, wird die Sequenzierung als gestört angesehen. Das bedeutet gleichzeitig, dass erste Verweise und die zugehörigen Abbildungen paarweise anzuordnen wären (als „gepaarte Arten der Information" nach KALVERKÄMPER 1993: 218).

Eine Sequenzstörung kann verschiedene Gründe haben. Entsprechend werden bei der Analyse vier Varianten unterschieden.

In den meisten Fällen geht der erste Verweis der Abbildung zu weit voraus, d.h. die Abbildung wurde zu spät in den Text eingefügt. Daher liegen zwischen beiden sehr häufig größere Textpassagen – und auch andere Abbildungen.

**Variante 1:** Die Abbildung ist im Text zu spät platziert, z.B.:

I. INTRODUCTION
II. DESCRIPTION
  (...)
  **Erster Verweis auf Abb. 2**
  (...)

III. SET UP AND ALIGNMENT INSTRUCTIONS
1.
2. Erster Verweis auf Abb. 1
3. – 5.
Abb. 1
**Abb. 2.**

Eine zweite – seltenere – Variante besteht darin, dass eine Abbildung verfrüht in den Text eingefügt wurde. Wie der spätere erste Verweis zeigt, befindet sie sich daher an einer Textstelle, an der ihre Informationen noch nicht benötigt werden.

**Variante 2:** Die Abbildung ist im Text zu früh platziert, z.B.:

31. Подготовка датчиков к работе
(...)
а)
**Abb. 11**
Legende 1 - 5
Abb. 12
Bildtexte
б) **Einziger Verweis auf Abb. 11**
в) – г)
(...).

SCHMITT (1998a: 149) nennt zwei weitere Gründe für eine Sequenzstörung: ein Verweis kann falsch sein, oder eine Abbildung kann trotz Verweises fehlen.

**Variante 3:** Der Verweis ist falsch.

How to replace
Removing battery holder
(...) **Verweis auf Abb. 2-16**
(...)
**Abb. 3-6**
Install new battery
(...)
**Abb. 3-7**
Reposition holder and door
(...) **Verweis auf Abb. 2-18**
(...).

Diese Verweise beziehen sich auf die beiden in den TT eingefügten Abbildungen 3-6 und 3-7. Ein Bezug zu Abbildungen in Kapitel 2 ist nicht denkbar, weil dieses mit Abb. 2-14 endet.

**Variante 4:** Die Abbildung zum Verweis fehlt.

3. КОМПЛЕКТ ПОСТАВКИ
(...)
Таблица 3.1 – Tabelle, 2-gliedrig
**Verweis auf Abb. 5.2** in der Fußnote zur Datenspalte
4. ТРЕБОВАНИЯ ПО ТЕХНИКЕ БЕЗОПАСНОСТИ

5. ПОРЯДОК УСТАНОВКИ И ПОДГОТОВКИ ХОЛОДИЛЬНИКА К РАБОТЕ
   5.1 – 5.6
   5.7 **Verweis auf Abb. 5.1 und Verweise auf Pos. in Abb. 5.1**
   5.8 (...)
   **Abb. 5.1**
      Legende 1-4
6. ПОРЯДОК РАБОТЫ ХОЛОДИЛЬНИКА.

**Analyseergebnisse:**

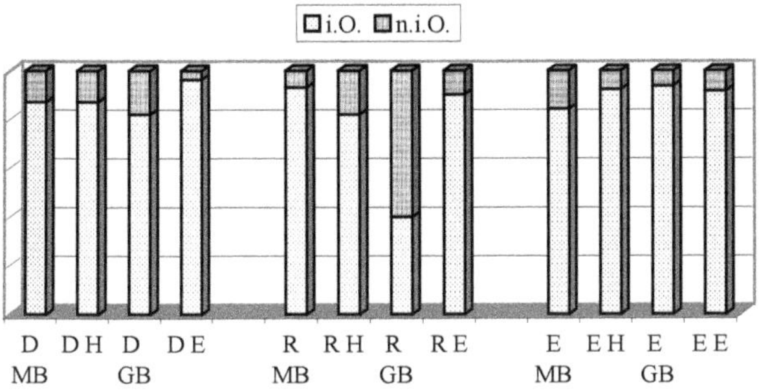


**Abb. 2.77: Sequenzierung der Abbildungen**

Nur an den deutschen Korpora lässt sich feststellen, dass der Sequenzierung von Abbildungen in fachexternen Anleitungen mehr Beachtung geschenkt wird. Die Ergebnisse zu den übrigen Korpora zeigen in dieser Hinsicht keine Systematik: das Maximum an Störungen im interkulturellen Vergleich reflektiert das russische Korpus (GB). In den deutschen Anleitungen (GB) ist die Sequenzierung der Abbildungen ebenfalls häufiger gestört als in den anderen deutschen Korpora. Die Störungen im entsprechenden englischen Korpus sind vergleichsweise geringer. Insgesamt ist die Sequenzierung von Abbildungen in den englischen Korpora seltener gestört als in deutschen oder russischen Texten.

### 2.11.5.2 Platzierung

Zur Herstellung des Text-Bild-Bezuges stellt DIETRICH (1997: 40) fest:

> Dabei verweisen die Texte sprachlich i.d.R. genau an der Stelle, an der sie die Information benötigen, auf die jeweilige Abbildung.

Eine solche Verfahrensweise ist als Erfüllung einer „Minimal"-Forderung anzusehen. Praktisch kann dies dazu führen, dass Verweis und Abbildung mehrere Kapitel voneinander entfernt sind, wie dies bereits am Beispiel zur Variante 1 in 2.11.5.1 sichtbar wurde. Eine Sequenzanalyse zeigt die Distanz zwischen Abbildung und erstem Verweis. Falls eine Abbildung mehrfach mit dem Text verknüpft ist, können die übrigen Verweise noch weiter von der Abbildung entfernt sein.

Eine rezipientenfreundliche Platzierung bedeutet, dass die Abbildung selbst genau dort in den verbalen Text eingefügt ist, wo auf sie verwiesen wird (weil ihre Informationen genau an dieser Stelle gebraucht werden). Aus diesem Grund hält BALLSTAEDT (1996: 223) es für so wichtig, „daß der Adressat das Bild zum Text oder den Text zum Bild in unmittelbarer Nachbarschaft an vorhersagbarer Stelle findet". Verständlicherweise empfinden Textrezipienten häufiges Blättern auf der Suche nach Abbildungen als lästig und verzichten daher, wie OLDENBURG (1996: 548) berichtet, oft genug auf den nonverbalen Teil der Informationen:

Durch die Trennung von Text und Abbildungen wird aber die Verständlichkeit solcher Bedienungsanleitungen oft erheblich herabgesetzt, da ihr Inhalt nur vollständig erschlossen werden kann, wenn der Benutzer zwischen Text und Abbildungen hin- und herblättert.

Die Distanz zwischen Verweis und Abbildung kann folglich als Maß für die Adressatenorientierung einer Anleitung angesehen werden, wiewohl auch die Probleme des Senders mit dem Platzbedarf – z.B. ganzseitiger Abbildungen – nicht übersehen werden dürfen. Der „Distanzanalyse" wird ein Raster zugrunde gelegt, das die Bedeutung der parallelen Präsentation verbaler und nonverbaler Informationen in einem Text reflektiert. Dazu werden verschiedene Distanzwerte definiert:

**Distanz 0:** Die Abbildung folgt unmittelbar auf den Verweis bzw. geht ihm unmittelbar voraus. Beide sind nicht durch weiteren Text getrennt. Zwischen beiden kann allerdings ein Seitenwechsel liegen, z.B.:

6. ПОДГОТОВКА К РАБОТЕ
   6.1 – 6.3
   6.4 **Verweise auf Pos. in Abb. 5**
      **Abb. 5**
         Pos. 12-13
   6.5 – 6.6.

**Distanz 1:** Der Verweis kann der Abbildung vorausgehen oder ihr folgen. Wesentlich ist, dass beide auf einer Seite angeordnet sind. Bei der Rezeption des Verweises braucht der Rezipient zunächst nicht unbedingt weiterzulesen. Er kann mit dem nächsten Blick zur Abbildung „springen". Der Umfang des ggf. zwischen Verweis und Abbildung befindlichen Textes (der bis zu 30 Zeilen betragen kann) ist daher unerheblich, z.B.:

Plumbing technicalities
   (...)
      1. – 4.
      5. **Verweis auf Abb. 4**
      6.
      **Abb. 4**
         Bildtexte
   (...).

**Distanz 2:** Verweis und Abbildung befinden sich auf zwei Folgeseiten. Der zwischen ihnen liegende Textumfang ist unerheblich. Sofern es sich nicht um gegenüberliegende Seiten handelt, muss der Rezipient umblättern um weiterzulesen, z.B.:

5 Anschluß von Pumpe und Zubehör (**Verweis auf Abb. 3**)
   5.1 Wichtige Hinweise
   5.1.1 – 5.1.4
      **Abb. 3**
         Legende 19–25.

**Distanz 3:** Zwischen der Seite, auf der der Verweis gegeben wird, und der Seite mit der Abbildung liegt eine weitere Textseite, z.B.:

ПРИГОТОВЛЕНИЕ КОФЕ
(...)
**Abb.**
(...)
РЕКОМЕНДАЦИИ ПО ЭКСПЛУАТАЦИИ КОФЕВАРКИ
ВОЗМОЖНЫЕ НЕИСПРАВНОСТИ И СПОСОБЫ ИХ УСТРАНЕНИЯ
(...)
**Letzter Verweis auf Pos. in der Abb.**
(...).

**Distanz 4:** Verweis und Abbildung sind durch zwei oder mehr Seiten getrennt. Der Höchstwert zur „Distanz 4" ist die maximale Distanz, die in einem Text zwischen Verweis und Abbildung liegen kann, z.B.:

*Verweis – Abb. 6: Distanz 7 Seiten*

How the RR750X Recovers & Recycles Refrigerant
(...)
**Verweis auf Abb. 6**
Inlet Pressure Gauge
Check Valve
Suction Accumulator
(…)
Scheduled Maintenance
Daily before use
(…)
Problems & Solutions
**Abb. 6**.

## Analyseergebnisse:

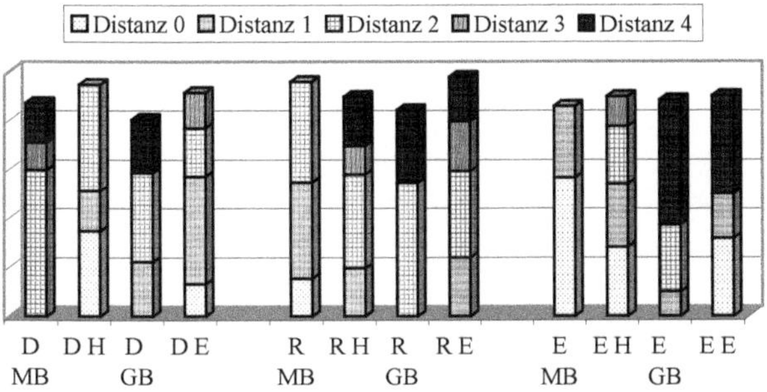


**Abb. 2.78: Platzierung der Abbildungen – Präferenzen**

Gemäß Abb. 2.78 ist Distanz 4 zwischen Verweis und Abbildung (mit bis zu 20 Seiten) generell bei zu vielen Abbildungen zu groß. Das gilt insbesondere für Anleitungen des Gerätebaus (D/R GB, E GB/E), in denen die Anteile zur Distanz 4 extrem hoch sind. Insgesamt rezipientenfreundlich ist dagegen die Platzierung im deutschen Korpus (H) sowie im russischen und englischen Korpus (MB).

## Leipziger Studien zur angewandten Linguistik und Translatologie

Diese Reihe hat ihre Wurzeln zum einen in der von Prof. Dr. Rosemarie Gläser gegründeten Reihe "Leipziger Fachsprachen-Studien" (LFS), die nicht fortgeführt wird, zum andern in der "Leipziger Schule der Übersetzungswissenschaft" und der seit 1956 an der Universität Leipzig bestehenden Übersetzer- und Dolmetscherausbildung. Im Gegensatz zu der explizit auf Fachsprachen fokussierten bisherigen LFS-Reihe bietet diese Reihe ein Forum für das erheblich größere Themenspektrum, das charakteristisch ist für die Forschung und Lehre am Institut für Angewandte Linguistik und Translatologie (IALT) seit der Wende. Die Analogie des Reihentitels zum Namen des Instituts ist insofern Programm. Gleichwohl bedeutet dies und die Nennung von Leipzig im Titel nicht, dass hier ausschließlich Arbeiten von Personen publiziert werden, die in Leipzig im Allgemeinen und am IALT im Besonderen arbeiten. Es soll lediglich signalisieren, dass die Reihe in Leipzig angesiedelt ist und dass die Schriften dieser Reihe den inhaltlichen und wissenschaftlichen Kriterien des IALT entsprechen: Arbeiten von hochrangiger Qualität in Inhalt, Form und Sprache, die einen jeweils relevanten Beitrag zur Wissenschaft, Forschung, Lehre und Praxis im Bereich des Übersetzens und Dolmetschens leisten. Ein Aspekt dieses Konzepts ist es, dass hier nicht nur bereits bekannte Personen vertreten sein sollen, sondern dass auch herausragende Nachwuchswissenschaftler und Nachwuchswissenschaftlerinnen ihr Debut in der Forschungsgemeinschaft geben können.

**Leipziger Studien zur angewandten Linguistik und Translatologie**

Herausgegeben von Peter A. Schmitt

Band 1 Gerd Wotjak (Hrsg.): 50 Jahre Leipziger Übersetzungswissenschaftliche Schule. 2006.

Band 2 Elvira Mertin: Prozessorientiertes Qualitätsmanagement im Dienstleistungsbereich Übersetzen. 2006.

Band 3 Eberhard Fleischmann: Postsowjetisches Russisch. Eine Studie unter translatorischem Aspekt. 2007.

Band 4 Brigitte Horn-Helf: Kulturdifferenz in Fachtextsortenkonventionen. Analyse und Translation. Ein Lehr- und Arbeitsbuch. 2007.

www.peterlang.de

Renate Resch

# Translatorische Textkompetenz

## Texte im Kulturtransfer

Frankfurt am Main, Berlin, Bern, Bruxelles, New York, Oxford, Wien, 2006.
187 S., zahlr. Tab.
Europäische Hochschulschriften: Reihe 21, Linguistik. Bd. 291
ISBN 978-3-631-52754-2 · br. € 39.–*

Im Kontext der modernen Translationstheorien und der Diskursforschung beschreibt die Autorin professionelle Translation als Neuproduktion von Texten. In dieser Sichtweise stehen die TranslatorInnen und ihre Diskursentscheidungen im Mittelpunkt. Durch ihre Entscheidungen für oder gegen bestimmte Diskurse bestimmen ÜbersetzerInnen die Sichtweisen der Realität in der Zielkultur mit. TranslatorInnen sind Akteure im Kampf der Diskurse und agieren im Mächtespiel inter- und intrakultureller Interessen. Ihre translatorische Textkompetenz befähigt sie, diese Rolle zu reflektieren, als ExpertInnen im translatorischen Handlungsgefüge zu agieren und professionell zu texten.

*Aus dem Inhalt*: Translation, Genre und Diskurs · Kommunikation und Macht · Texten bei Kulturtransfer · Professionalität translatorischen Handelns

www.ingramcontent.com/pod-product-compliance
Ingram Content Group UK Ltd.
Pitfield, Milton Keynes, MK11 3LW, UK
UKHW021936290926
8980IPUK00016B/1649